PKPM2021 结构设计常见问题剖析

北京构力科技有限公司　编著

中国建筑工业出版社

图书在版编目（CIP）数据

PKPM2021结构设计常见问题剖析／北京构力科技有限公司编著. —北京：中国建筑工业出版社，2021.6（2021.8重印）
ISBN 978-7-112-26222-9

Ⅰ. ①P… Ⅱ. ①北… Ⅲ. ①建筑结构—计算机辅助设计—应用软件 Ⅳ. ①TU311.41

中国版本图书馆CIP数据核字（2021）第113781号

本书的高频常见问题均来自于一线设计师的宝贵思考，涉及使用PKPM进行结构设计时对规范的解读、对概念设计的把控、软件对规范的实现及对相关特殊情况的处理等问题。

主要侧重以下几类问题：

第一类，结构建模。坡屋面建模、半层柱墙建模、层间板建模、压型钢板建模等问题。

第二类，结构分析及设计。消防车荷载的计算分析、跃层柱的分析及配筋、结构弹性屈曲分析等问题。

第三类，施工图接力计算结果。梁实配钢筋远大于SATWE计算配筋、柱角筋选择、梁配筋率大于2%箍筋直径增加2mm等问题。

第四类，基础设计。活荷载折减问题、基础沉降问题、地基承载力修正问题、筏板计算中板单元弯矩取平均值还是最大值等问题。

第五类，钢结构设计。钢柱长细比、钢梁稳定应力比计算、钢梁下翼缘稳定验算、钢框架有无侧移等问题。

第六类，砌体及鉴定加固。砌体扶壁柱建模计算、钢筋混凝土板墙加固等问题。

第七类，其他问题。楼板挠度不计算、施工图中多排钢筋合力点取值等问题。

本书可供建筑结构设计、科研人员及高等院校土木工程专业师生参考。

责任编辑：刘瑞霞　武晓涛
责任校对：焦　乐

PKPM2021结构设计常见问题剖析

北京构力科技有限公司　编著

*

中国建筑工业出版社出版、发行（北京海淀三里河路9号）
各地新华书店、建筑书店经销
北京红光制版公司制版
北京市密东印刷有限公司印刷

*

开本：787毫米×1092毫米　1/16　印张：12¾　字数：309千字
2021年6月第一版　2021年8月第二次印刷
定价：**49.00**元
ISBN 978-7-112-26222-9
（37716）

本书编委会

前　　言

结构设计中通常会遇到各种各样的问题，尤其在使用软件进行分析设计时，设计师往往由于不合理的建模、不正确的参数指定、未充分理解规范要求、按不同规范计算结果有别及对概念设计的把握不到位等原因，进而导致软件计算出的结果与设计师预期的结果不符。比如，设计师按照规范条文的字面意思去校核软件计算的结果，手工校核结果与软件输出结果不一致。或者设计师根据软件输入的相关参数，对计算结果进行手工校核，由于一些程序内部的特殊处理，发现软件计算结果与手工校核结果不符。比如，PKPM 程序对于轴压比小于 0.15 的角柱也进行了强柱弱梁调整，这就导致手工校核组合弯矩与软件输出结果可能不同。结构设计中的各类问题贯穿建模、计算分析、基础设计、施工图等结构设计的全过程。

本书中的常见问题均来自于一线设计师，属于高频常见问题，具有很强的代表性，PKPM 结构软件事业部的同事在解决设计师的工程问题时，将这些问题及相关计算模型整理汇总，最后形成了这样一本为设计师答疑解惑的书，该书贯穿结构设计的整个环节，包含了建模、结构分析及设计、计算结果接力施工图、基础设计、钢结构设计、砌体及鉴定加固及设计中的其他问题等常见问题，涉及对规范的解读、对概念设计的把控、软件对规范的实现及对相关特殊情况的处理等，对高频问题进行逐一解答。

本书主要侧重以下几类问题：

第一类，结构建模方面的问题。比如，坡屋面的正确建模及分析、半层柱墙建模、层间板的建模、压型钢板的建模等问题。

第二类，结构分析及设计方面的问题。比如，PKPM 软件如何实现消防车荷载的计算分析、跃层柱的分析及配筋、高厚比小于 4 的一字形墙肢设计、结构进行弹性屈曲分析、由于混凝土强度等级局部修改导致构件配筋变化很大等问题。

第三类，施工图接力 SATWE 计算结果相关问题。比如，施工图中的梁实配钢筋远大于 SATWE 计算配筋、柱角筋的选择、施工图中梁箍筋全长加密、施工图中梁的挠度计算、施工图中梁配筋率大于 2%箍筋直径增加 2mm 等问题。

第四类，基础设计问题。比如，基础设计中的活荷载折减问题、基础沉降问题、地基承载力修正问题、柱墩的布置及计算问题、筏板计算中板单元弯矩取平均值还是最大值问题、锚杆设计相关问题、桩承台计算等问题。

第五类，钢结构设计相关问题。比如，关于钢柱长细比的相关问题、钢梁稳定应力比计算相关问题、钢梁下翼缘稳定验算问题、角钢焊缝高度取值的问题、钢框架有无侧移的判断等问题。

第六类，砌体及鉴定加固相关问题。比如，砌体扶壁柱建模计算问题、钢筋混凝土板墙加固问题、按照 B 类建筑与按照 C 类建筑计算地震剪力差异大等问题。

第七类，结构设计其他问题。比如，楼板挠度不计算的问题、梁施工图梁名称修改问题、施工图中多排钢筋合力点取值等问题。

正是由于有这么多善于思考、提出宝贵问题的设计师，为本书内容提供了大量素材，才有幸让本书能与更多的设计师见面，希望为更多的结构设计同行助一臂之力，提升设计效率。衷心感谢 PKPM 忠实的朋友们提出的各种有意思、值得探讨的问题。

本书由北京构力科技有限公司 PKPM 结构软件事业部总经理张欣统筹，全体技术部同事参与撰写，全书由刘孝国统稿审定。

目　录

第 1 章　结构建模方面的相关问题剖析

1.1　关于坡屋面的楼板布置及计算问题

Q：PM 建模中，某工程中布置的坡屋面楼板飘起来了，此情况下的计算是否正确？如图 1-1 所示。

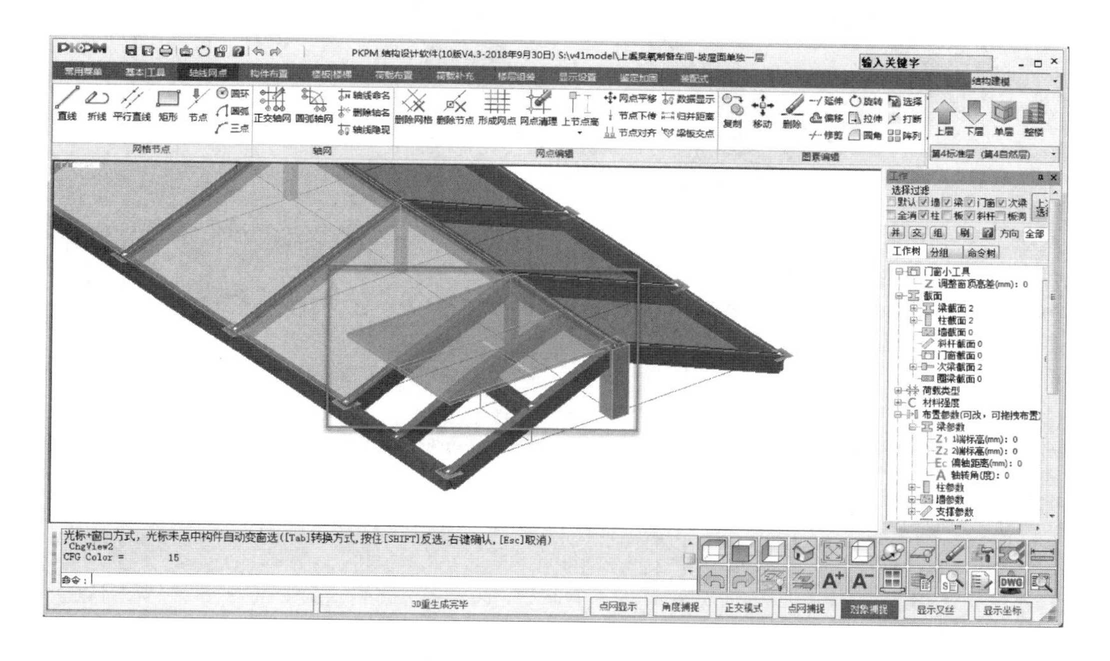

图 1-1　坡屋面楼板在三维显示中飘起来了

A：坡屋面建模中，斜板飘起来大多是因为楼板的角点不在同一平面内，故程序无法正常生成楼板，一般而言，修改节点标高或者添加虚梁让节点共面，即可解决此问题。查看模型可知，图 1-2 中圆圈处的节点略有上抬，导致与此节点关联的梁与其他斜梁不在同一平面上，故引起斜板飘起来。

需要说明的是，因为荷载导算仅与房间周边构件有关，故即使在楼板飘起来的情况下，程序也可以正常进行荷载导算。另外，在生成数据后，可以通过查看空间简图检查斜板生成情况。因 PKPM 程序具备容错功能，当斜板扭曲程度较小时，程序可自动纠正模型错误。图 1-3 是上述模型生成数据之后的空间模型，可以看到飘起来的板处仍正常生成了，并且自动按照弹性膜对斜板进行了网格剖分。

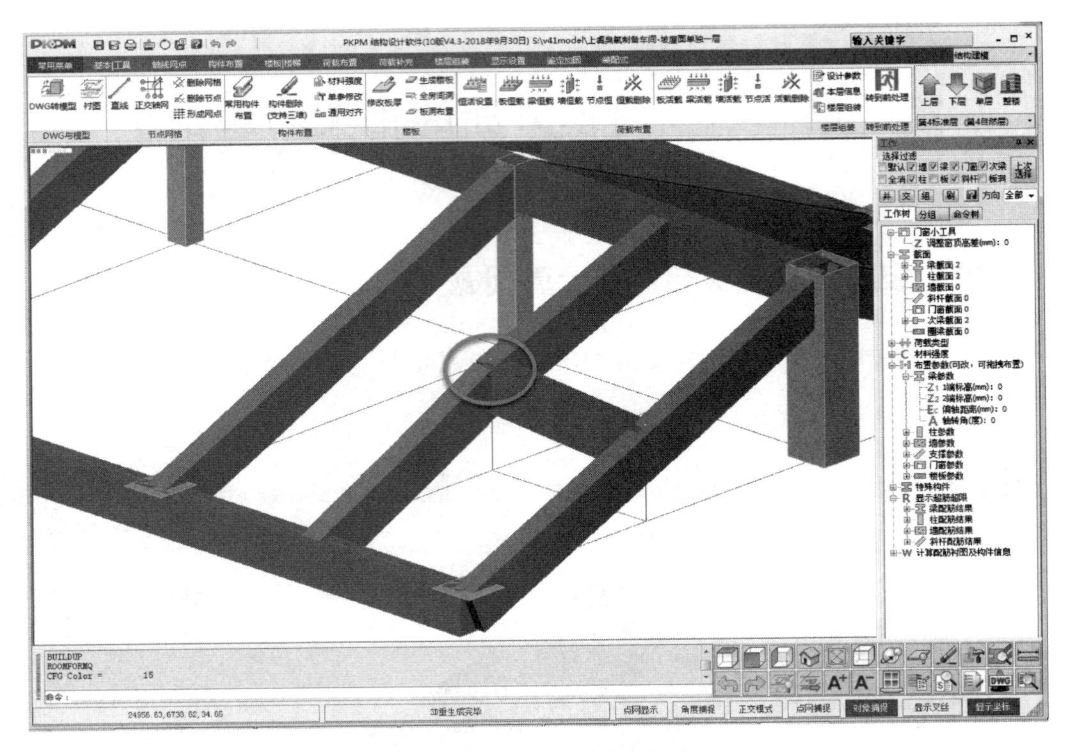

图 1-2　查看并修改节点标高

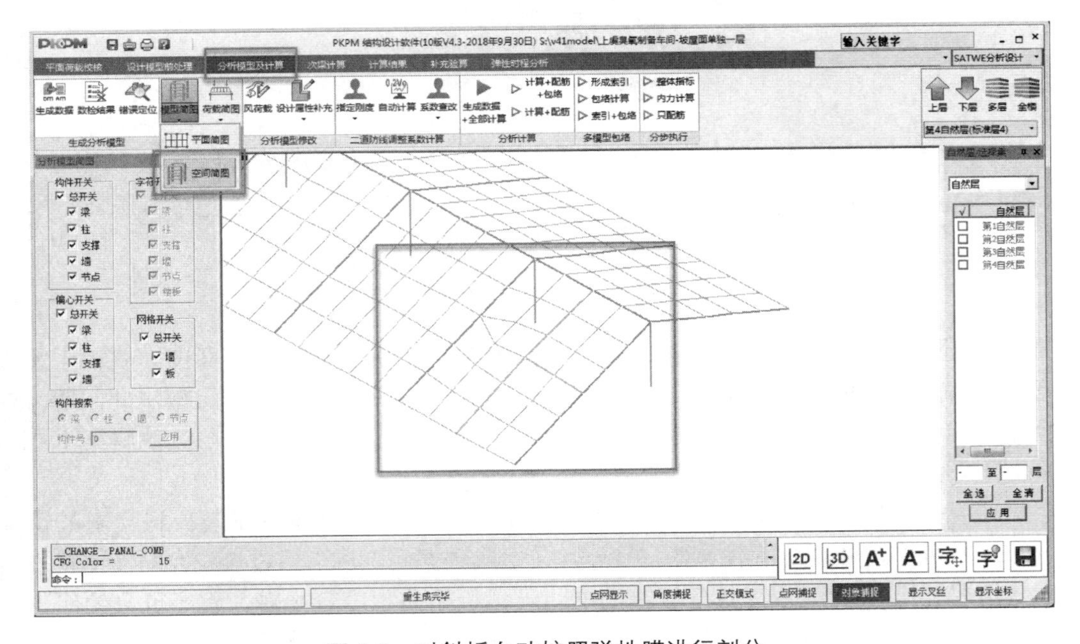

图 1-3　对斜板自动按照弹性膜进行剖分

1.2　关于层间楼板的布置及计算问题

Q：结构设计中往往存在局部夹层，如图 1-4 所示，这种夹层可按分层进行建模，并进行结构整体计算，但是会引起结构楼层指标混乱，设计中也可以按照层间板输入，但是在有些情况下层间板无法布置是什么原因？布置的层间板在软件中是怎么处理的？

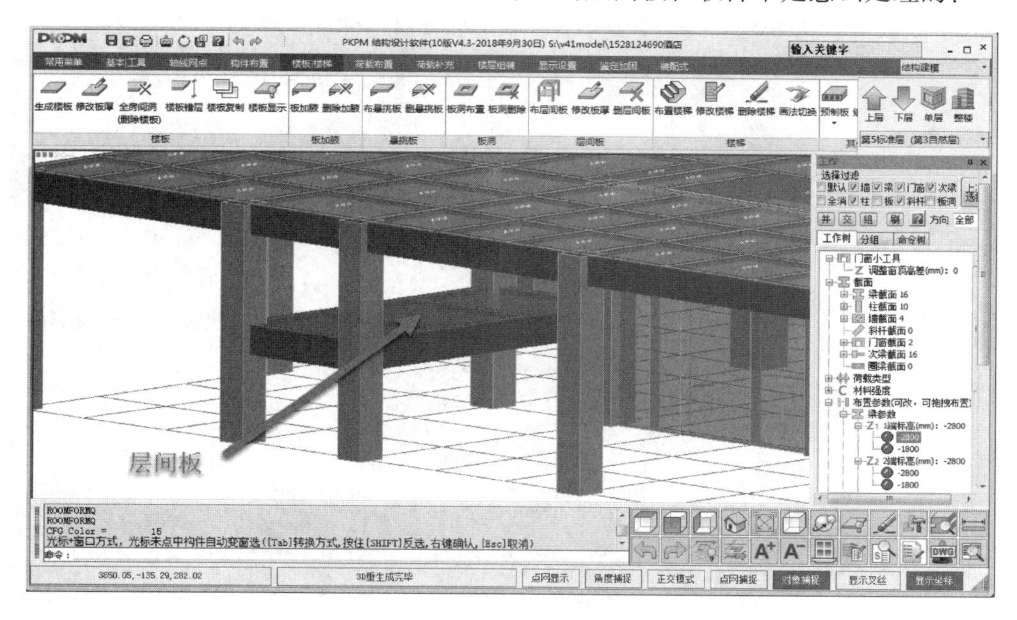

图 1-4　结构中存在局部夹层

A：PKPM 程序支持在模型中输入层间板及其荷载，这样极大地方便了有局部夹层工程的建模，夹层楼板在软件计算时默认为弹性膜，如图 1-5 所示，并考虑对结构整体内

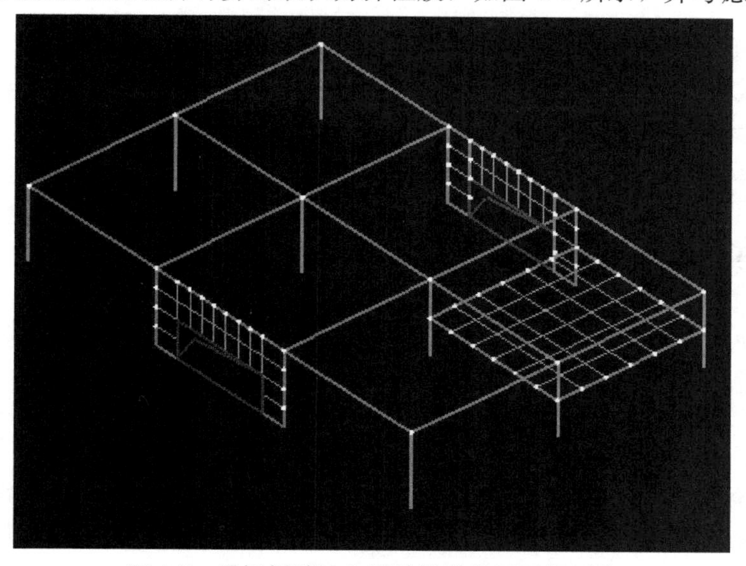

图 1-5　层间板默认为弹性膜并进行网格剖分

力的影响，程序可以考虑层间板对层间梁的刚度放大系数，并输出层间梁的中梁刚度放大系数，如图 1-6 所示。与按照分层输入不同的是，按照层间梁、层间板输入程序会考虑对结构整体的影响，但是在统计楼层指标时仅考虑楼层处的变形。

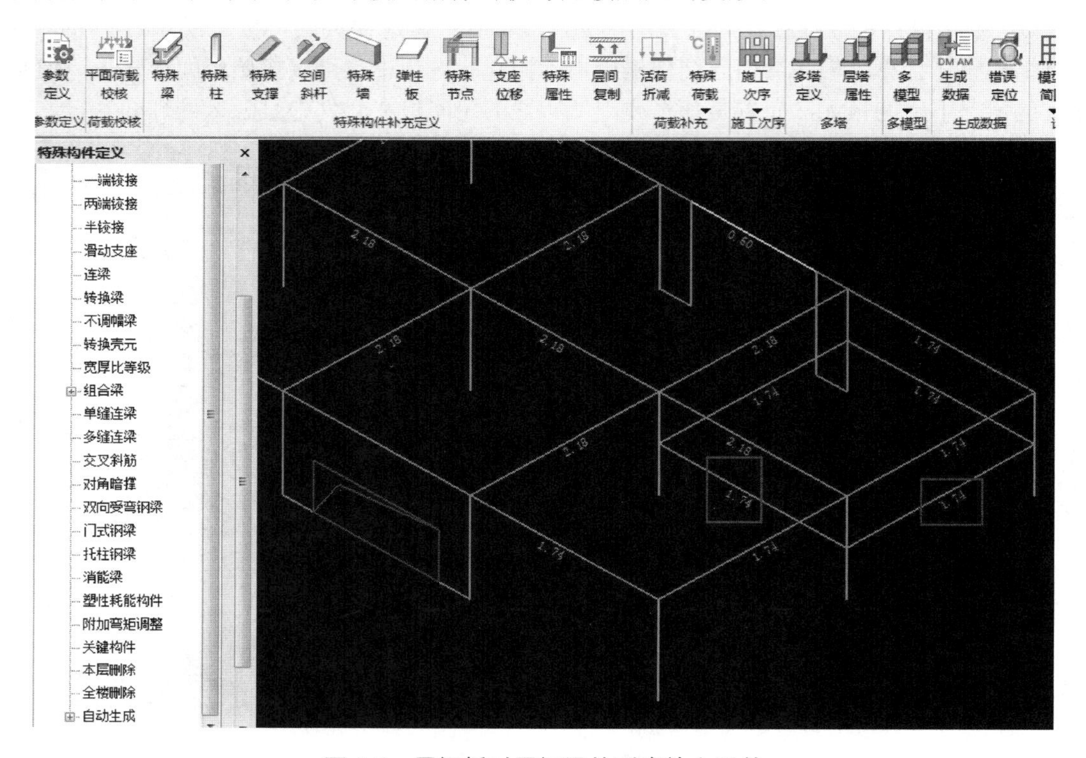

图 1-6　层间板对层间梁的刚度放大系数

有些情况下，层间板是无法布置上去的，在软件中，层间板的布置需要满足以下几个原则：

（1）层间板四周有梁或墙围成封闭房间；

（2）一个房间区域内，只能布置一个层间板；

（3）层间板所有角点须在同一平面上；

（4）层间板与其上楼层板的形状必须完全一致。

1.3　关于建模中梁上加节点的问题

Q：某工程中一框架梁中间添加节点，与无节点比较计算结果相差较大，请问是什么原因？

A：产生上述现象，主要是因为梁上添加节点后，构件被打断造成结果的出入。

设计人员计算时需注意以下两点：

（1）建模阶段，“楼面荷载”定义中，应勾选上“矩形房间导荷载，边被打断时，将大梁（墙）上的梯形、三角形荷载拆分到小梁（墙）上”这个参数，这样导荷的时候，将不会考虑边被节点打断的影响，如图 1-7 所示。

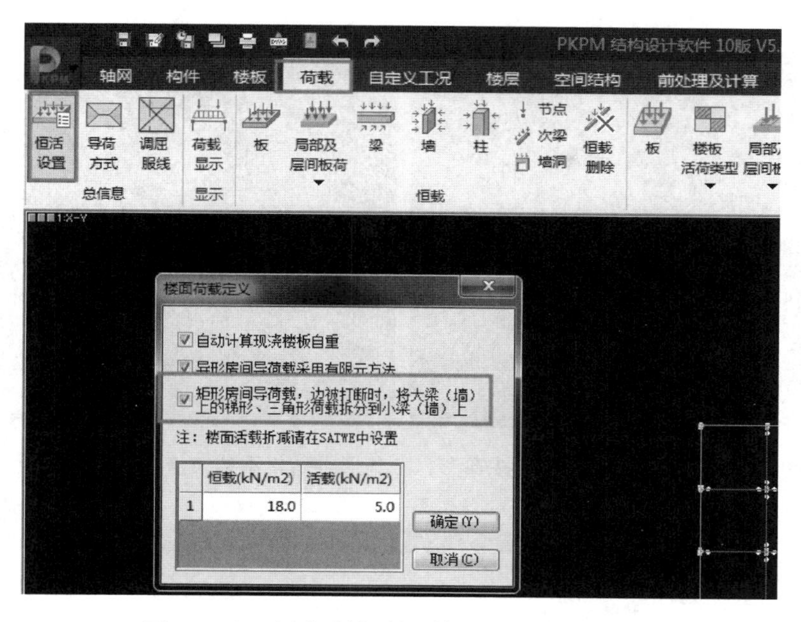

图 1-7　矩形房间被打断，按梯形、三角形导荷

当勾选了这个选项后，经对比，加节点与不加节点两种情况下导荷结果一致，荷载导算的结果对比如图 1-8 所示。

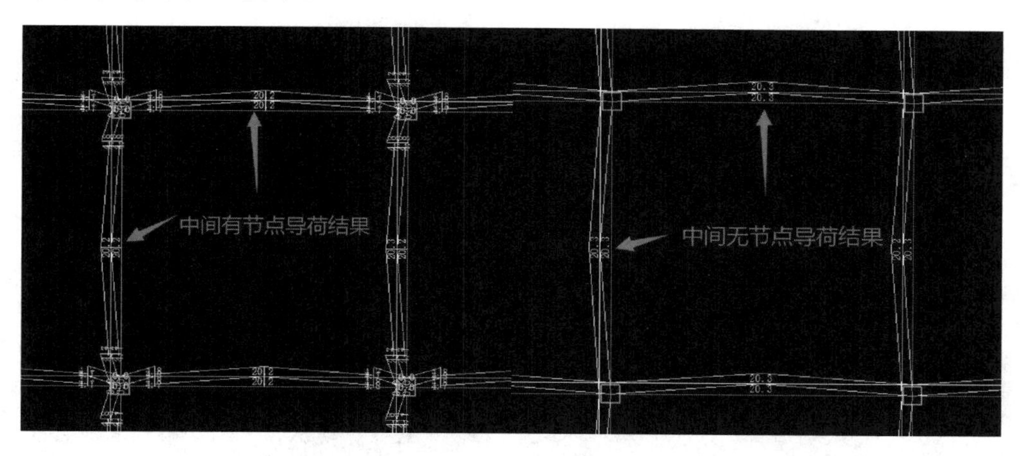

图 1-8　梁上加节点选择按梯形、三角形导荷与不加节点导荷结果对比

如果不选择按图 1-7 方式的导荷，加节点一边的梁导荷会按照均布荷载处理，不加节点的梁会按照梯形、三角形导荷，对比结果如图 1-9 所示。

（2）SATWE 前处理“调整信息” - “刚度调整”中勾选“梁刚度放大系数按主梁计算”，如图 1-10 所示，否则会影响梁的刚度放大系数的计算。

不勾选 SATWE 这个参数时，虽然荷载相同，由于刚度系数不同，弯矩还是不一样，如图 1-11 所示。

当勾选了这个选项以后，弯矩配筋两种情况就一致了，对于加了节点的梁在考虑中梁刚度放大系数时会按照整根梁考虑。

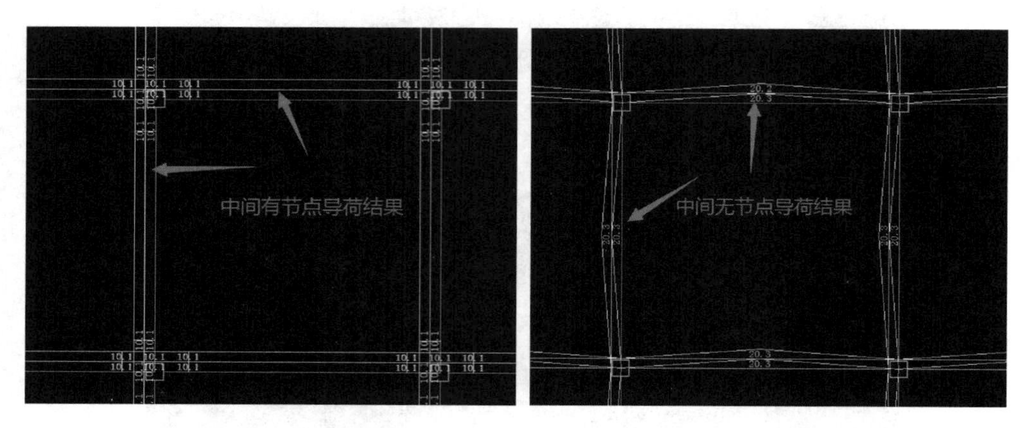

图 1-9　梁上加节点不选择按梯形、三角形导荷与不加节点导荷结果对比

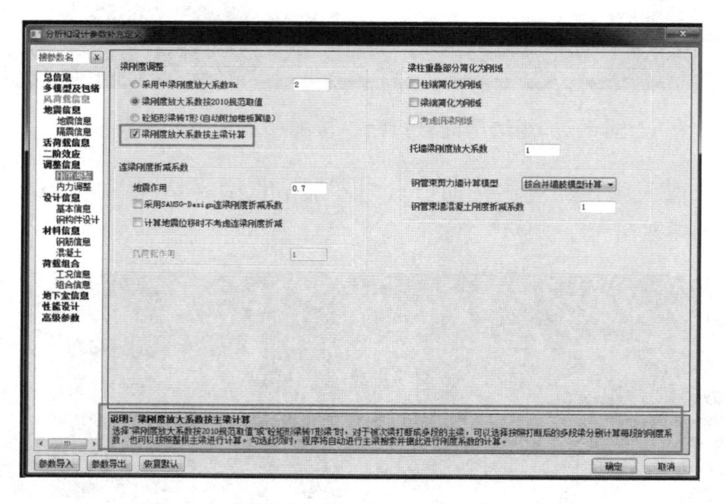

图 1-10　中梁刚度放大系数按照主梁计算

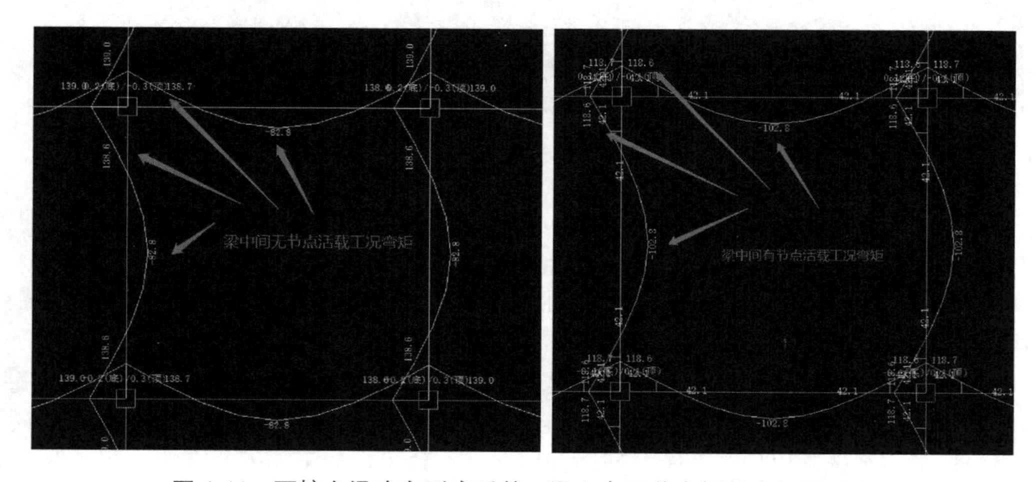

图 1-11　不按主梁确定刚度系数，梁上有无节点恒载弯矩图对比

1.4　关于半层柱、墙的建模问题

Q：结构设计中往往遇到有柱或者墙没有延伸到结构楼层处，虽然看到建模的时候按照修改标高，输出了半层的柱或墙，但是计算完毕之后发现，半层的柱或墙被软件强制拉伸到层高处，和计算模型有出入，设计中应该如何建模？

A：半层高柱、墙，顶标高比层高矮。可通过调整柱顶标高解决。通常采用的方法是使用“上节点高”命令，但此方法对于半层高柱建模可能存在问题，当采用“上节点高”命令将柱缩短时，若模型中柱顶位置存在层面梁，在计算模型处理时，程序会将半层高柱强制拉长，柱顶被调整到层高位置，此时会导致计算模型与实际不符。

当遇到半层高柱时，建议采用建立层内斜杆的方式来模拟柱子，程序对于层内斜杆的设计方法与柱一致。如图 1-12 所示为按照层内斜杆输入的半层柱。

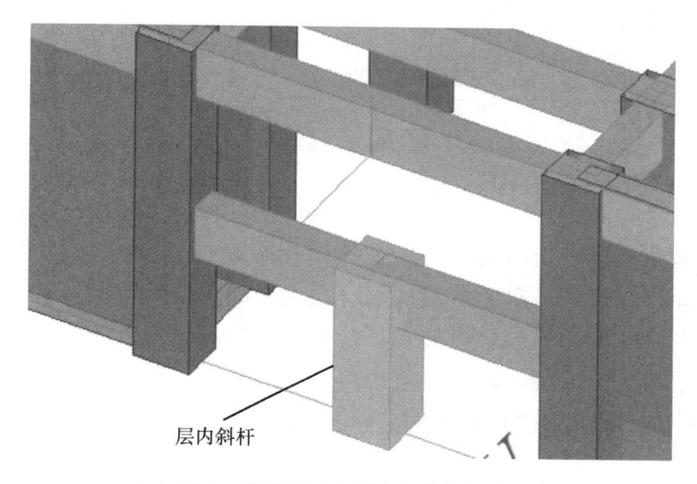

图 1-12　按照层内斜杆方式布置半层柱

1.5　关于吊车荷载的布置问题

Q：三维建模中布置吊车荷载时提示没有层间梁，无法布置是怎么回事？吊车荷载在软件中应该如何布置？如图 1-13 所示为软件给出的提示。

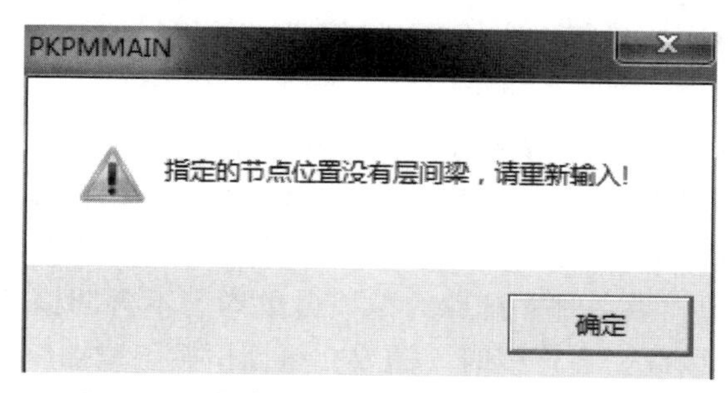

图 1-13　吊车荷载布置时提示没有层间梁

A：因为没有设置“相对当前楼层层顶的标高”参数，如图 1-14 所示。

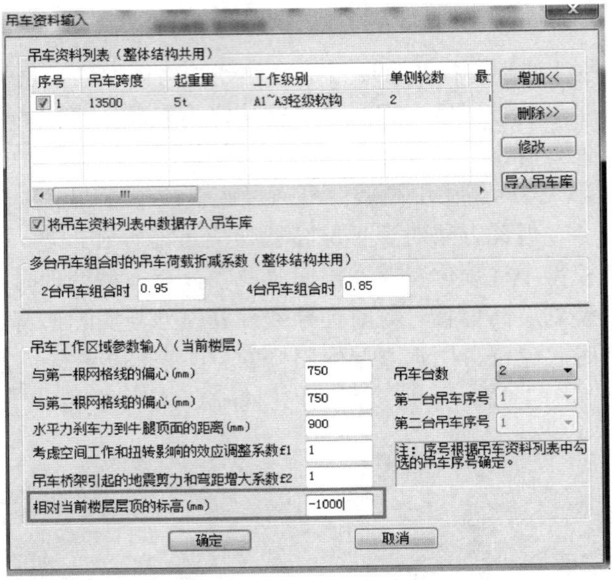

图 1-14　设置布置吊车层间梁的标高

此参数的目的是输入层间吊车，即吊车作用在牛腿位置，可直接按一个标准层建模，不需要在牛腿位置分层建模，避免造成按照分层建模时的指标异常。

建入层间梁的目的是为了导算纵向水平荷载，可以考虑纵向水平荷载通过此层间梁传递给整个结构，考虑整体影响。建模方式是可以将吊车梁等效建入模型，并设置铰接。当然吊车梁本身的计算还需要借助吊车梁工具箱来完成。

1.6　关于钢结构压型钢板的布置问题

Q：在建模时楼盖布置压型钢板后，楼板的自重在施工阶段和使用阶段都是如何考虑的？

A：在模型中布置压型钢板后的楼板变成组合楼板或者非组合楼板，两者都要进行施工阶段验算。

首先“混凝土结构施工图”中的“组合楼板”模块施工阶段的挠度和受弯承载力计算时，程序考虑的荷载包括含凹槽部分的湿混凝土板重和压型钢板自重以及图 1-15 中的楼面施工荷载标准值。

如图 1-15 所示，施工阶段的湿混凝土重度和施工阶段荷载是在组合楼盖定义菜单定义的，在施工阶段验算时程序并不会读取楼面荷载定义中的恒活荷载。

在使用阶段，组合楼板和非组合楼板承载力计算、后续荷载导算和整体计算时，勾选“自动计算现浇楼板自重”后，程序计算的楼板自重均为不含凹槽部分的混凝土板重，且不包含压型钢板自重，因此，在建模时，需要在板面恒载上增加压型钢板重量以及凹槽中的混凝土重量。

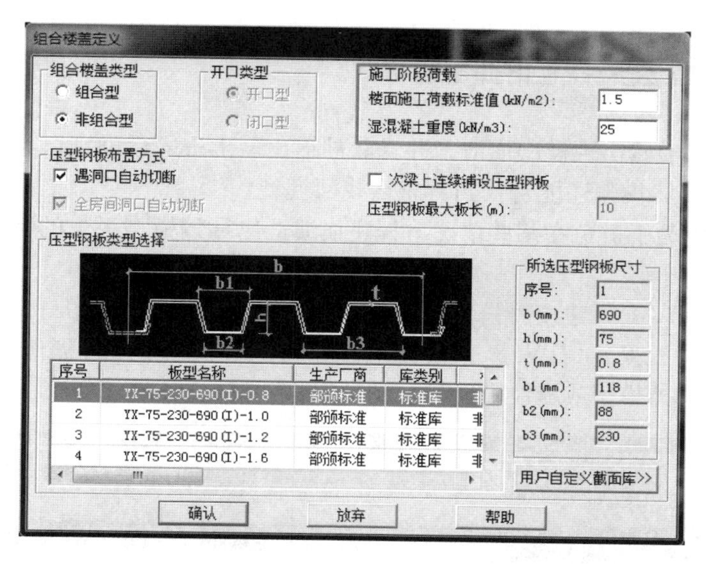

图 1-15　压型钢板布置时的相关参数

1.7　关于调整次梁布置导致计算结果异常的问题

Q：模型因做了局部非常小的调整，重新计算后，SATWE 计算结果大面积出现柱及主梁剪压比、剪扭等超限？

A：原因是模型的第三层柱间荷载输入有问题，如图 1-16 所示，偏心距 e 的单位是 m，并不是 mm。误输成 750m 导致计算结果异常，修改为 0.75 再计算就正常了。

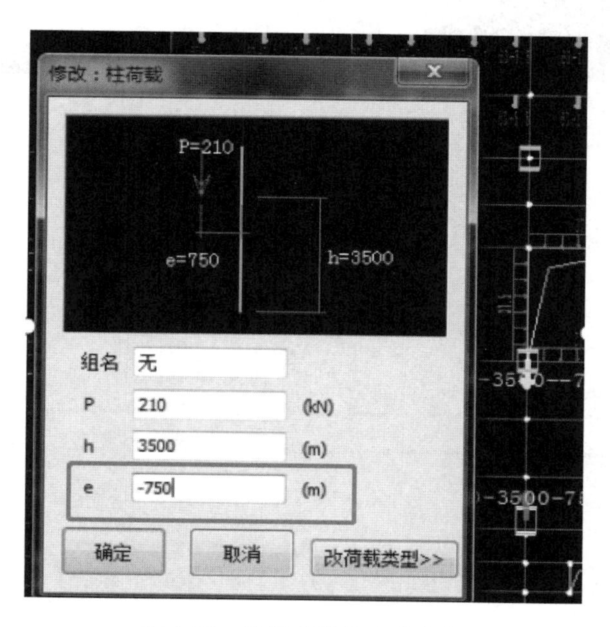

图 1-16　柱间荷载输入偏心距

1.8 关于模型丢失找回的问题

Q：建模过程突然出现模型崩溃，并且软件退出，再进入后发现已经没有布置的轴线及构件，模型丢失，模型还能否找到？怎么找回模型？

A：在建模中为了避免在某些情况下程序崩溃退出导致模型丢失的情况，软件设计了自动备份机制。

如图 1-17 所示，PM 建模可设置自动备份存盘时间，默认为 5 分钟。对于程序自动备份的文件，是以“工程名 . BWS”文件格式保存在工程目录下，如图 1-18 所示，但此文件只有一个，当关掉模型或崩溃重新进入模型后，会将此文件替换成最新的模型，即当前

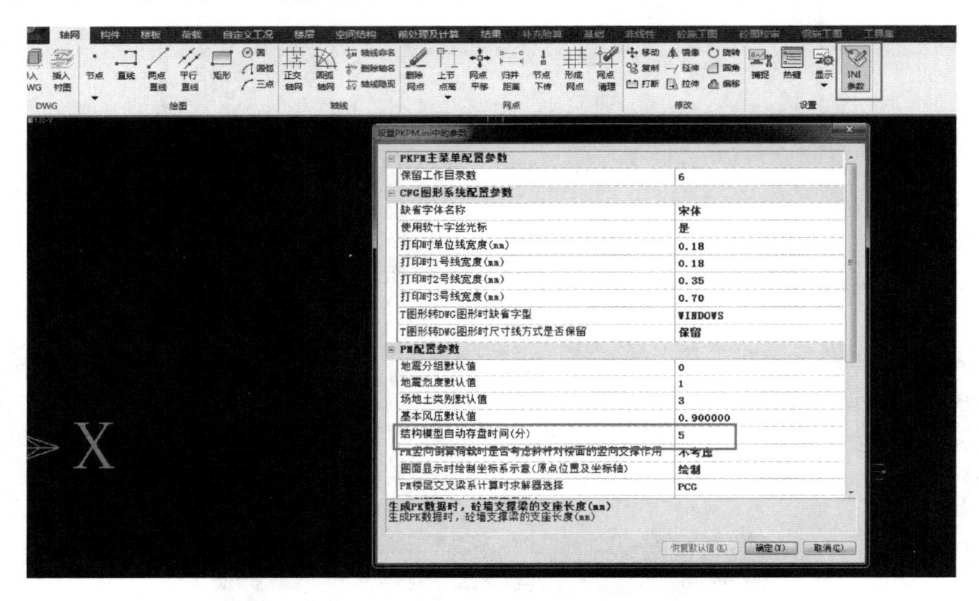

图 1-17 设置自动备份存盘时间

名称	修改日期	类型	大小
动画目录	2020/5/25 16:12	文件夹	
$$$BASE$$$	2020/5/25 16:37	文件	0 KB
.B	2020/5/25 16:09	B 文件	0 KB
1	2020/5/25 16:13	文件	14 KB
1.01S	2020/5/25 16:09	01S 文件	7 KB
1.02S	2020/5/25 16:09	02S 文件	9 KB
1.03S	2020/5/25 16:13	03S 文件	10 KB
1.04S	2020/5/25 16:13	04S 文件	10 KB
1.B	2020/5/25 16:13	B 文件	14 KB
1.BWS	2020/5/26 9:33	BWS 文件	10 KB
1.JWS	2020/5/25 17:35	JWS 文件	10 KB
1.sqlite	2020/5/26 9:33	SQLITE 文件	12 KB
1ZHLG.PM	2020/5/25 16:13	PM 文件	1 KB
2DFX.DAT	2020/5/25 16:37	DAT 文件	1 KB
3DPPARA.DAT	2020/5/26 9:33	DAT 文件	1 KB
ADJUST02Q0.DAT	2020/5/25 17:35	DAT 文件	1 KB

图 1-18 工程文件夹中的临时备份文件 BWS

模型。因此，当模型崩溃后，切忌直接进入模型，应先将此自动备份文件（工程名.BWS）复制到新的文件夹，将后缀名改为“.JWS”，即可找回崩溃前的模型。

恢复模型时，可使用图 1-19 所示 PM 建模中的“恢复模型”选项，恢复到某一个时刻的模型。

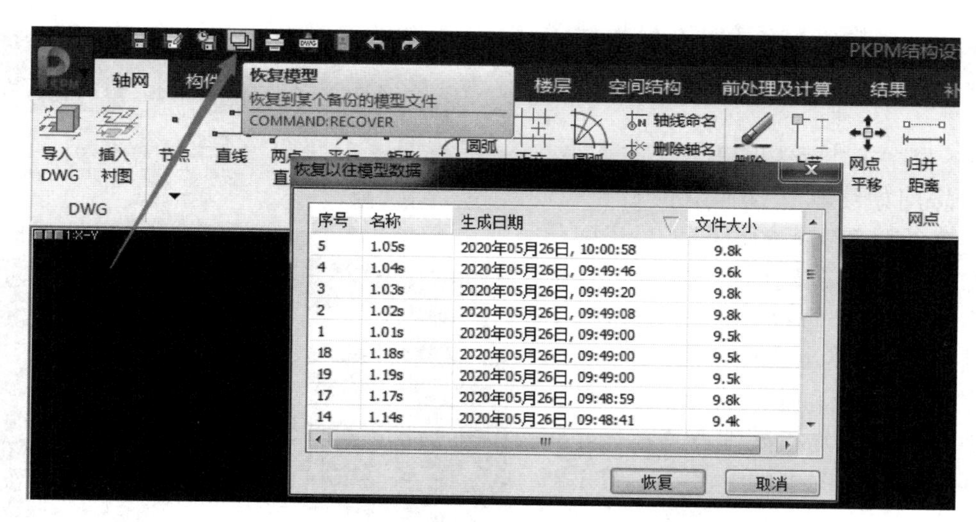

图 1-19　建模程序中“恢复模型”找到任意时刻点的模型

恢复模型时，也可手动将上述工程文件夹（图 1-20）中任意一个备份文件，以“工程名.01S，……，工程名.19S”复制到新的文件夹，将后缀名改为“.JWS”，即可恢复相应时间的模型。

名称	修改日期	类型	大小
动画目录	2020/5/25 16:12	文件夹	
$$$BASE$$$	2020/5/25 16:37	文件	0 KB
.B	2020/5/25 16:09	B 文件	0 KB
1	2020/5/26 9:49	文件	14 KB
1.01S	2020/5/26 9:49	01S 文件	10 KB
1.02S	2020/5/26 9:49	02S 文件	10 KB
1.03S	2020/5/26 9:49	03S 文件	10 KB
1.04S	2020/5/26 9:49	04S 文件	10 KB
1.05S	2020/5/26 9:48	05S 文件	10 KB
1.06S	2020/5/26 9:48	06S 文件	10 KB
1.07S	2020/5/26 9:48	07S 文件	10 KB
1.08S	2020/5/26 9:48	08S 文件	10 KB
1.09S	2020/5/26 9:48	09S 文件	10 KB
1.10S	2020/5/26 9:48	10S 文件	10 KB
1.11S	2020/5/26 9:48	11S 文件	10 KB
1.12S	2020/5/26 9:48	12S 文件	10 KB
1.13S	2020/5/26 9:48	13S 文件	10 KB
1.14S	2020/5/26 9:48	14S 文件	10 KB
1.15S	2020/5/26 9:48	15S 文件	10 KB
1.16S	2020/5/26 9:48	16S 文件	10 KB
1.17S	2020/5/26 9:49	17S 文件	10 KB
1.18S	2020/5/26 9:49	18S 文件	10 KB
1.19S	2020/5/26 9:49	19S 文件	10 KB
1.B	2020/5/26 9:49	B 文件	14 KB
1.BWS	2020/5/26 9:49	BWS 文件	10 KB

图 1-20　工程文件夹中的备份文件

1.9 关于压型钢板楼板导荷的问题

Q：结构建模中楼板房间布置了压型钢板，楼板导荷方式是否默认按照单向板进行导荷？是否需要修改导荷方式？楼板计算时压型钢板所在房间是否始终按照单向板计算？

A：程序在进行楼板房间导荷时，对于矩形房间始终默认按照双向板导荷，如果布置了压型钢板的房间满足房间长宽比的要求，则需要使用“荷载”-“导荷方式”进行人工修改，如图 1-21 所示，修改其导荷方式为对边传导。

在组合楼板和非组合楼板计算时，和其他普通混凝土板处理方式相同，程序根据楼板施工图中的参数，如图 1-22 所示，定义大于“双向板长宽比限值”时，按照单向板计算，否则按照双向板计算，并不会因为布置了带肋的压型钢板而改变计算模式。

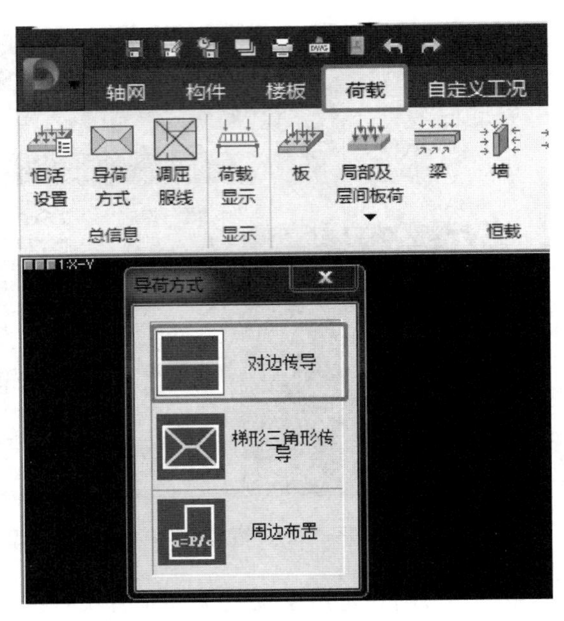

图 1-21 修改房间的导荷方式为对边传导

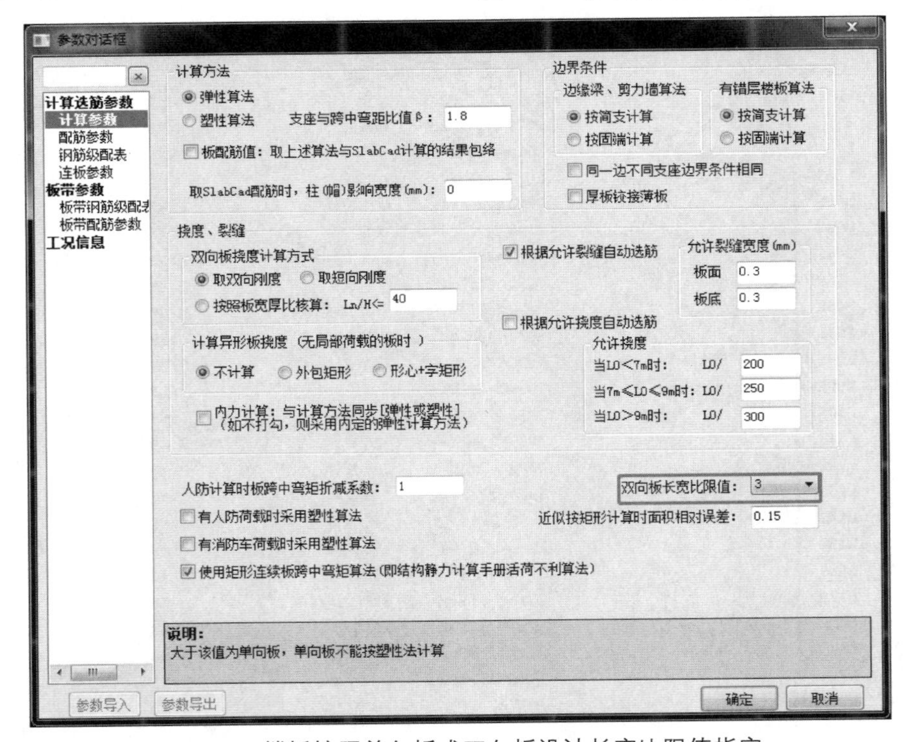

图 1-22 楼板按照单向板或双向板设计长宽比限值指定

1.10　关于梁荷载布置无截面设计的问题

Q：如图 1-23 所示，在建模中，输入梁荷载时，荷载类型中的无截面设计是什么意思？

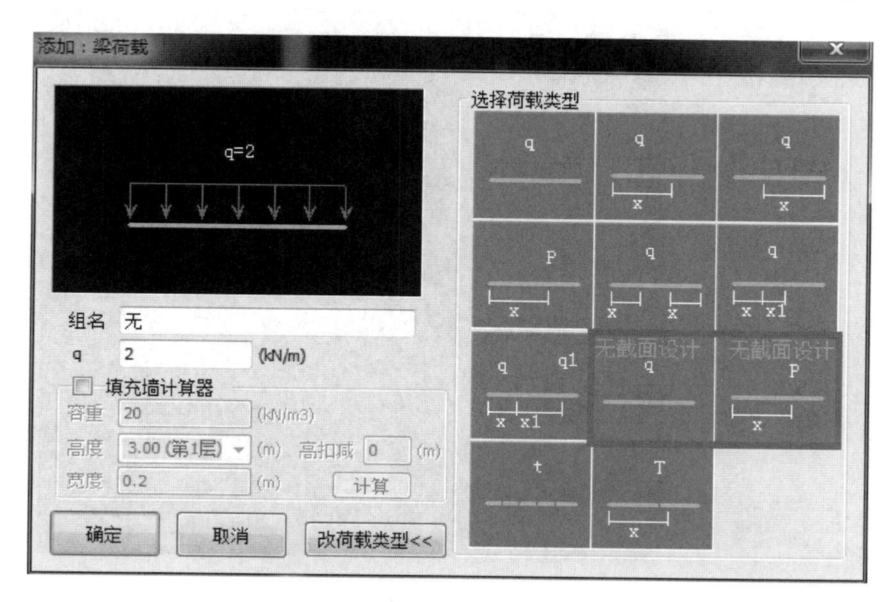

图 1-23　梁截面荷载无截面设计

A：无截面设计顾名思义是该荷载不能参与构件截面的设计。对该荷载，能够考虑对结构整体的影响。

对于一般混凝土梁构件，程序只能按单向受弯构件设计，仅考虑竖向荷载下的设计，对于面外水平向荷载，梁构件不进行水平向受弯设计，混凝土梁构件不能考虑无截面设计荷载对其承载力的影响。

对于钢梁，默认情况下也不考虑无截面设计荷载对钢梁的影响，但由于规范对钢梁有双向受弯构件的计算公式，软件中可以在“SATWE 前处理及计算-特殊梁”中将梁设置为双向受弯构件，此时程序对钢梁可按双向受弯构件设计，能够考虑无截面设计荷载对钢梁的影响，如图 1-24 所示。计算完毕后，可以看到该双向受弯梁的承载力验算结果，强度验算中输出了两个方向的弯矩，如图 1-25 所示。

1.11　关于剪力墙长度的问题

Q：剪力墙建模时长度 850mm，计算结果查看构件信息长度却变成 800mm，如图 1-26所示，是什么原因？

A：出现墙体变短的剪力墙位于三层，产生这种情况的原因为二层此处存在一道 X 向的墙（图 1-27），此墙的偏轴距离为 50mm，因为二层墙偏轴，导致二、三层此处 Y 向墙为实现上下层剪力墙的连接，被调整短了 50mm，变成了 800mm，如图 1-28 所示为该墙肢参与计算的空间简图。

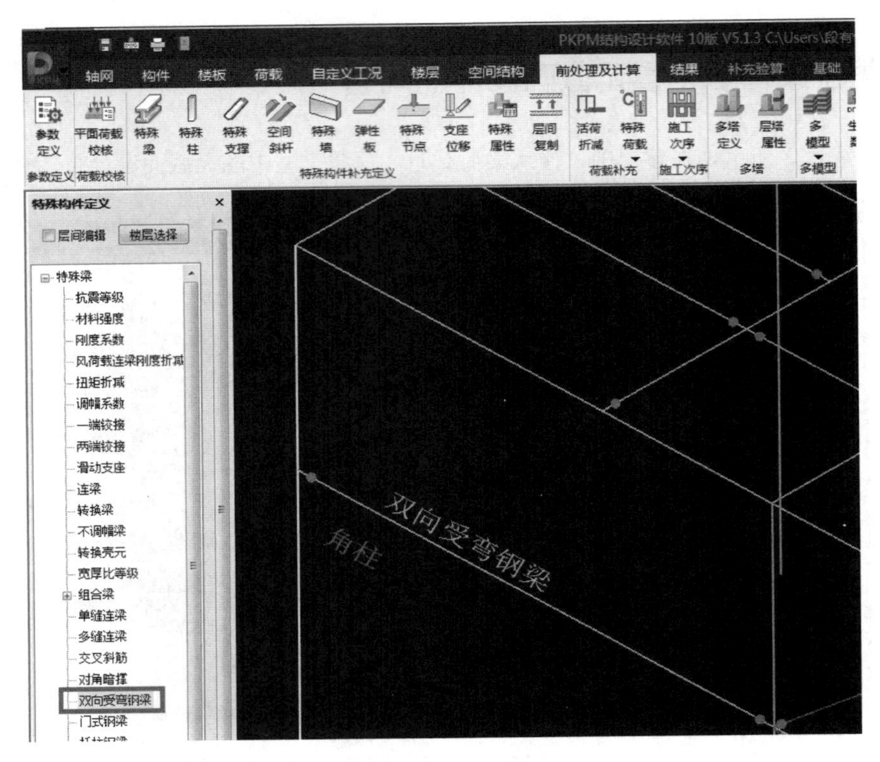

图 1-24　定义双向受弯钢梁

四、构件设计验算信息

强度验算	(1)　N=0.00, Mx=128.43, My=74.42, F1/f=1.83
稳定验算	(0)　N=0.00, Mx=0.00, My=0.00, F2/f=0.00
抗剪验算	(1)　V=81.54, F3/fv=0.22
下翼缘稳定	正则化长细比 r=0.38,　不进行下翼缘稳定计算
宽厚比	b/tf=6.86 ≤ 12.38 《钢结构设计标准》GB50017-2017 3.5.1条给出宽厚比限值
高厚比	h/tw=34.00 ≤ 102.34 《钢结构设计标准》GB50017-2017 3.5.1条给出梁的高厚比限值
强度荷载比	(1)　N=0.00, Mx=82.39, My=29.77, R1=0.87
平面内稳定荷载比	(1)　N=0.00, Mx=82.39, My=29.77, R2=0.00
防火保护层	(1)　Ts=1002.78, Td=425.53, Ri=0.28, di=0.0275

图 1-25　双向受弯钢梁的验算结果

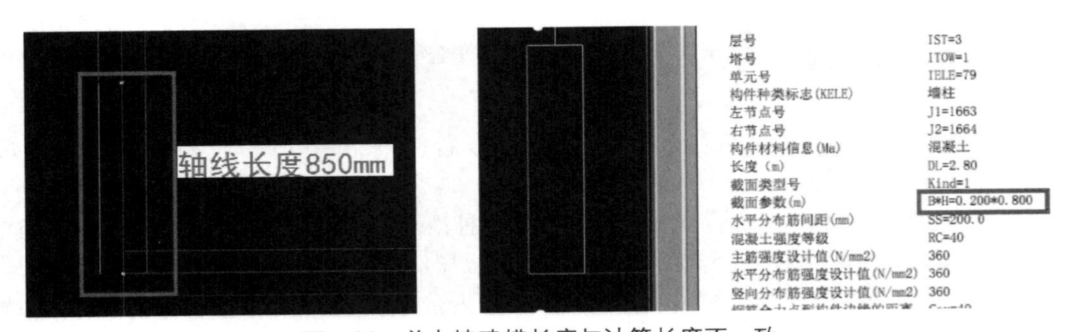

图 1-26　剪力墙建模长度与计算长度不一致

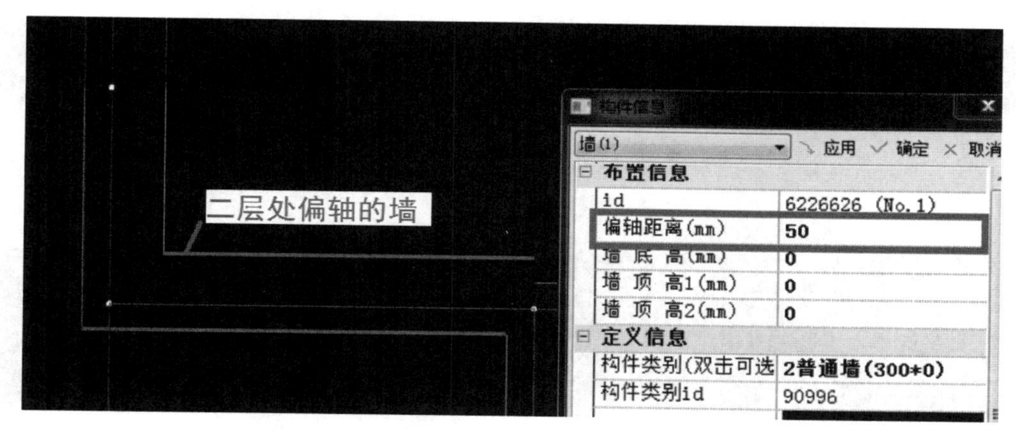

图 1-27　二层存在一道沿着 X 向偏心 50mm 的墙体

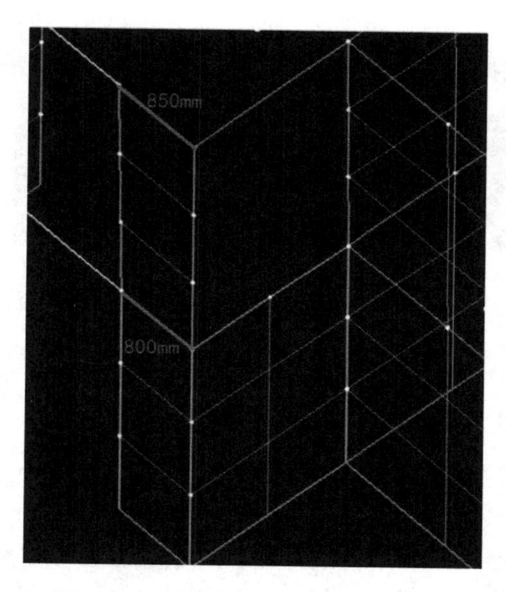

图 1-28　该墙肢参与计算的空间简图

剪力墙建模长度与计算长度不同除了偏心原因，也可能是其他原因，比如上下层节点错开距离较小，导致程序归并。导致错层的原因一般可通过查看 SATWE 前处理及计算-模型简图-空间简图查找到原因。

1.12　关于压型钢板组合楼盖板面荷载及板厚输入的问题

Q：在结构建模时，楼盖采用组合楼盖，如图 1-29 所示，楼板厚度和荷载应该如何输入?

A：布置了压型钢板后，不论组合楼盖还是非组合楼盖，楼板厚度都应按照由压型钢板肋顶到楼板顶面这个高度范围内的板厚。

SATWE 整体计算时，勾选"自动计算现浇楼板自重"后，程序计算的楼板自重均为

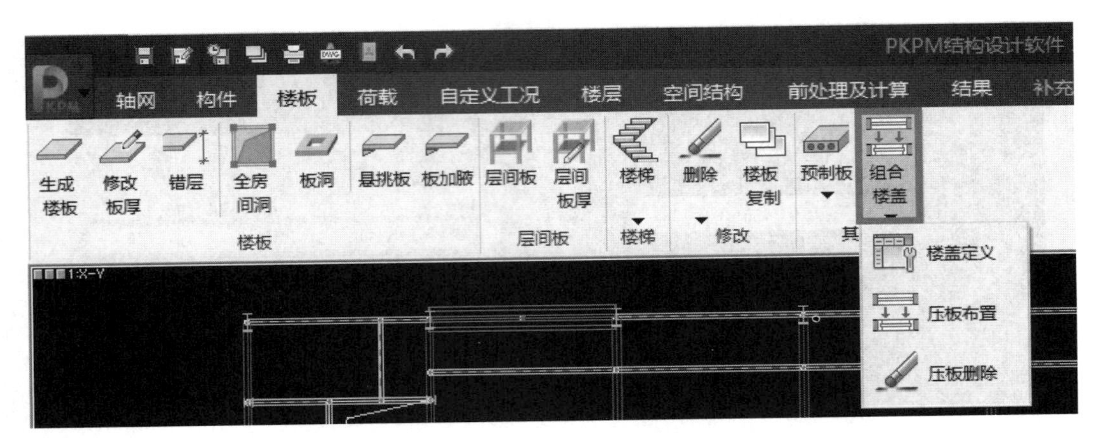

图 1-29　建模中输入组合楼盖

不含凹槽部分的混凝土板重，且不包含压型钢板自重，因此在建模时，需要在板面恒载上增加压型钢板重量以及凹槽中的混凝土重量，如图 1-30 所示凹槽部分的混凝土。

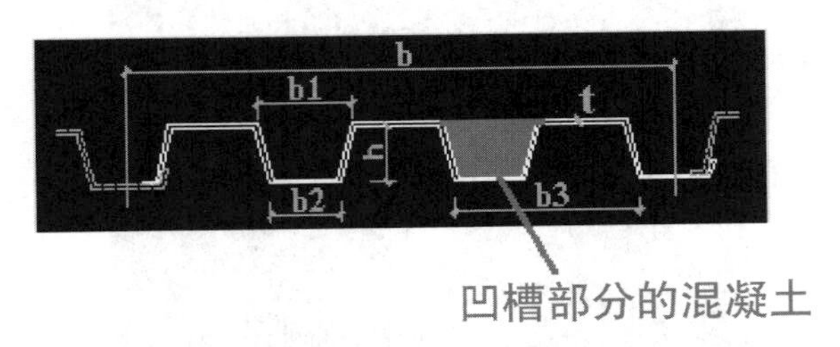

图 1-30　压型钢板凹槽中的混凝土自重需要手动计算并输入

组合楼盖需要进行施工阶段的验算，在“混凝土结构施工图”中的“组合楼板”模块施工阶段的挠度和受弯承载力计算时，如图 1-31 所示，程序会自动考虑的恒载包括含凹槽部分的混凝土板重和压型钢板自重。

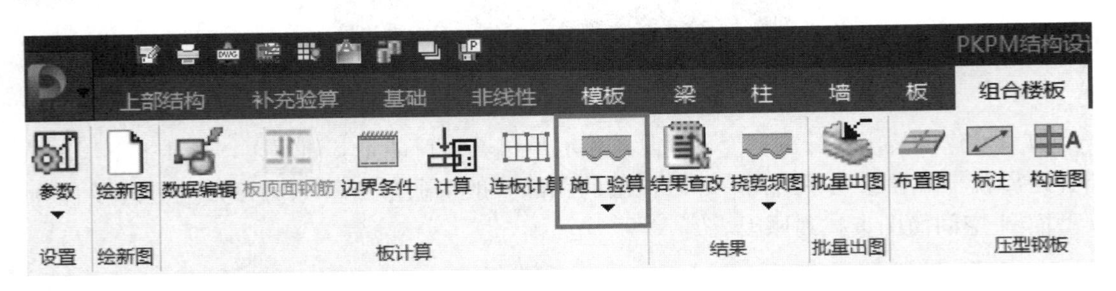

图 1-31　组合楼盖施工图阶段验算自动考虑板重及凹槽混凝土重

1.13　关于如何实现屋面活荷载不计入重力荷载代表值的问题

Q：按照《建筑抗震设计规范》要求，如图 1-32 所示，在进行结构重力荷载代表值统计时，屋面活荷载不计入，请问程序中如何实现？

5.1.3 计算地震作用时，建筑的重力荷载代表值应取结构和构配件自重标准值和各可变荷载组合值之和。各可变荷载的组合值系数，应按表5.1.3采用。

表 5.1.3　组合值系数

可变荷载种类		组合值系数
雪荷载		0.5
屋面积灰荷载		0.5
屋面活荷载		不计入
按实际情况计算的楼面活荷载		1.0
按等效均布荷载计算的楼面活荷载	藏书库、档案库	0.8
	其他民用建筑	0.5
起重机悬吊物重力	硬钩吊车	0.3
	软钩吊车	不计入

注：硬钩吊车的吊重较大时，组合值系数应按实际情况采用。

图 1-32　规范对重力荷载代表值的要求

A：在软件中要实现将屋面活荷载不计入重力荷载代表值，需要按照以下操作步骤执行：

（1）建模中通过自定义工况，增加或使用现有的屋面活荷载工况，然后在屋面活荷载工况中定义屋面活荷载，如图 1-33 所示。

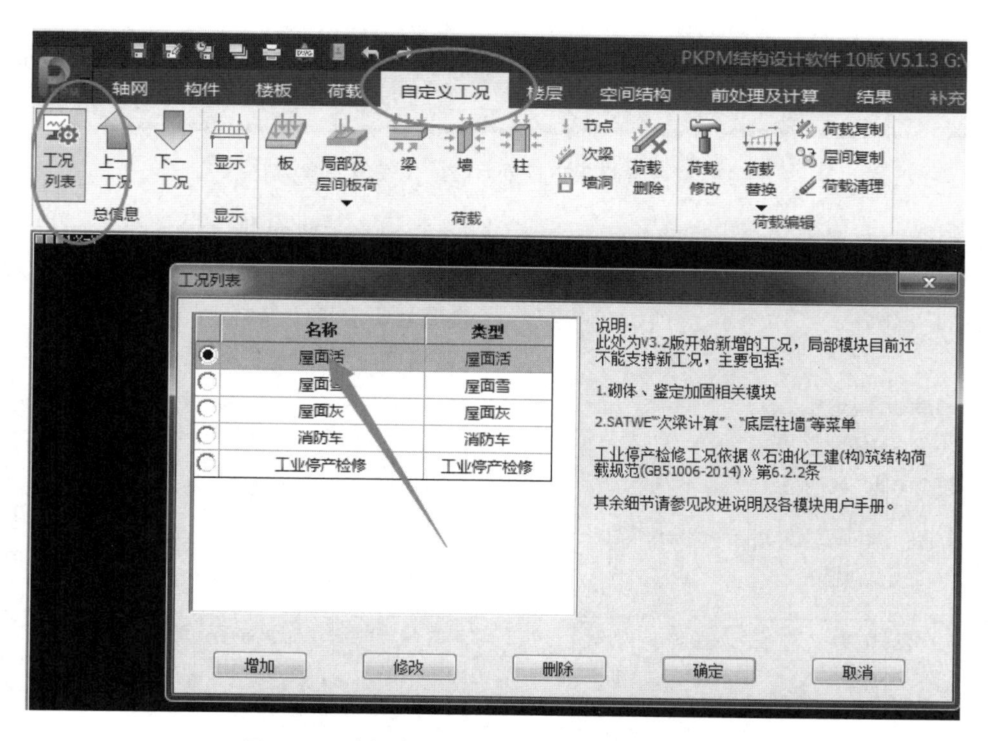

图 1-33　建模中自定义工况下输入屋面活荷载

（2）定义完毕后，切换到前处理参数，在参数中的工况信息中可以看到屋面活荷载所对应的重力荷载代表值系数为 0，就表示该工况不计入重力荷载代表值的计算，如图 1-34 所示。

这样程序就可以实现对重力荷载代表值计算时不计入屋面活荷载。但需要注意的是，由于规范对重力荷载代表值统计要考虑雪荷载，因此，在设计中，需要在布置屋面活荷载

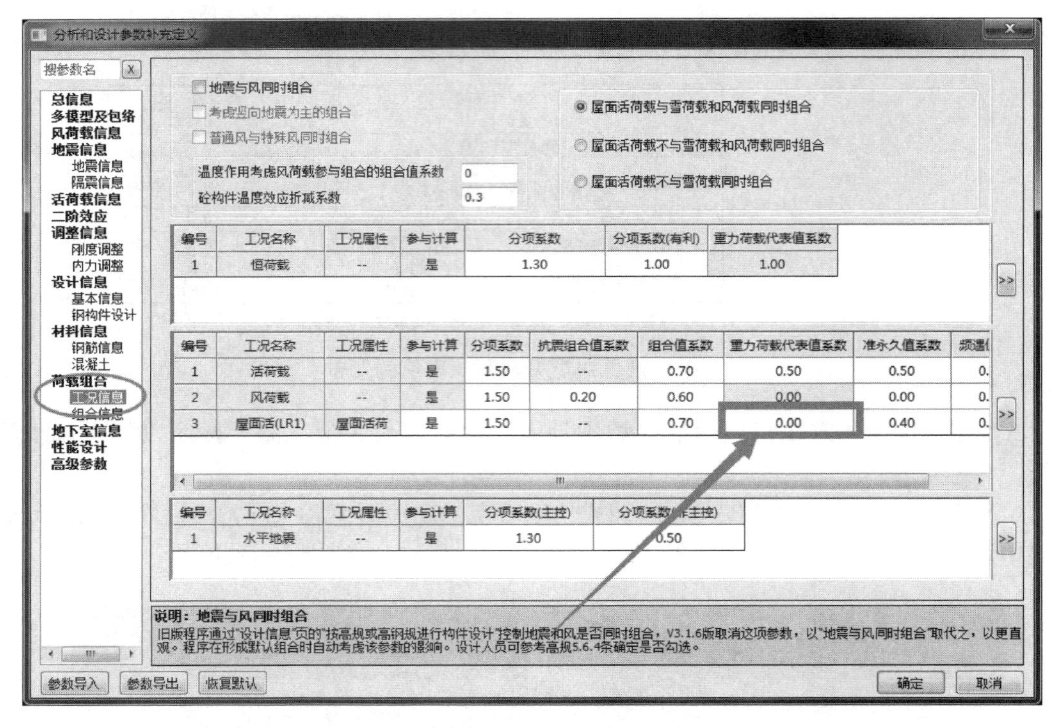

图 1-34　屋面活荷载重力荷载代表值系数为 0

的房间同时要布置雪荷载。雪荷载的定义也是通过自定义工况实现。

（3）对于屋面活荷载与雪荷载的组合，可以在软件中进行设置屋面活荷载、雪荷载与风荷载的组合方式，如图 1-35 所示，按照对应的规范要求进行选择。

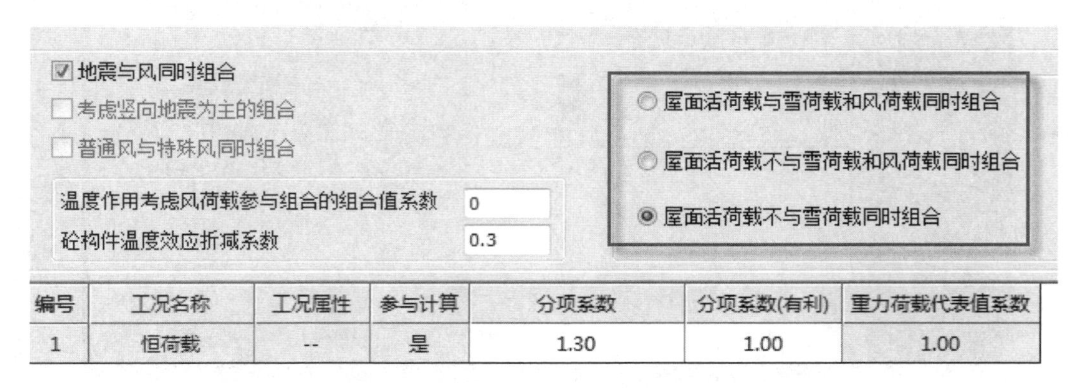

图 1-35　屋面活荷载、雪荷载及风荷载的组合

第 2 章　结构计算分析方面的相关问题剖析

2.1　关于斜交抗侧力构件的问题

Q：经计算，最不利地震方向为−35.8°，是否应填入“地震信息—斜交抗侧力构件方向附加地震”中？对于有斜交抗侧力构件的结构，还需要在这里填入抗侧力构件的方向吗？

A：结构变形能是地震作用方向角的函数，存在某个角度使得结构变形能取极大，那么这个方向我们就称为最不利地震作用方向；斜交抗侧力构件方向是指结构中有与水平、竖向坐标轴呈一定夹角的抗侧力构件，是与结构设计方案有关的。

对于最不利地震作用方向，PKPM 程序支持自动考虑，按图 2-1 所示，勾选参数即可；结构中有斜交抗侧力构件，一定要填入“地震信息—斜交抗侧力构件方向附加地震”。

应注意，斜交抗侧力构件、最不利地震是两件不同的事，最不利地震方向与斜交抗侧力构件方向往往角度不同。对于有斜交抗侧力构件的结构，除了勾选自动考虑最不利地震外，尚应在斜交抗侧力构件方向附加地震计算。

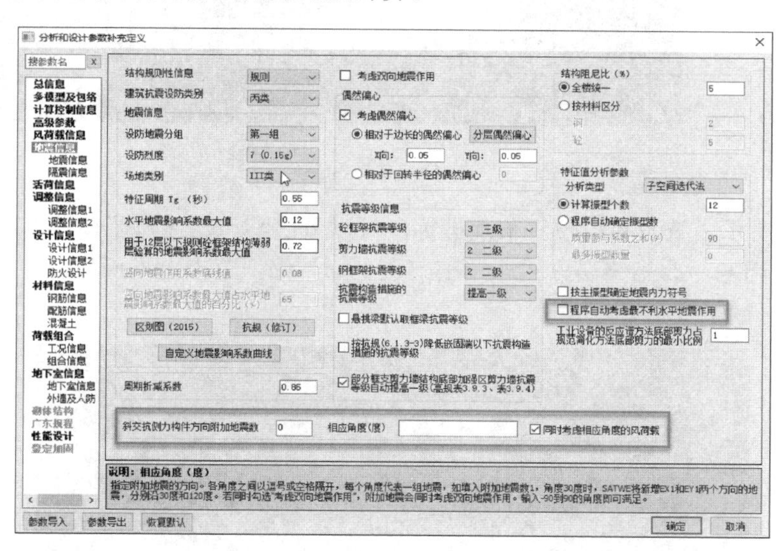

图 2-1　斜交抗侧力构件角度填写

2.2　关于计算提示“墙连接关系混乱”的问题

Q：当计算过程中出现如图 2-2 所示“墙连接关系混乱”等提示时，如何定位错误位

```
==============================================================================
 错误信息
==============================================================================
 ERR:  墙连接关系混乱,          编号:  363(  68.76   24.71   -2.20)-(  68.76  25.46   -2.20),   编号: 1345(  68.'
 数检结果共有错误:    1
```

图 2-2 “墙连接关系混乱”错误提示

置，并解决问题？

A：出现上述问题一般为墙节点上下层不对位，或者存在多余支座导致。

首先利用“错误定位”功能，找到出现异常的构件位置，如图 2-3 所示，双击列表信息，图面将高亮显示相应位置，对照相应位置，返回建模菜单，查看错误位置上下层节点是否对应。

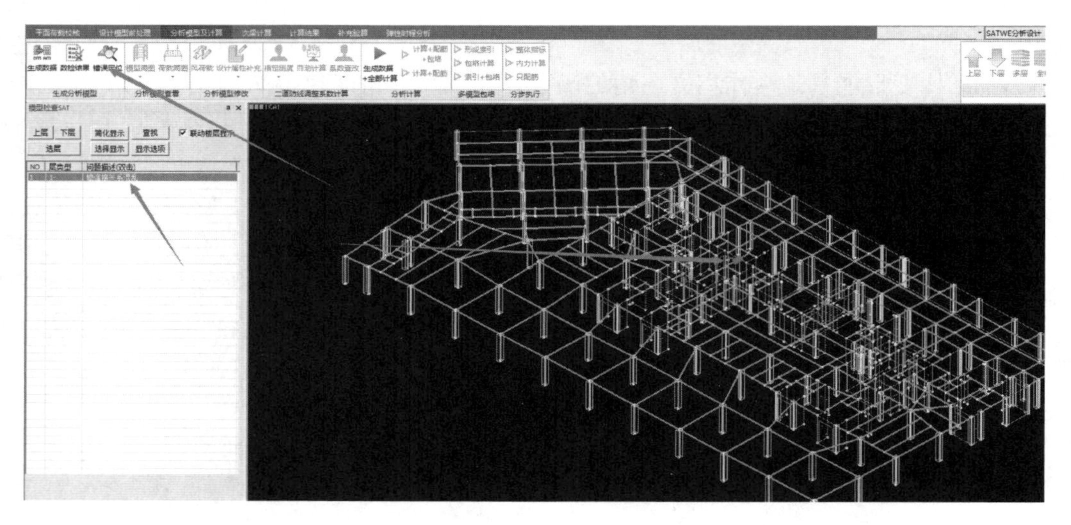

图 2-3 错误定位

如图 2-4 所示，查看错误位置节点坐标，可以看出其与相连上层墙体节点不对位，导致网格划分有问题，改正错误方式即调整节点坐标，保证节点上下层对应，保证构件连接关系正常。

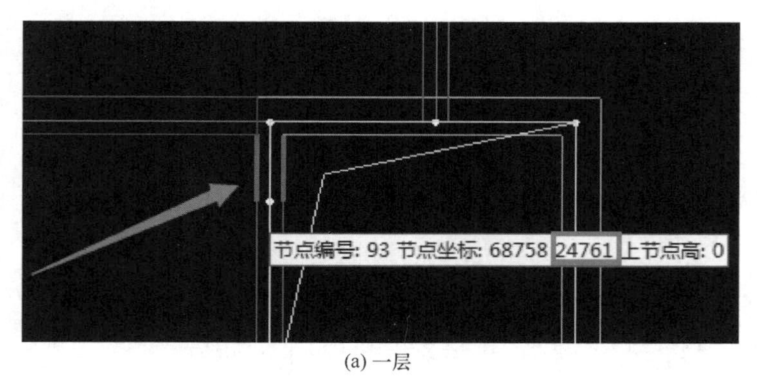

(a) 一层

图 2-4 建模中查看节点坐标（一）

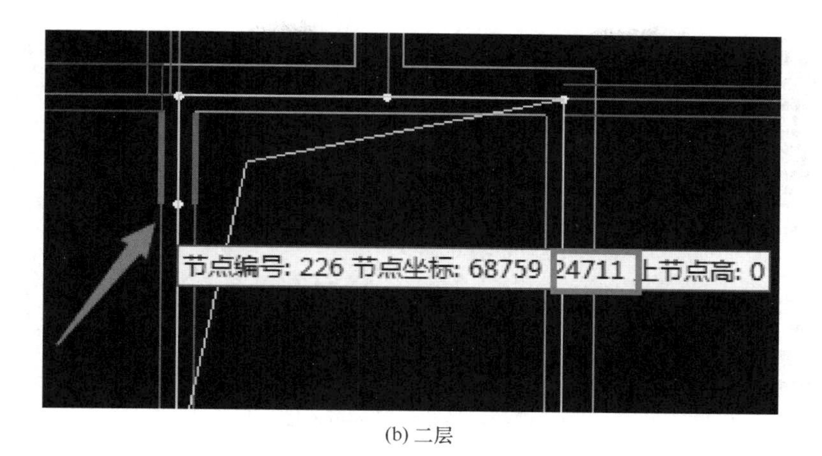

(b) 二层

图 2-4　建模中查看节点坐标（二）

另外，出现上述问题，还有可能是支座关系设置错误导致，如首层墙底部设为支座，同时相连上层墙底部也设为支座，也会导致出现类似错误。解决办法同样是先利用“错误定位”功能，定位相应位置，然后返回建模，查看支座设置情况，如图 2-5 所示，只需要将多余支座去掉即可正确计算（三角符号代表支座）。

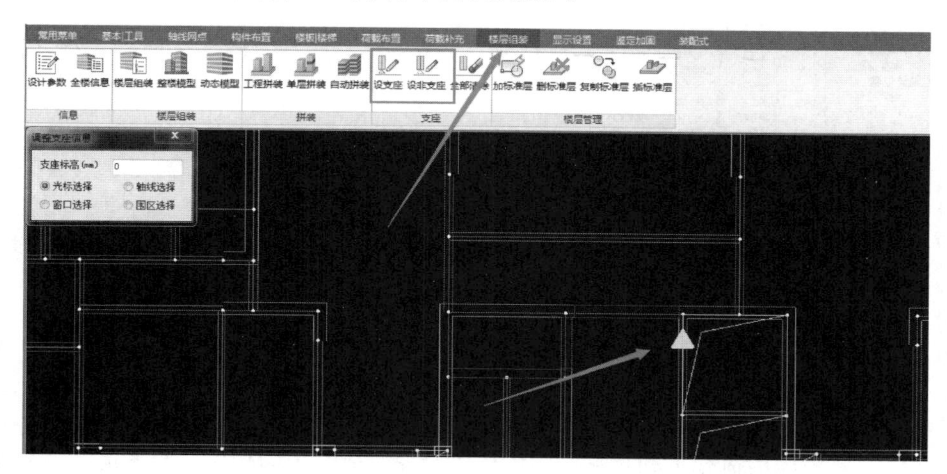

图 2-5　支座设置错误

2.3　关于活荷载不利布置的问题

Q：PKPM 程序中如何考虑梁活荷载不利布置？

A：在 SATWE、PMSAP 计算模块中，均有考虑“梁活荷不利布置”选项，如图 2-6 所示。考虑到梁的活荷载不利布置主要对本层影响大，而层与层之间的影响较小，故程序借鉴结构力学中“分层模型”的计算方法，采用分层刚度模型，在每次加载时，只考虑本层刚度，该刚度由本层所有梁和相连的上下层的柱、支撑、墙等竖向构件的刚度贡献而成。

在考虑活荷载不利布置时，程序生成 3 个活荷载工况，分别为“活 1”“活 2”和“活

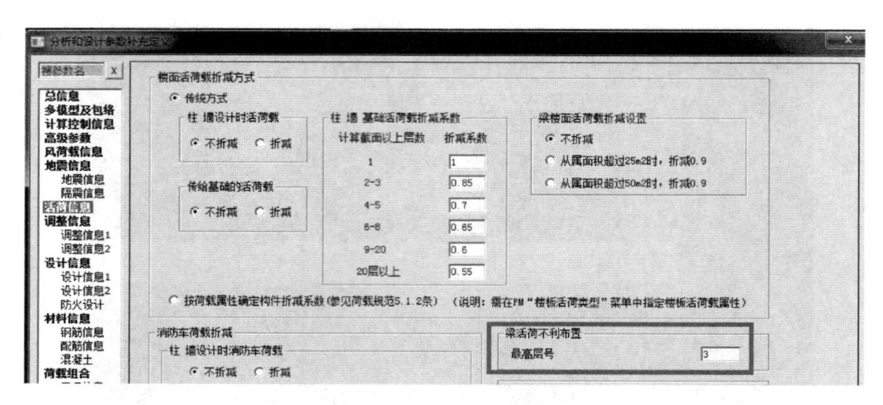

图 2-6　活荷载不利布置

3”，其中“活 2”和“活 3”为活荷载不利布置工况，以这三种活荷载工况参与荷载组合计算，具体组合方式如图 2-7 所示。活 1、活 2 和活 3 的含义为：

活 1（LL）——整个结构活荷载一次性满布作用工况；

活 2（LL2）——各层活荷载不利布置作用的负弯矩包络工况；

活 3（LL3）——各层活荷载不利布置作用的正弯矩包络工况。

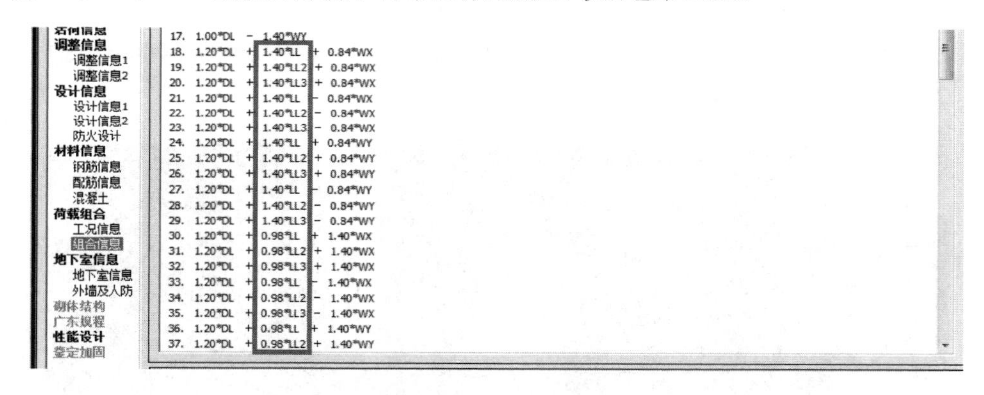

图 2-7　活荷载及其不利布置

程序仅对梁考虑活荷载不利布置作用计算，对柱、墙等竖向构件，未考虑活荷载不利布置作用。以两跨混凝土框架模型为例，楼面活荷载 $LL=5kN/m^2$，楼面布置如图 2-8 所示。

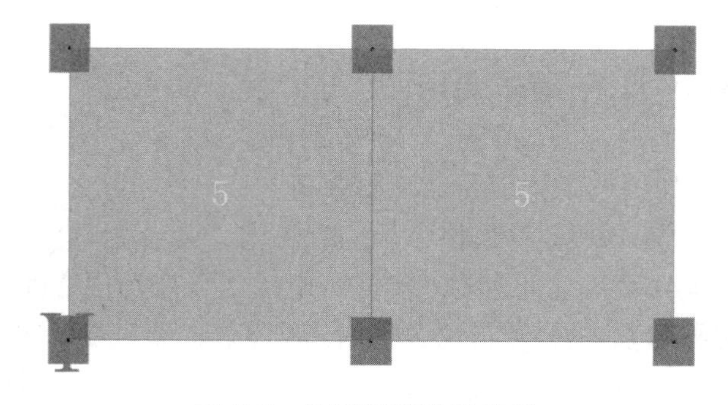

图 2-8　楼面活荷载的布置

以仅有两个房间的模型为例，考虑活荷载不利布置计算弯矩结果如图 2-9 所示。

程序分别对左右房间加载，其他部位空载，计算出弯矩图 1、弯矩图 2，活 2 工况为弯矩图 1、弯矩图 2 将正弯矩置为 0，负弯矩叠加结果；活 3 工况为弯矩图 1、弯矩图 2 将负弯矩置为 0，正弯矩叠加结果。

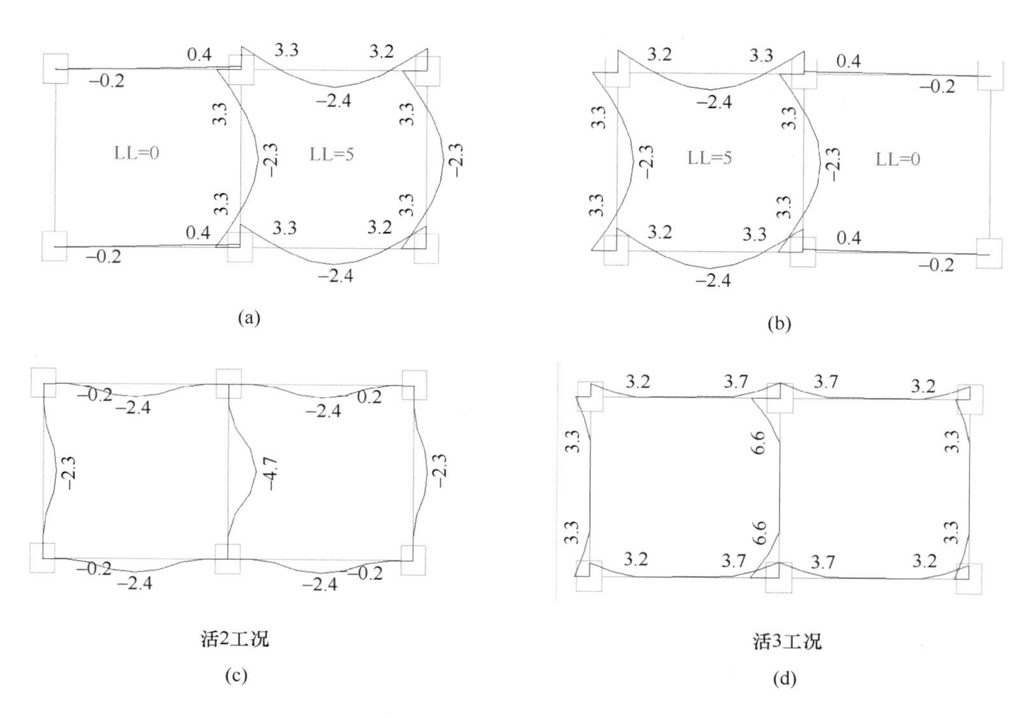

图 2-9　活荷载不利布置的弯矩叠加

(a) 弯矩图 1：右侧施加 LL=5kN/m² 梁弯矩结果；(b) 弯矩图 2：左侧施加 LL=5kN/m² 梁弯矩结果；(c)（弯矩图 1、弯矩图 2 负弯矩叠加结果）；(d)（弯矩图 1、弯矩图 2 正弯矩叠加结果）

2.4　关于消防车荷载的计算问题

Q：布置消防车荷载以后，工况列表中显示的活荷载（LL _ XFC），如图 2-10 所示，代表什么意思？消防车荷载与普通楼面活荷载会重复考虑吗？

编号	工况名称	工况属性	参与计算	分项系数	抗震组合值系数	组合值系数	重力荷载代表值系数	准永久值系数	频
2	活荷载(LL_XFC)	活荷载	是	1.50	--	0.70	0.00	0.50	
3	风荷载	--	是	1.50	0.20	0.60	0.00	0.00	
4	水压力	--	是	1.50	--	0.70	0.00	0.50	
5	消防车(XF1)	消防车	是	1.40	--	0.70	0.00	0.00	

图 2-10　荷载工况显示

A：当模型中输入消防车荷载，程序会对消防车工况作单独处理。消防车荷载其根本属性属活荷载，在实际荷载作用时，当有消防车荷载作用时，其楼面活荷载不应同时作用，表现在程序计算过程中即本房间的消防车荷载不与本房间的活荷载同时组合。

以图 2-11 所示模型为例，可将其荷载布置拆分简化为图 2-12 所示。从实际工程角度考虑，当消防车荷载作用时，不与本房间活荷载同时出现，也不同时组合，而与其他房间活荷载同时组合，则程序将普通楼面活荷载作特殊处理，使其与消防车荷载组合，即图 2-13 所示“活荷载（LL _ XFC）”工况。

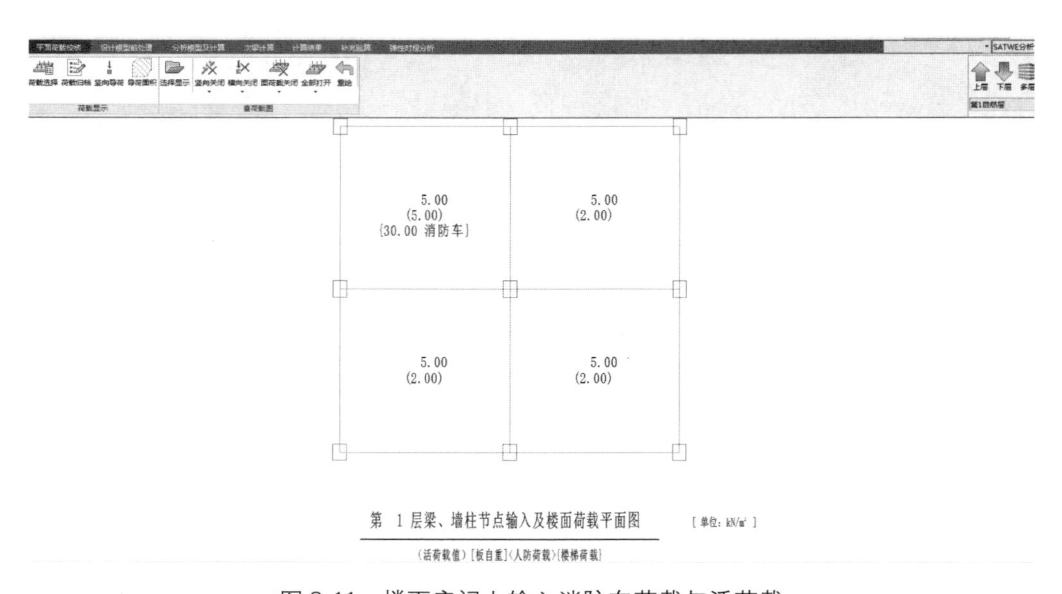

图 2-11　楼面房间上输入消防车荷载与活荷载

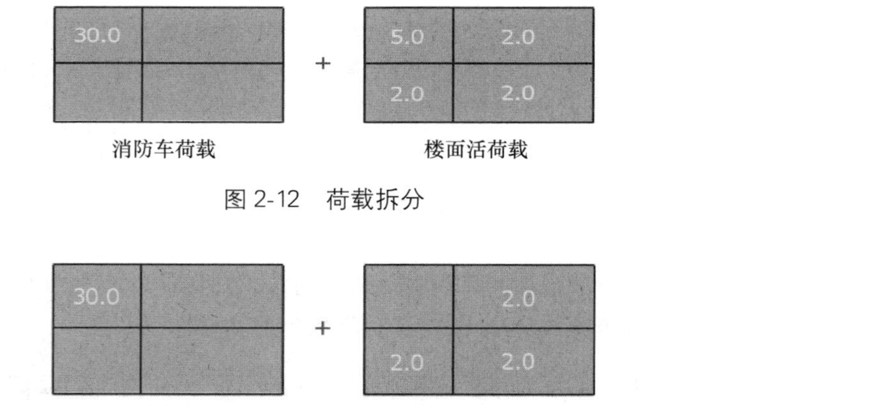

图 2-12　荷载拆分

图 2-13　消防车房间的消防车荷载与其他房间活荷载组合

综上，“消防车（XFC 或 XF1）”代表布置的消防车荷载，而“活荷载（LL _ XFC）”代表程序对普通楼面活荷载作特殊处理的一个工况，目的是与消防车荷载进行效应的组合，以实现消防车荷载不与本房间活荷载同时组合，而与其他房间活荷载同时组合的目标，从荷载组合中也可以看出，消防车荷载（XF1）只与经特殊处理的活荷载（LL _ XFC）组合，如图 2-14 所示。

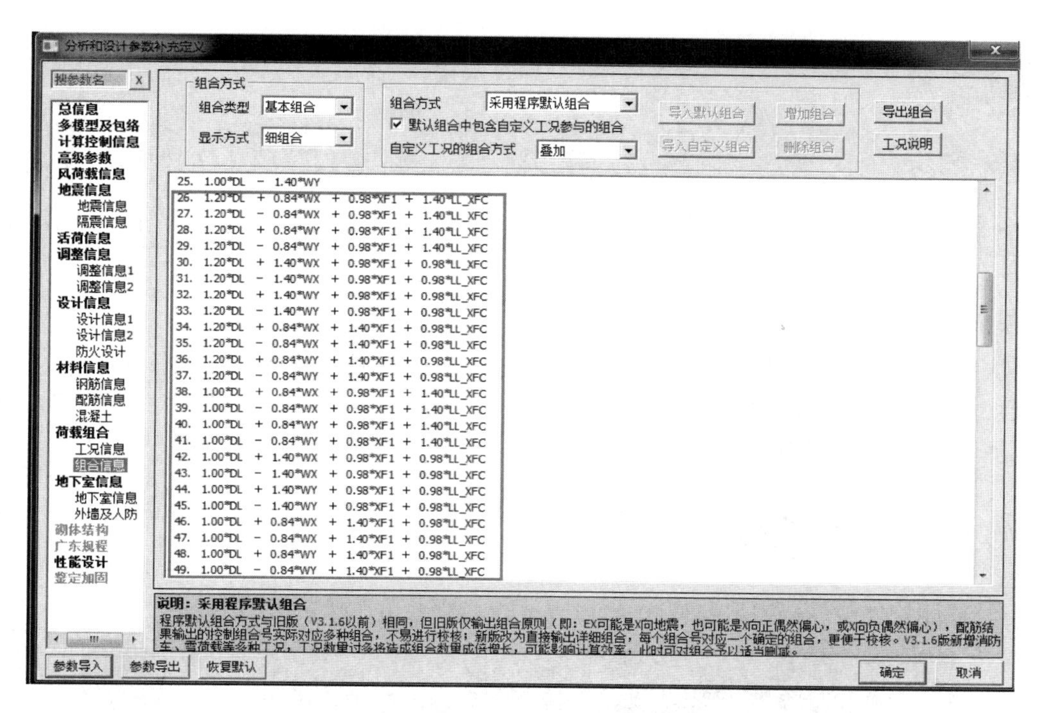

图 2-14　消防车荷载与其他荷载组合

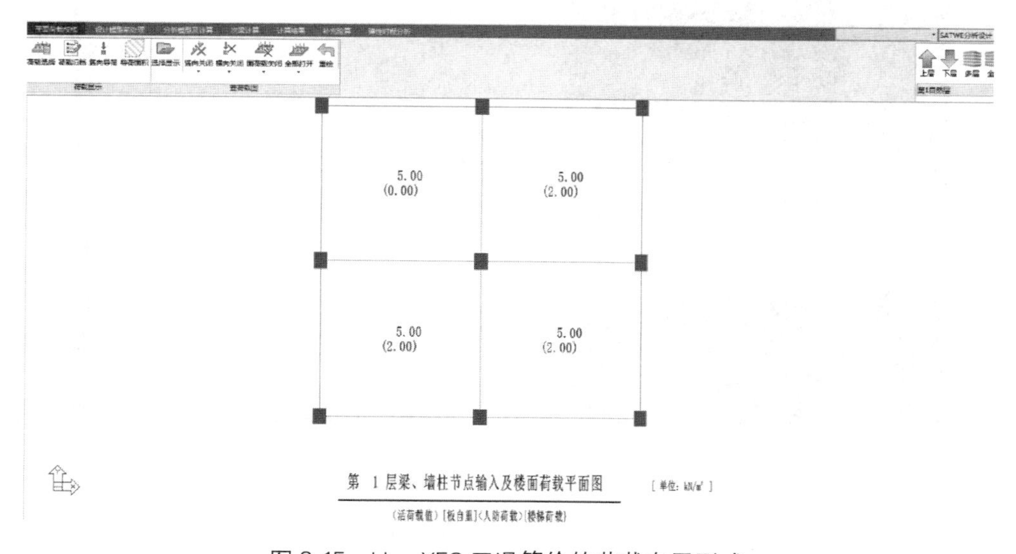

图 2-15　LL _ XFC 工况等价的荷载布置形式

从内力计算角度，建立对比模型，其荷载布置形式如图 2-15 所示，即图 2-11 所示工程中布置消防车荷载的房间，活荷载与消防车均设为 0，也即上文讨论的活荷载(LL _ XFC)工况的荷载布置形式。

以布置消防车荷载房间的某根梁为例，在不考虑折减、调幅、不利布置的情况下，对比活荷载（LL _ XFC）工况（图 2-11）与按相同荷载布置形式的活荷载工况（图 2-15）内力，如图 2-16 所示。

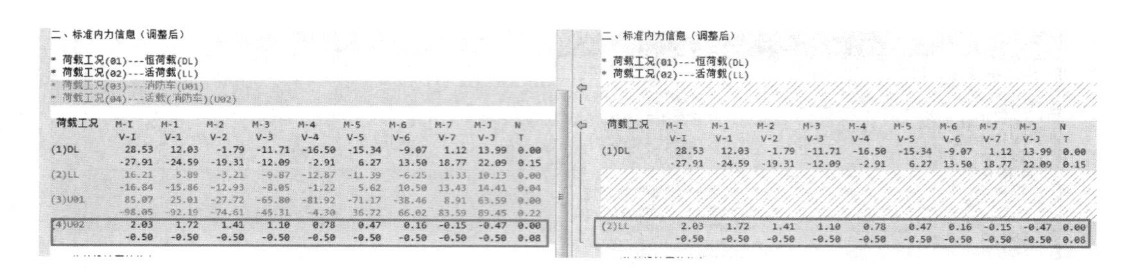

二、标准内力信息（调整后）

* 荷载工况(01)---恒荷载(DL)
* 荷载工况(02)---活荷载(LL)
* 荷载工况(03)---消防车(U01)
* 荷载工况(04)---活载(消防车)(U02)

荷载工况	M-I V-I	M-1 V-1	M-2 V-2	M-3 V-3	M-4 V-4	M-5 V-5	M-6 V-6	M-7 V-7	M-J V-J	N T
(1)DL	28.53	12.03	-1.79	-11.71	-16.50	-15.34	-9.07	1.12	13.99	0.00
	-27.91	-24.59	-19.31	-12.09	-2.91	6.27	13.50	18.77	22.09	0.15
(2)LL	16.21	5.89	-3.21	-9.87	-12.87	-11.39	-6.25	1.33	10.13	0.00
	-16.84	-15.86	-12.93	-8.05	-1.22	5.62	10.50	13.43	14.41	0.04
(3)U01	85.07	25.01	-27.72	-65.80	-81.92	-71.17	-38.46	8.91	63.59	0.00
	-98.05	-92.19	-74.61	-45.31	-4.30	36.72	66.02	83.59	89.45	0.22
(4)U02	2.03	1.72	1.41	1.10	0.78	0.47	0.16	-0.15	-0.47	0.00
	-0.50	-0.50	-0.50	-0.50	-0.50	-0.50	-0.50	-0.50	-0.50	0.08

二、标准内力信息（调整后）

* 荷载工况(01)---恒荷载(DL)
* 荷载工况(02)---活荷载(LL)

荷载工况	M-I V-I	M-1 V-1	M-2 V-2	M-3 V-3	M-4 V-4	M-5 V-5	M-6 V-6	M-7 V-7	M-J V-J	N T
(1)DL	28.53	12.03	-1.79	-11.71	-16.50	-15.34	-9.07	1.12	13.99	0.00
	-27.91	-24.59	-19.31	-12.09	-2.91	6.27	13.50	18.77	22.09	0.15
(2)LL	2.03	1.72	1.41	1.10	0.78	0.47	0.16	-0.15	-0.47	0.00
	-0.50	-0.50	-0.50	-0.50	-0.50	-0.50	-0.50	-0.50	-0.50	0.08

图 2-16　LL _ XFC 工况下某根梁内力与等价荷载布置梁内力对比

从上述内力结果可以看出，当布置消防车后，程序自动生成的“活荷载（LL _ XFC)”工况，与只有活荷载作用的图 2-15 所示荷载作用形式下的活荷载工况内力完全一致，因此也进一步验证前文结论，即消防车荷载不会与同房间的活荷载同时考虑。

2.5　关于“墙上角点映射出错”的问题

Q1：计算分析过程中出现如图 2-17 所示的“墙上角点映射出错”，是什么原因？

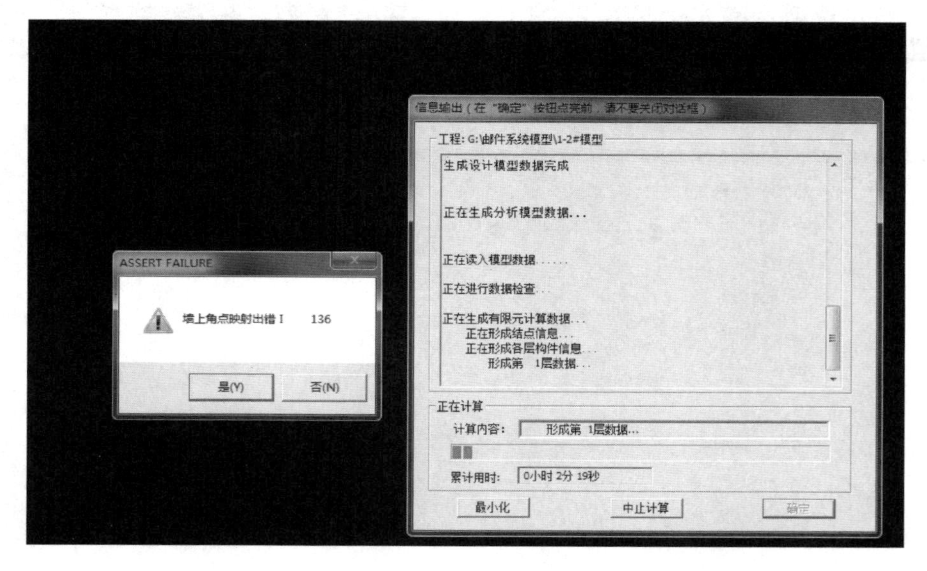

图 2-17　SATWE 计算报错“墙上角点映射出错”

A1：可以先通过“错误定位”找到相应楼层的相应位置，如图 2-18 所示，然后查看上下层墙肢的节点位置关系是否一一对应，具体操作如下：

通过错误定位，可以发现对应的墙肢存在如图 2-19 所示的问题，在箭头所指的地方，发现二层的小短墙在一层同位置没有任何构件对应，在建模中，需要尽量避免这种墙肢上下层不连续的情况出现。

如果要修改该错误提示，可在一层相同位置也布置上相同长度的墙肢，或者删掉二层的小短墙，毕竟只有 350mm 长度，对结构计算影响甚微，如图 2-20 所示为在一层位置增加相同长度的墙肢。

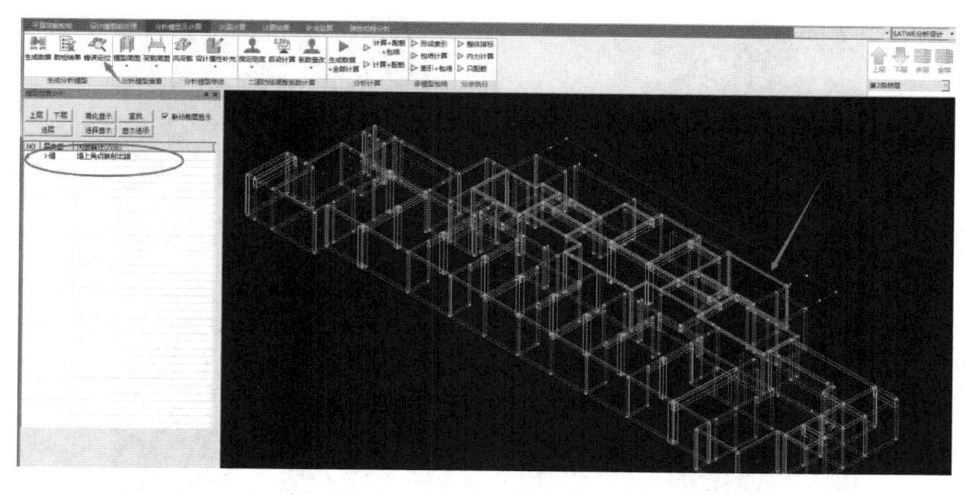

图 2-18　错误定位，定位墙肢节点位置

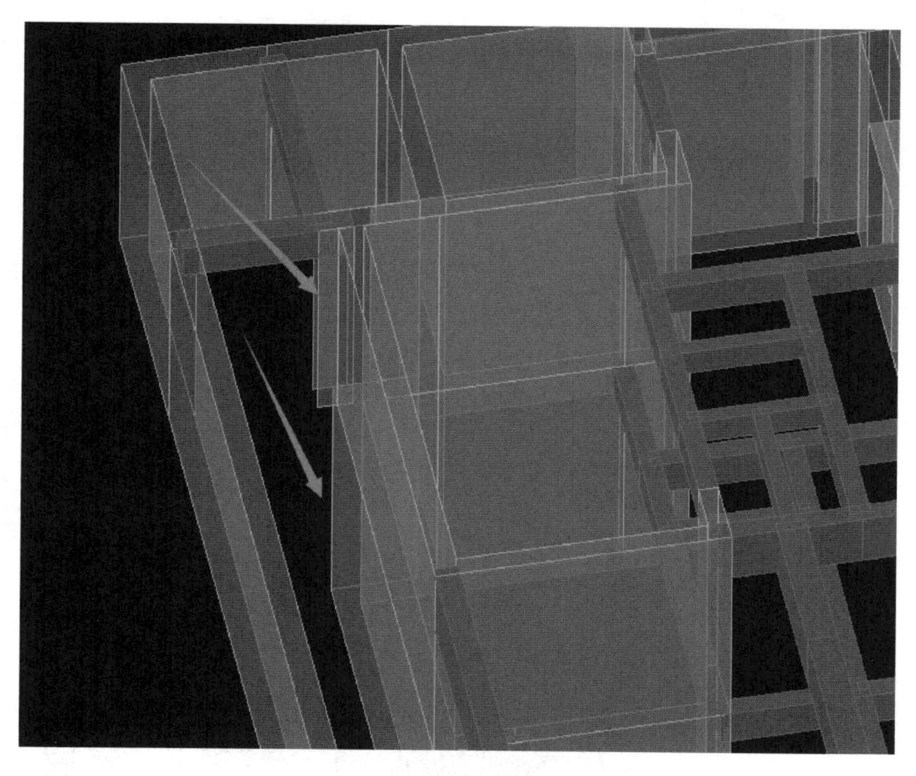

图 2-19　墙肢的问题所在

Q2：计算过程中出现“墙上角点映射出错”提示时，如图 2-21 所示，如何定位错误位置，并解决问题？

A2：出现此提示时，同样利用错误定位功能，找到相应的错误位置，如图 2-22 所示。返回建模中，对照相应位置，查看构件布置情况。只组装错误层及其下一层，从三维图形中可以看出，墙体出现重叠，如图 2-23 所示。

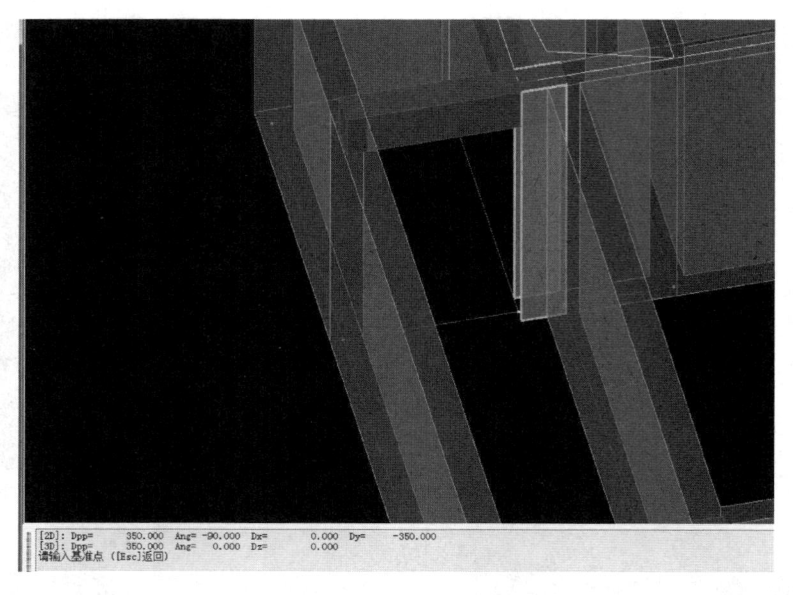

图 2-20　一层位置增加墙肢

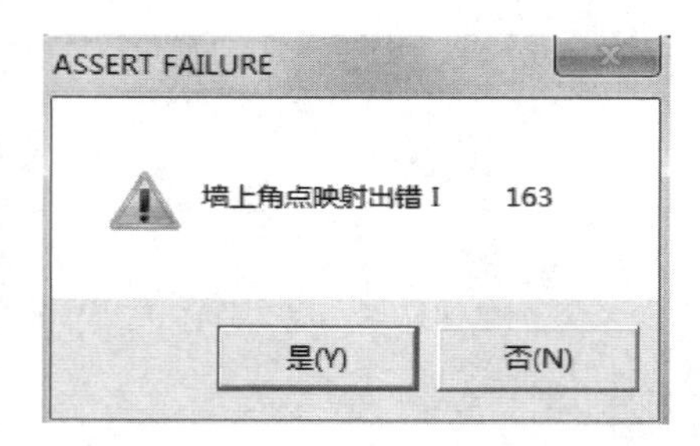

图 2-21　墙上角点映射出错

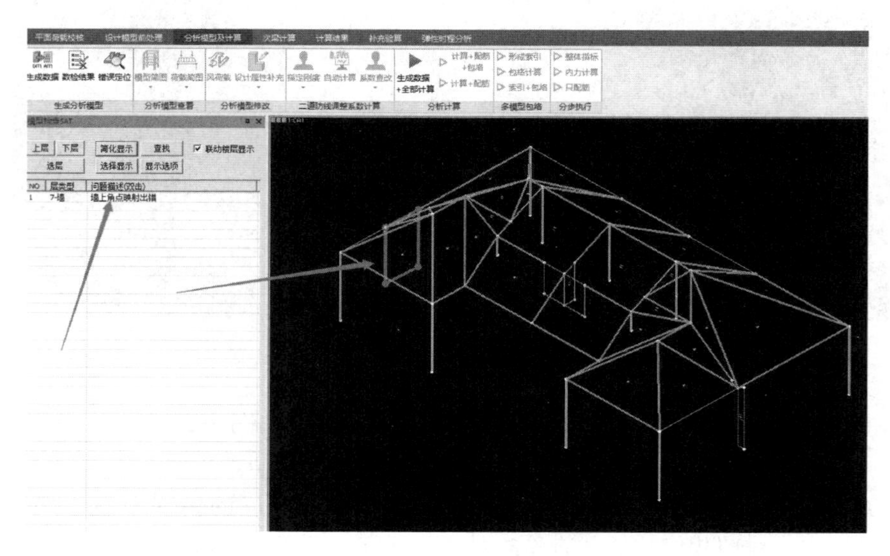

图 2-22　错误定位找到墙角点映射出错的位置

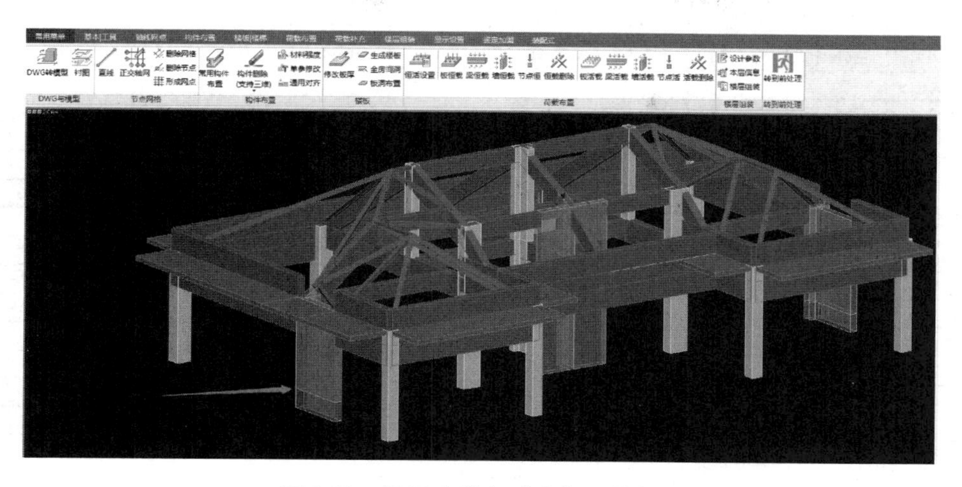

图 2-23　返回建模查看该位置剪力墙

进一步查看错误层此位置墙体布置情况，则错误原因为：本层墙体设置墙底标高，导致与下层墙体出现部分重叠，如图 2-24 所示，因此导致有限元网格划分节点映射错误，解决办法是修改墙底标高，保证上下层墙体正确连接即可正确计算。

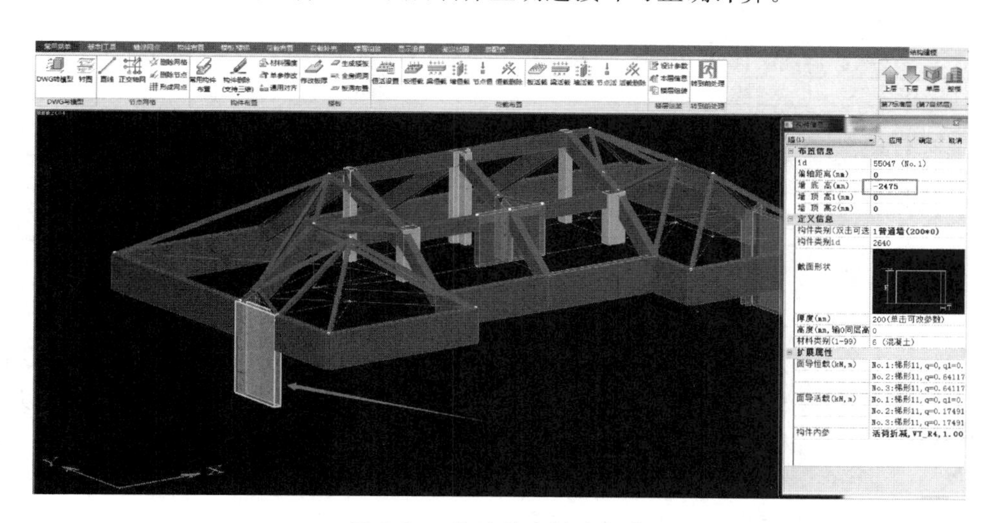

图 2-24　修改剪力墙底标高

2.6　关于梁支座弯矩相同配筋不同的问题

Q：地震烈度 7 度 0.1g，发现地震作用下梁的支座负筋比平时作用下小，底筋一样，点开“构件信息”发现控制工况是 1.2 恒＋0.98 活＋1.4Y 向风荷载，支座弯矩一样，为何配筋不一样？如图 2-25 所示。

A：问题在于两个模型中梁的抗震等级不相同，不考虑地震的是四级，计算地震的是三级，并且经检查，在参数中勾选了“梁端自动考虑受压钢筋”。按《混凝土结构设计规

	-I-	-1-	-2-	-3-	-4-	-5-	-6-	-7-	-J-
-M	-148.45	-66.45	-7.80	-0.00	-0.00	-0.00	-9.32	-56.91	-133.41
LoadCase	37	37	133	0	0	0	130	33	34
TopAst	1065.65	428.68	200.00	0.00	0.00	0.00	200.00	363.67	893.00
Rs	1.23%	0.47%	0.20%	0.00%	0.00%	0.00%	0.20%	0.40%	0.98%
+M	0.00	35.01	65.04	86.04	94.38	91.23	65.83	35.01	11.36
LoadCase	0	0	0	0	26	38	38	0	134
BtmAst	319.69	219.14	418.99	566.42	627.02	603.97	424.42	219.14	267.90
Rs	0.32%	0.24%	0.46%	0.62%	0.69%	0.66%	0.46%	0.24%	0.27%
Shear	108.40	99.54	83.62	59.17	24.45	-50.84	-75.88	-91.79	-100.65
LoadCase	98	98	98	38	98	94	94	94	94
Asv	22.51	20.70	20.70	20.70	20.70	20.70	20.70	20.70	20.70
Rsv	0.11%	0.10%	0.10%	0.10%	0.10%	0.10%	0.10%	0.10%	0.10%

	-I-	-1-	-2-	-3-	-4-	-5-	-6-	-7-	-J-
-M	-148.45	-66.45	-7.80	-0.00	-0.00	-0.00	-9.32	-56.91	-133.41
LoadCase	37	37	133	0	0	0	130	33	34
TopAst	1143.20	428.68	200.00	0.00	0.00	0.00	200.00	363.67	928.34
Rs	1.32%	0.47%	0.20%	0.00%	0.00%	0.00%	0.20%	0.40%	1.01%
+M	0.00	35.01	65.04	86.04	94.38	91.23	65.83	35.01	11.36
LoadCase	0	0	0	0	26	38	38	0	134
BtmAst	250.00	219.14	418.99	566.42	627.02	603.97	424.42	219.14	250.00
Rs	0.25%	0.24%	0.46%	0.62%	0.69%	0.66%	0.46%	0.24%	0.25%
Shear	106.35	99.54	83.62	59.17	24.45	-50.84	-75.88	-91.79	-98.60
LoadCase	98	98	98	38	98	94	94	94	94
Asv	21.45	20.70	20.70	20.70	20.70	20.70	20.70	20.70	20.70
Rsv	0.11%	0.10%	0.10%	0.10%	0.10%	0.10%	0.10%	0.10%	0.10%

图 2-25 相同弯矩的梁，配筋结果不同

范》第 11.3.6 条，三级抗震的梁，受压和受拉钢筋之比是 0.3；而四级抗震的梁没有要求，所以三级的梁需要更多的受压钢筋，那么相对受拉钢筋就会减少。设计人员可以利用 PKPM 工具箱进行校核查看详细过程。

2.7 关于跃层柱建模、计算分析问题

Q：跃层柱在 PKPM 软件中应该如何建模分析？按照不同的建模方式对于整体指标及配筋结果会产生影响，以哪种方式为准？

A：对于跃层柱，通常存在两种常用的建模方式：

① 将跃层柱打断，分别建立在各层；

② 将跃层构件建立在上层，通过降低柱底高度的方式建模。

以上两种建模方式均较常用，两个模型在周期、振型、构件内力计算上基本一致。但对其他的指标及配筋，程序处理上由于对层的归属不同会存在差异，以图 2-26 所示工程模型为例进行对比。

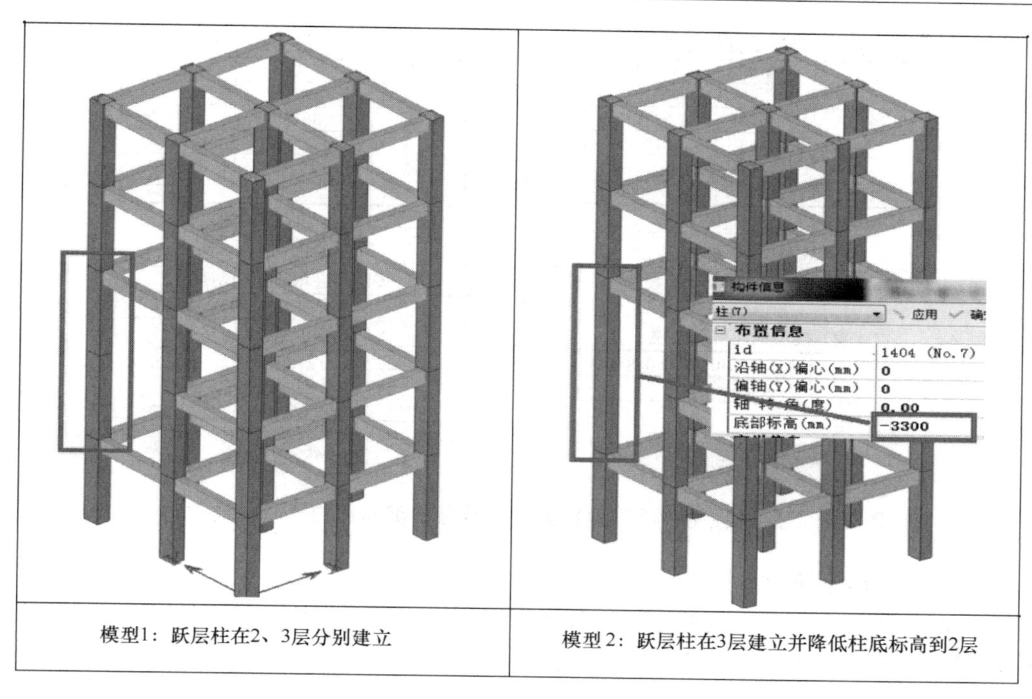

模型1：跃层柱在2、3层分别建立　　模型 2：跃层柱在3层建立并降低柱底标高到2层

图 2-26　跃层柱两种不同建模方式的工程模型

1. 关于整体指标的对比

（1）位移指标

模型 1 统计 2 层位移指标时，会将 2 层所有节点都统计在内，包括 2 层范围内的跃层柱。模型 2 统计 2 层位移指标时，虽然 2 层内存在 3 层降低柱底标高的跃层柱，但此跃层柱是在 3 层建立的，此构件归属于 3 层，在统计 2 层位移指标时，不会将此跃层柱中间节点的位移统计在内。因此，导致两模型 2 层位移指标有差异，包括位移比、位移角的统计，如图 2-27 所示。

表1 X向正偏心静震(规定水平力)工况的位移

层号	平均层间位移角
5	1/1390
4	1/866
3	1/626
2	1/575
1	1/806

模型1位移角

表1 X向正偏心静震(规定水平力)工况的位移

层号	平均层间位移角
5	1/1399
4	1/870
3	1/627
2	1/589
1	1/813

模型2位移角

图 2-27　跃层柱两种不同建模方式的工程位移对比

（2）立面规则性

对于此项指标统计，程序的处理与位移指标统计相同。模型 2 中 2 层的跃层构件刚度贡献不会统计到此层，导致两模型在刚度比、楼层受剪承载力统计上存在差异，如图 2-28所示。

表1 各楼层受剪承载力

层号	V_X(kN)	V_Y(kN)
5	673.57	821.78
4	870.05	1011.51
3	1246.01	1424.69
2	1471.51	1694.66
1	2185.77	2630.71

模型1楼层受剪承载力

表1 各楼层受剪承载力

层号	V_X(kN)	V_Y(kN)
5	673.57	821.78
4	867.46	1009.07
3	1250.70	1428.02
2	1415.66	1622.11
1	2181.93	2624.37

模型2楼层受剪承载力

表1 楼层侧向剪切刚度

层号	RJX(kN/m)	RJY(kN/m)
1-5	2.40e+5	3.76e+5

模型1楼层剪切刚度

表1 楼层侧向剪切刚度

层号	RJX(kN/m)	RJY(kN/m)
4,5	2.40e+5	3.76e+5
3	2.17e+5	3.39e+5
2	2.14e+5	3.34e+5
1	2.40e+5	3.76e+5

模型2楼层剪切刚度

图 2-28　跃层柱两种不同建模方式的楼层受剪承载力、刚度比对比

2. 关于柱构件配筋的对比

对于两种建模方式建立的跃层柱，程序可以正确考虑跃层构件的计算长度系数并计算配筋，在输出配筋结果上有一定差别，如图 2-29 所示。

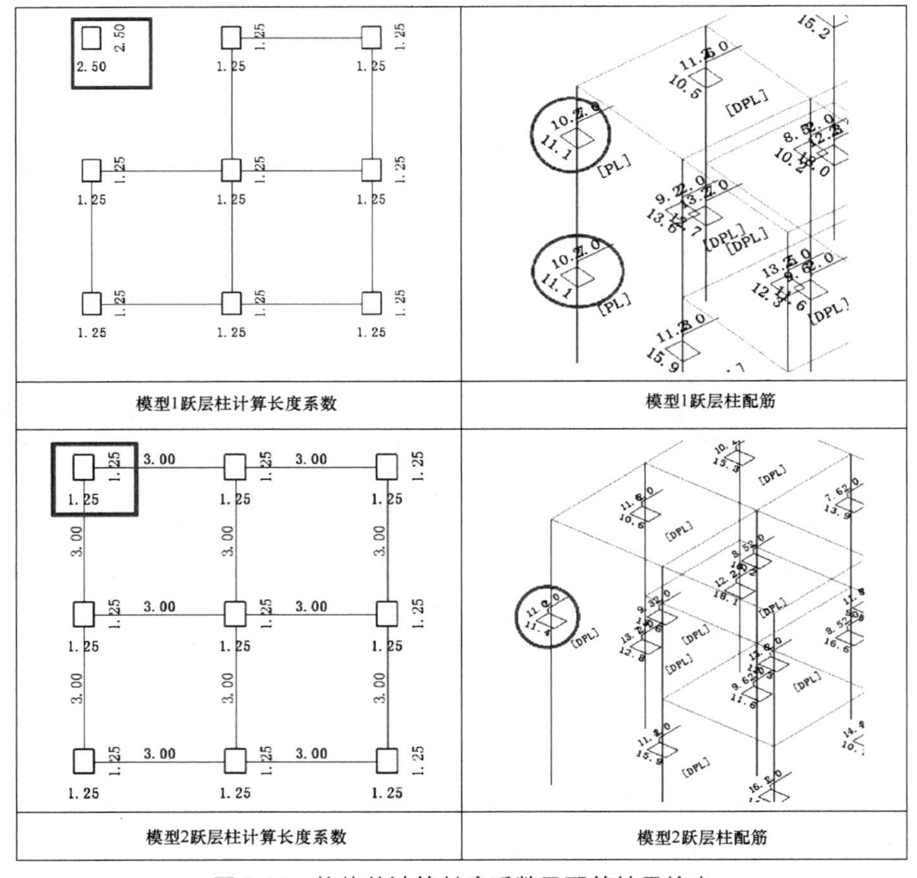

图 2-29　柱构件计算长度系数及配筋结果输出

通过以上结果可以看出，构件的配筋结果有小幅度的差异。差异的原因为，对柱构件的配筋计算，程序分别计算 B 边和 H 边柱顶及柱底截面的配筋，并以柱顶柱底配筋较大值作为柱的配筋结果。模型 1 因跃层柱分成两段建模，程序分别计算两段跃层柱的顶底配筋，分别于上柱和下柱输出两个配筋结果。模型 2 跃层柱程序判别为根柱，仅计算单根柱顶底配筋，输出一个配筋结果。

由于对跃层柱归属一层还是两层统计指标都无法合理反映带跃层柱的结构的楼层指标，因此，在设计中对于带跃层柱的结构，其内力计算按照分层和按照修改柱底标高方式都可以，但是对于指标统计，不同的方式会导致不同的结果。如果一定要得到该情况下的楼层指标统计结果，可以取消跃层柱进行楼层指标的统计。

2.8　关于多跨连续梁配筋的问题

Q：如图 2-30 所示箭头所指的连续梁两端以框架柱为支座，中间各跨以框架梁为支座，为何该梁的正弯矩却显示是一整跨，而负弯矩又是多跨显示的，请问是否程序计算有问题？V4 以后版本升级后均为这样，但是早期 V2.2 版显示正常为多跨正弯矩。

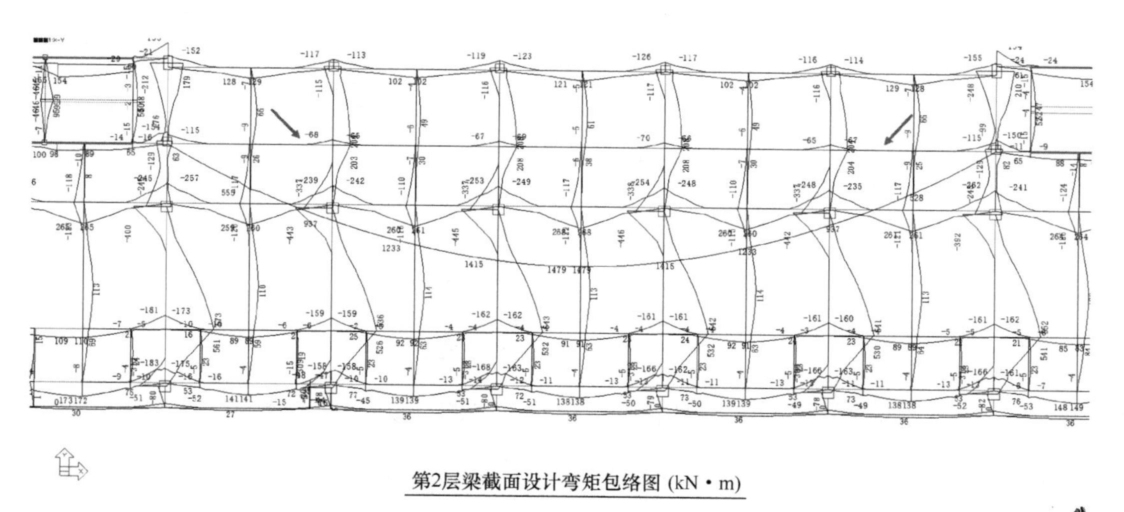

图 2-30　梁截面设计弯矩包络图

A：混凝土梁设计时，需要考虑《高层建筑混凝土结构技术规程》第 5.2.3 条第 4 款规定，“框架梁跨中截面正弯矩设计值不应小于竖向荷载下按简支梁计算的跨中弯矩设计值的 50%”。当“构件信息”梁跨中截面控制组合号输出为 0 时，代表结果执行了上述规定，如图 2-31 所示。

此工程中，该框架梁截面 200mm×400mm，且被其他梁打断为多段。在执行《高层建筑混凝土结构技术规程》第 5.2.3 条第 4 款时，若按整跨进行计算，则正弯矩为一整跨。因跨度较大 3.6×10=36m，故跨中弯矩值很大。若将整根框架梁按分段计算，则为图 2-32 所示结果。

12 N-C ------ 计算配筋时的轴压力(kN)

	-I-	-1-	-2-	-3-	-4-	-5-	-6-	-7-	-J-
-M	-0.00	-0.00	-0.00	-0.00	-0.00	-0.00	-11.27	-38.57	-70.14
LoadCase	0	0	0	0	0	0	16	16	16
TopAst	226.19	226.19	226.19	226.19	226.19	226.19	226.19	317.37	610.44
Rs	0.28%	0.28%	0.28%	0.28%	0.28%	0.28%	0.28%	0.44%	0.85%
+M	1479.03	1478.75	1477.32	1473.87	1467.59	1458.09	1445.77	1431.43	1415.94
LoadCase	0	0	0	0	0	0	0	0	0
BtmAst	99999.00	99999.00	99999.00	99999.00	99999.00	99999.00	99999.00	99999.00	99999.00
Rs	500.00%	500.00%	500.00%	500.00%	500.00%	500.00%	500.00%	500.00%	500.00%
Shear	-8.31	-10.63	-15.17	-22.53	-36.46	-50.39	-61.32	-55.15	-57.84
LoadCase	25	25	25	25	25	25	25	64	64
[illegible]	[illegible]	20.70	20.70	[illegible]	[illegible]	[illegible]	[illegible]	20.70	20.70

图 2-31 梁的跨中配筋由简支梁跨中弯矩的 50% 控制

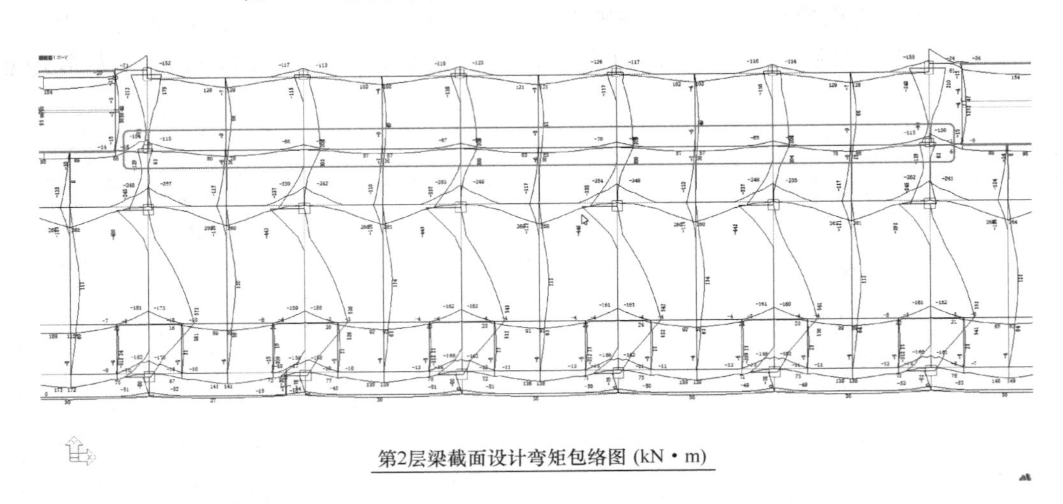

图 2-32 按照分段执行简支梁弯矩 50% 截面设计弯矩包络图

对于计算控制条件的选取方式，在 V5 版 SATWE 前处理-“调整信息” - “内力调整”中可进行设置，内容如图 2-33 所示。

早期 V2.2 等旧版软件，没有简支梁取法的控制选项，均按分段方式取值，故没有此情况的出现。该参数的选择需要结合具体工程案例，尤其对于多跨连续梁，要结合弯矩图确定按照整跨或者分段控制。

2.9 关于剪力墙边缘构件体积配箍率的计算问题

Q：软件如何计算剪力墙边缘构件体积配箍率？

A：在 PKPM 程序中，对剪力墙边缘构件的体积配箍率，按照《混凝土结构设计规范》公式（6.6.3-2）计算：

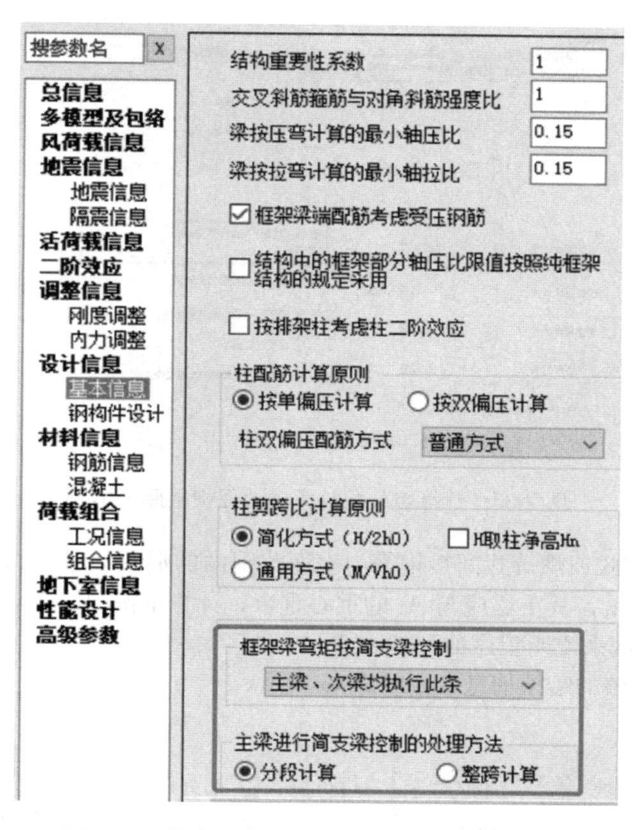

图 2-33　简支梁弯矩 50% 按照整跨或分段计算

$$\rho_{\mathrm{v}}=\frac{n_1 A_{\mathrm{s1}} l_1+n_2 A_{\mathrm{s2}} l_2}{A_{\mathrm{cor}} s}$$

其最终结果，可以在“剪力墙施工图”中通过“实配面积”的“墙柱实配数量”查看，如图 2-34 所示。

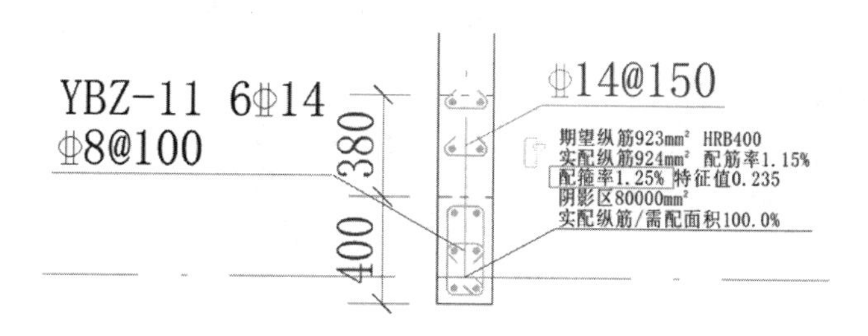

图 2-34　剪力墙施工图中墙柱实配面积

在计算时，有两个参数的取值会影响结果，需要特别注意：

（1）计算墙柱体积配箍率时取用的保护层厚度是在剪力墙施工图参数中单独设置的，而非采用 SATWE 计算参数中的保护层厚度，如图 2-35 所示，默认值为 25mm。

（2）按现行《混凝土结构设计规范》的要求，核心区域面积应取钢筋内表面范围内的混凝土面积。所以计算 A_{cor} 时应该取截面高度 h 扣除 $2\times(c+d_{\mathrm{g}})$（$d_{\mathrm{g}}$ 为箍筋直径）。

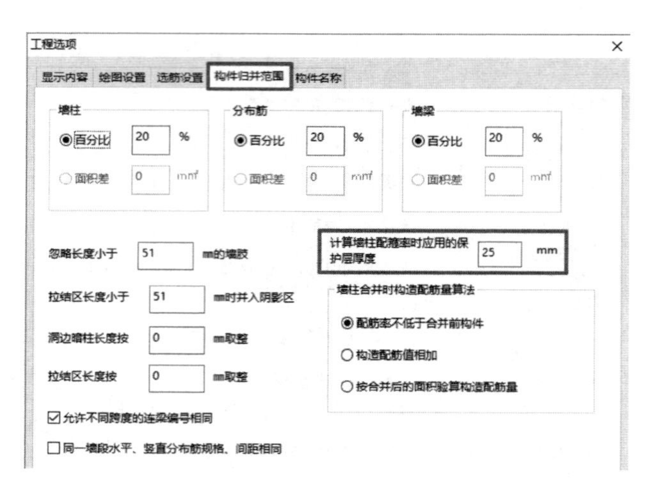

图 2-35　计算墙柱配箍率时的保护层厚度指定

A_{cor}——方格网式或螺旋式间接钢筋内表面范围内的混凝土核心截面面积，应大于混凝土局部受压面积 A_l，其重心应与 A_l 的重心重合，计算中按同心、对称的原则取值。

下面以两个算例来说明程序的处理方式。

【例 1】 需要校核的暗柱信息，如图 2-36 所示。

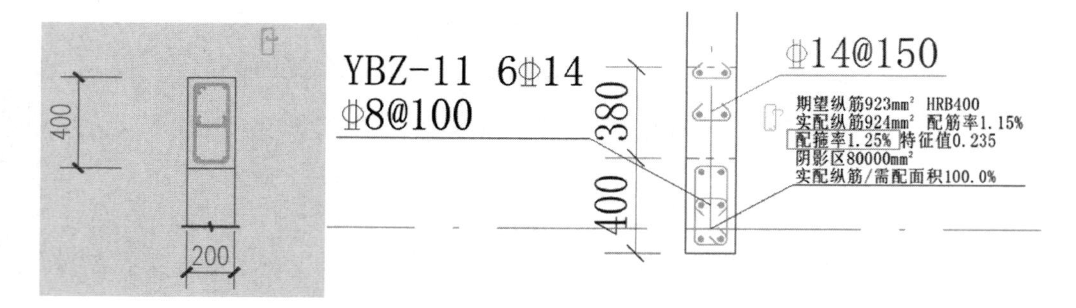

图 2-36　需要进行体积配箍率校核的暗柱

核心区截面面积：

$$A_{cor}=[b-2\times(c+d_g)]\times[h-2\times(c+d_g)]$$
$$=[200-2\times(25+8)]\times[400-2\times(25+8)]$$
$$=44756\text{mm}^2$$

箍筋总长：

$$l=(h-2c-d_g)\times 2+(b-2c-d_g)\times 3$$
$$=(400-2\times 25-8)\times 2+(200-2\times 25-8)\times 3$$
$$=1110\text{mm}$$

体积配箍率：

$$\rho=\frac{A_s\times l}{A_{cor}\times s}=\frac{50.3\times 1110}{44756\times 100\%}\times 100\%\approx 1.2475\%$$

该结果与软件计算结果相符。

【例 2】需要校核的转角墙信息，如图 2-37 所示。

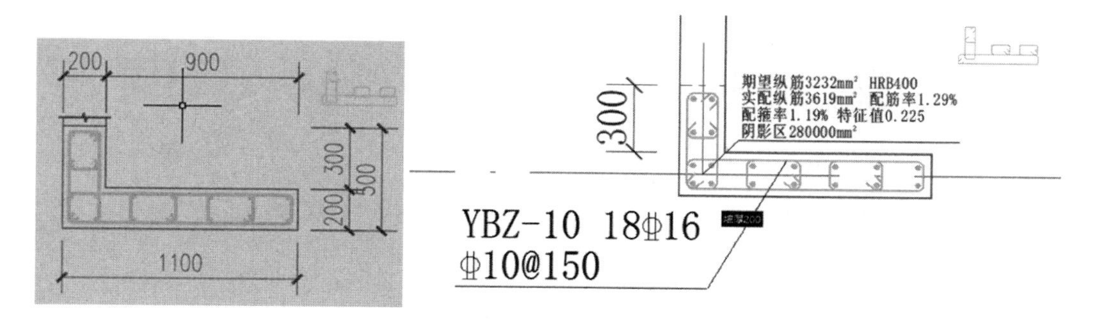

图 2-37　需要进行体积配箍率校核的转角墙

核心区截面面积：

$$A_{cor}=[b-2\times(c+d_g)]\times[h_1+h-2\times(c+d_g)]+[h-2\times(c+d_g)]\times b_1$$
$$=[200-2\times(25+10)]\times[300+200-2\times(25+10)]$$
$$+[200-2\times(25+10)]\times 900=172900\text{mm}^2$$

箍筋总长：

$$l=(h+h_1-2c-d_g)\times 2+(b+b_1-2c-d_g)\times 2+(b-2c-d_g)\times 2$$
$$+(h-2c-d_g)\times 5$$
$$=(200+300-2\times 25-10)\times 2+(200+900-2\times 25-10)\times 2$$
$$+(200-2\times 25-10)\times 2+(200-2\times 25-10)\times 5$$
$$=3940\text{mm}$$

体积配箍率：

$$\rho=\frac{A_s\times l}{A_{cor}\times s}=\frac{78.5\times 3940}{172900\times 150}\times 100\%\approx 1.1926\%$$

该手工校核结果与软件计算结果相符。

在 V4.3.4 版本之前的程序，在计算体积配箍率的过程中有一些近似的处理，结果和最新版本相比会有一点差异：

（1）计算核心区截面面积 A_{cor}时，总是取箍筋直径为 10，并未按照实配的箍筋直径计算；

（2）计算箍筋总长 l 时，未考虑算到箍筋中心点位置，导致箍筋总长的结果偏大一些。

2.10　关于框架柱最小配筋率的问题

Q：某框架-剪力墙结构，框架柱抗震等级 4 级，混凝土强度等级为 C60，柱主筋级别为 HRB400，构件信息柱的配筋结果是构造，查《建筑抗震设计规范》表 6.3.7-1，柱截面纵向钢筋的最小配筋率为 0.55%，但为什么构件信息输出全截面配筋率 0.66%？计算结果如图 2-38 所示。

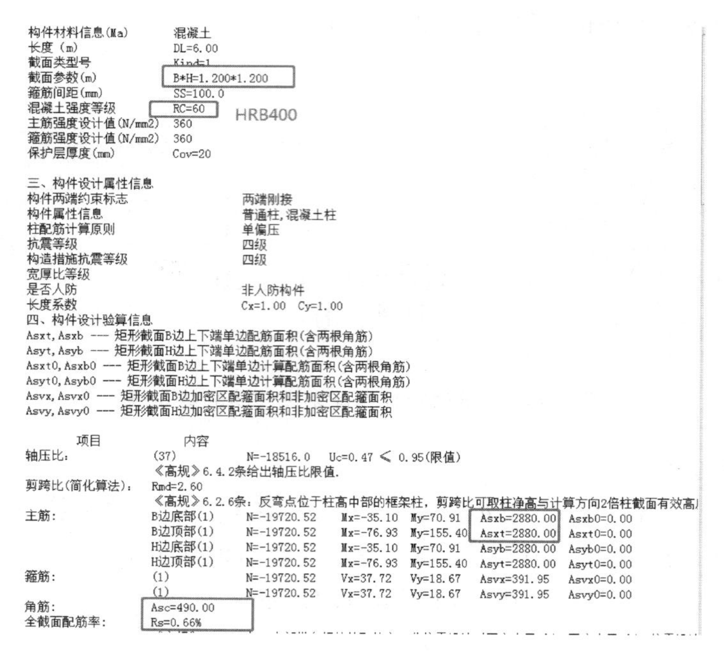

图 2-38 构件信息输出的该柱详细结果

A：原因是程序不仅仅要执行柱全截面配筋率要求，同时还要执行《建筑抗震设计规范》第 6.3.7 条第 1 款，柱子单边配筋率的要求。每一侧配筋率不应小于 0.2%。

柱子截面尺寸 1200mm×1200mm，所以单边配筋值为 1200×1200×0.2=2880mm^2，因此全截面配筋率=[2×(2880+2880)−4×490]/(1200×1200)=0.66%。

设计中对于柱的构造配筋是按照全截面最小配筋率和单边 0.2%双控制的。

2.11 关于结构剪重比的调整问题

Q：PKPM 程序是否可以自动调整剪重比？如果可以，那么调整信息中的动位移比例还需要输入吗？如图 2-39 所示。

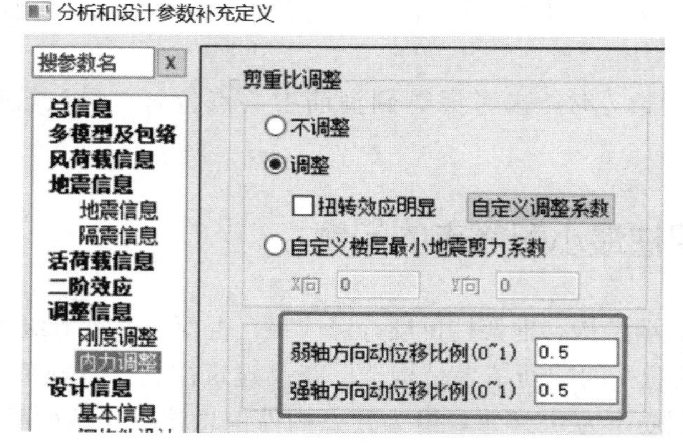

图 2-39 剪重比的调整

A：程序可以按照《建筑抗震设计规范》或《高层建筑混凝土结构技术规程》要求对不满足剪重比的楼层自动放大楼层剪力至满足规范要求。

调整信息中的动位移比例参数控制剪重比调整的方式，当填 0 时，相当于规范加速度段调整方式；当填 1 时，相当于规范位移段调整方式；当填 0.5 时，相当于规范速度段调整方式。

此外，程序提供自定义楼层最小地震剪力系数的功能，有特殊需求时可使用。

2.12　关于偶然偏心与双向地震的问题

Q：SATWE 中同时勾选了“考虑偶然偏心”与“考虑双向地震作用”，如图 2-40 所示，程序如何进行计算?

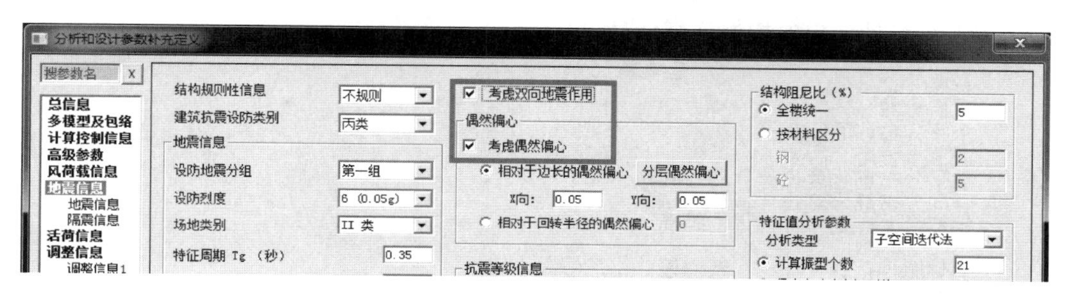

图 2-40　同时选择双向地震作用与偶然偏心

A：勾选“考虑偶然偏心”后，程序将任一个有 EX 参与的组合，将 EX 代以 EX、EXM、EXP；任一个有 EY 参与的组合，将 EY 代以 EY、EYM、EYP，地震组合数将增加到原来的三倍。同时勾选“考虑双向地震作用”后，程序所有组合中将 EX 代以 EXY，将 EY 代以 EYX，地震组合数将不变。

简言之，双向地震作用与偶然偏心不会在一个荷载组合中出现，是单独考虑的。图 2-41为同时勾选“考虑偶然偏心”与“考虑双向地震作用”后基本组合的工况列表。

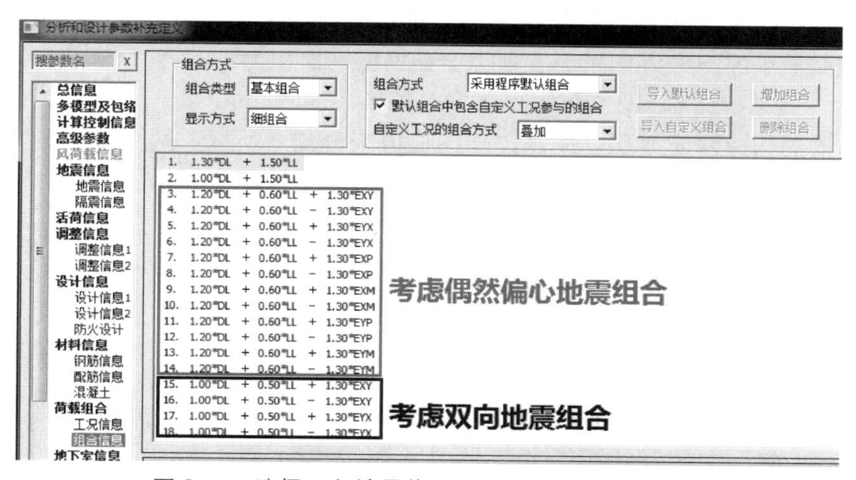

图 2-41　选择双向地震作用与偶然偏心之后的组合

2.13 关于高厚比小于 4 的一字墙按柱设计问题

Q：对于高厚比小于 4 的剪力墙，按柱设计时程序是如何计算的?

A：按《高层建筑混凝土结构技术规程》第 7.1.7 条要求，“当墙肢的截面高度与厚度之比不大于 4 时，宜按框架柱进行截面设计”。

根据该条条文说明的解释，“剪力墙与柱都是压弯构件，其压弯破坏状态以及计算原理基本相同，但是截面配筋构造有很大不同，因此柱截面和墙截面的配筋计算方法也各不相同。为此，要设定按柱或按墙进行截面设计的分界点”。程序据此，对于一字形或带端柱的剪力墙，当满足规程条件时，按照框架柱进行截面设计。

下面以一个实际的算例来说明剪力墙按柱设计时的程序处理方法，如图 2-42 所示为某剪力墙按柱设计输出的构件详细信息。

```
长度(m)                          DL=4.20
截面参数(m)                      B*H=0.700*2.500
水平分布筋间距(mm)               SS=150.0
混凝土强度等级                   RC=40
水平分布筋强度设计值(N/mm2)      360
竖向分布筋强度设计值(N/mm2)      360
钢筋合力点到构件边缘的距离       Cov=40

构件属性信息          普通墙，钢筋混凝土墙
是否按柱设计          是
抗震等级              二级
构造措施抗震等级      二级

主筋:   (117)B边  N=-1649.81   M=8060.96    Asx=5348.21    Asx0=5348.21
        (132)H边  N=-2198.05   M=-1075.87   Asy=6494.14    Asy0=1497.85
箍筋:   (117)B边  N=-1649.81   V=2586.43    Ashx=918.66
        (117)H边  N=-1649.81   V=16.81      Ashy=937.50
```

图 2-42 剪力墙按柱设计详细信息

(1) 对纵筋的计算

对于纵筋的构造配筋率，程序保守处理，是按照角柱的要求取值。

如图 2-42 所示“构件信息”的剪力墙，抗震等级为二级，纵筋为 HRB400。按规程要求，全截面最小配筋率为 0.95%。所以全截面配筋面积为：

$$A_s=700\times2500\times0.95\%=16625\text{mm}^2$$

两个方向的构造钢筋面积，按照边长的比值来分配。所以，两个方向的单侧配筋面积为：

B 边：

$$\frac{700}{2500}=\frac{x}{16625-x}\Rightarrow x=3636.72\text{mm}^2$$

$$3636.72/2=1818.36\text{mm}^2$$

H 边：

$$16625-3636.72=12988.28\text{mm}^2$$

$$12988.28/2=6494.14\text{mm}^2$$

对于两个方向主筋单侧配筋计算值，可以通过工具箱进行校核，如图 2-43 所示。

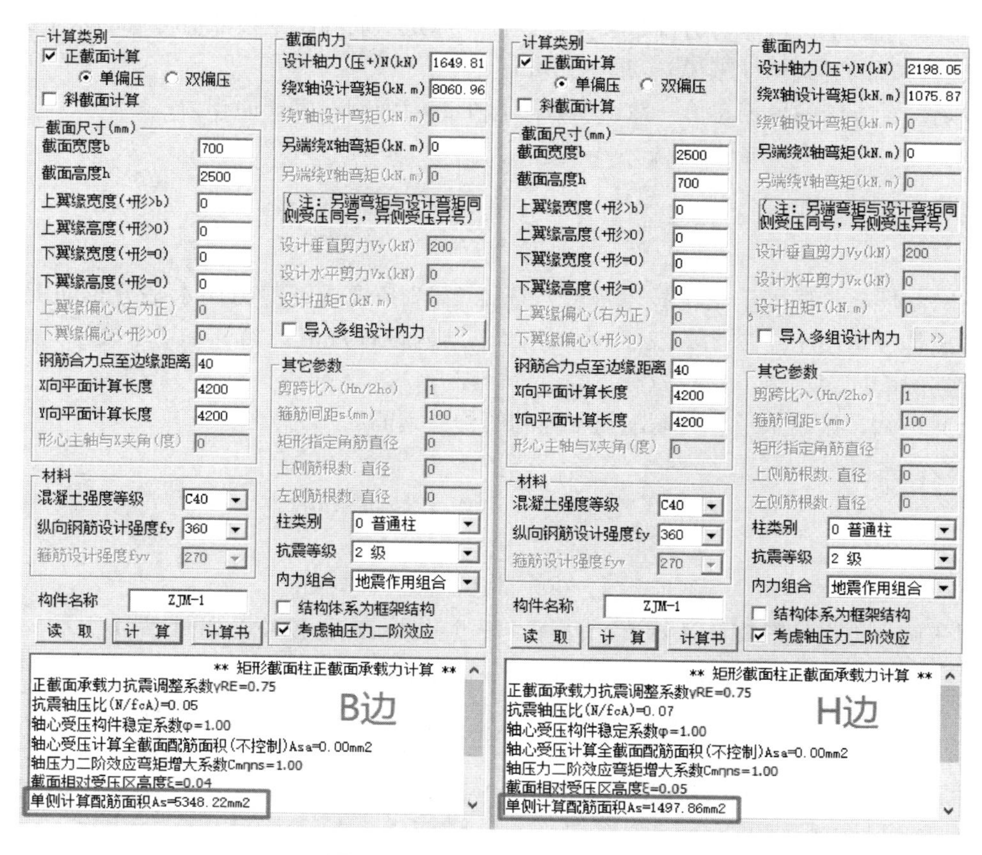

图 2-43　工具箱验算纵筋结果

用计算的单侧配筋面积结果和前面的构造结果比较可知：

B 边：

$$\max(5348.22,\ 1818.36)=5348.22$$

H 边：

$$\max(1487.86, 6494.14)=6494.14$$

用工具箱校核该剪力墙按照柱设计的纵筋，与软件构件信息中输出结果一致。

（2）箍筋计算

对于箍筋的构造体积配箍率，程序同样是按柱的要求取值。

剪跨比（规范算法）：(78) M=7910.88　V=1878.51　Rmdw=1.71

该剪跨比小于 2，按规范要求其箍筋体积配筋率取 1.2%。按《混凝土结构设计规范》公式（6.6.3-2），即可计算出每个方向对应的构造箍筋面积。

$$\rho_{\mathrm{v}}=\frac{n_1 A_{\mathrm{s1}} l_1+n_2 A_{\mathrm{s2}} l_2}{A_{\mathrm{cor}} s}$$

其中：

$$l_1=700-(40-12.5)\times 2=645\mathrm{mm}$$

$$l_2=2500-(40-12.5)\times 2=2445\mathrm{mm}$$

$$A_{\mathrm{cor}}=l_1\cdot l_2$$

需要注意的是，虽然剪力墙是框架柱设计，但是箍筋间距是按照剪力墙的水平分布筋间距取值，所以对此构件来说，s 取 150mm。

假定两个方向的箍筋总值一致，所以，每个方向的构造配筋面积为：

$$\rho_{\mathrm{v}}=\frac{n_1A_{\mathrm{s1}}l_1+n_2A_{\mathrm{s2}}l_2}{A_{\mathrm{cor}}s}\Rightarrow 1.2\%=\frac{A_{\mathrm{s}}(l_1+l_2)}{l_1l_2s}\Rightarrow 1.2\%$$

$$=\frac{A_{\mathrm{s}}(645+2445)}{645\times 2445\times 150}\Rightarrow A_{\mathrm{s}}=918.665\mathrm{mm}^2$$

按《高层建筑混凝土结构技术规程》第 7.2.17 条要求，剪力墙水平分布筋配筋率，二级抗震等级不小于 0.25%。又根据《混凝土结构设计规范》第 9.4.4 条要求，墙水平分布钢筋的配筋率为 $\rho_{\mathrm{sh}}=A_{\mathrm{sv}}/(bs_{\mathrm{v}})$。

由此可知，按墙水平分布筋配筋率控制的构造钢筋面积为：

B 边：

$$0.25\%\times 700\times 150=262.5\mathrm{mm}^2$$

H 边：

$$0.25\%\times 2500\times 150=937.5\mathrm{mm}^2$$

对于两个方向箍筋配筋计算值，也可以通过工具箱进行校核，如图 2-44 所示。

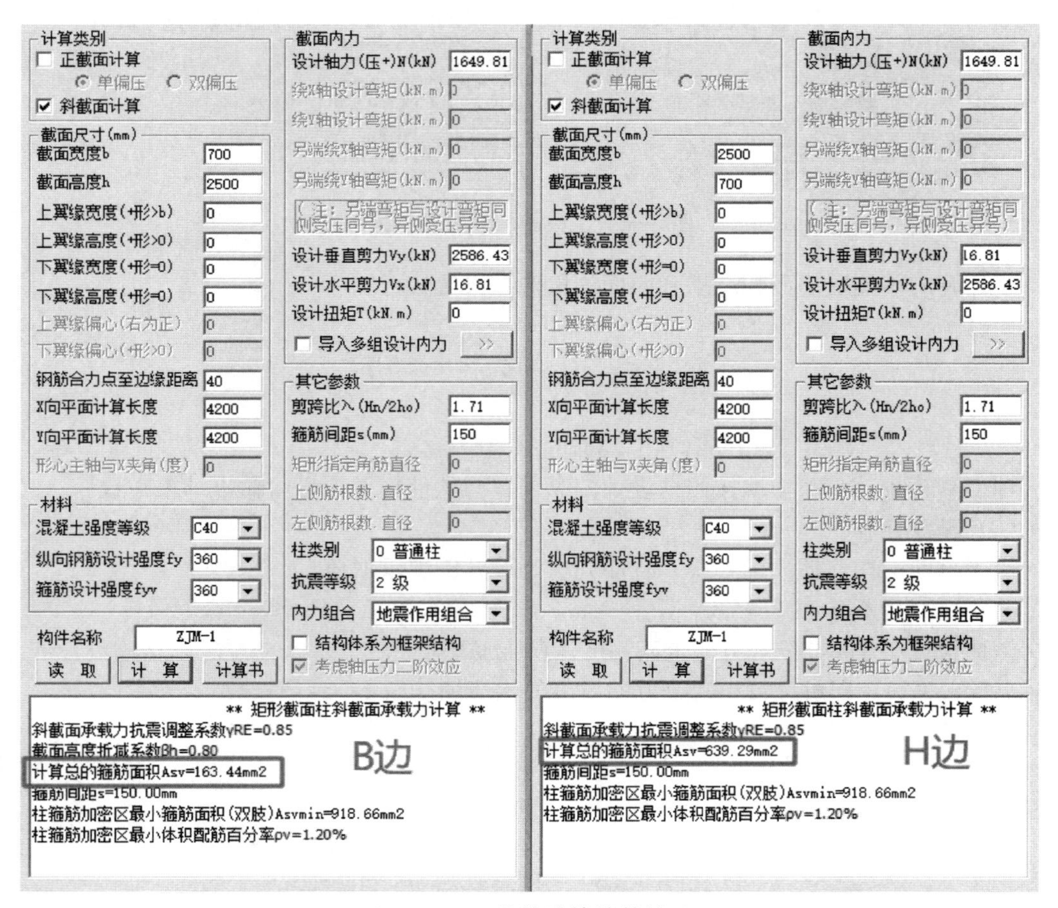

图 2-44 工具箱验算箍筋结果

用计算的单侧配筋面积结果和前面的构造结果比较可知：

B 边：

$$\max(918.665, 262.5, 163.44) = 918.665$$

H 边：

$$\max(918.665, 937.5, 639.29) = 937.5$$

用工具箱校核该剪力墙按照柱设计的箍筋，与软件构件信息中输出结果一致。

2.14　关于对结构进行弹性屈曲分析的问题

Q：如何利用 PMSAP 对结构进行屈曲分析？

A：屈曲分析主要用于研究结构在特定荷载下的稳定性以及确定结构失稳的临界荷载。设计师熟知的 PMSAP 软件，可以实现结构的整体弹性屈曲分析。

PMSAP 实现弹性屈曲分析的流程如下：

（1）在“工况组合”中，定义一组或者多组名为“BUCKLING”的组合，并填写相关组合系数，按照最新的《建筑结构可靠性设计统一标准》应该定义 1.3D+1.5L，但当前《高层建筑混凝土结构技术规程》对于刚重比的控制组合荷载分项系数还没有修改，仍然按照分项系数 1.2D+1.4L 执行。如图 2-45 所示。

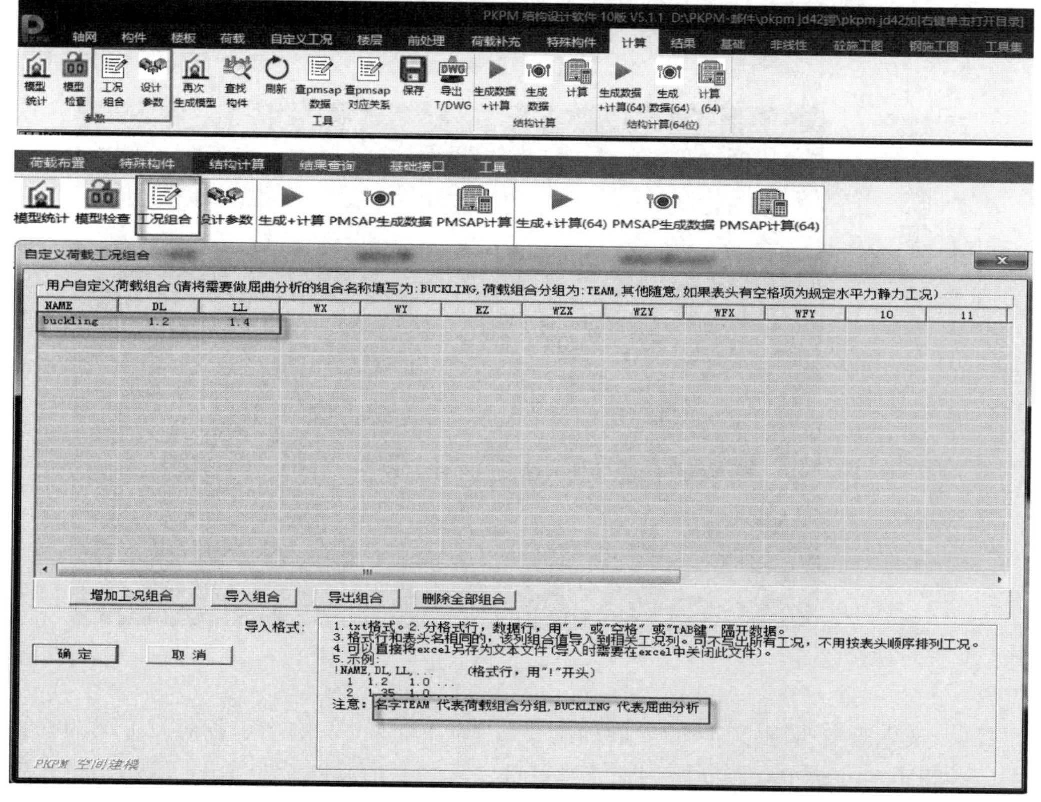

图 2-45　定义“buckling”组合，定义分项系数

(2)“设计参数”-“活荷载”中，勾选“考虑 Buckling 分析”，如图 2-46 所示，按正常顺序点击“生成数据并计算”，程序则自动进行结构整体屈曲分析，确定临界荷载因子。

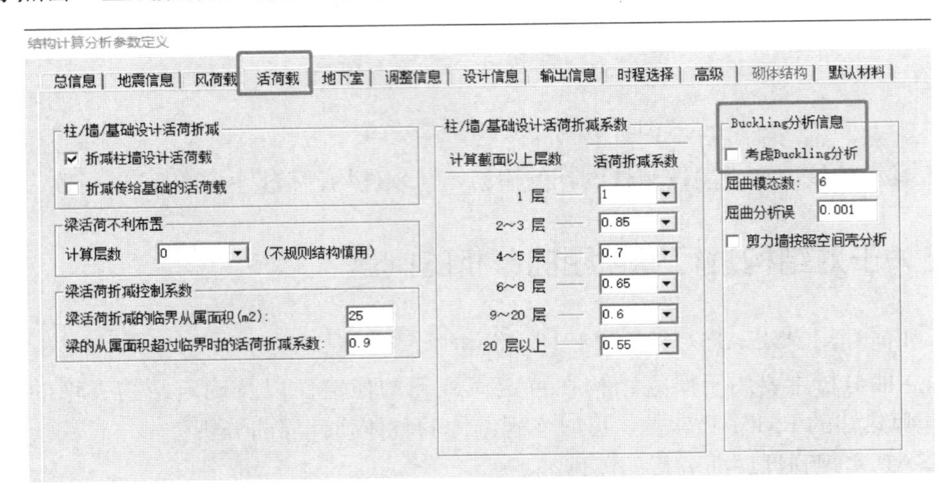

图 2-46 选择“考虑 Buckling 分析”

(3)经过计算之后，可以通过后处理菜单“计算结果-特殊分析结果-屈曲模态”查看 Buckling 分析结果的屈曲模态，如图 2-47 所示，即结构在相应荷载作用下的失稳形式。

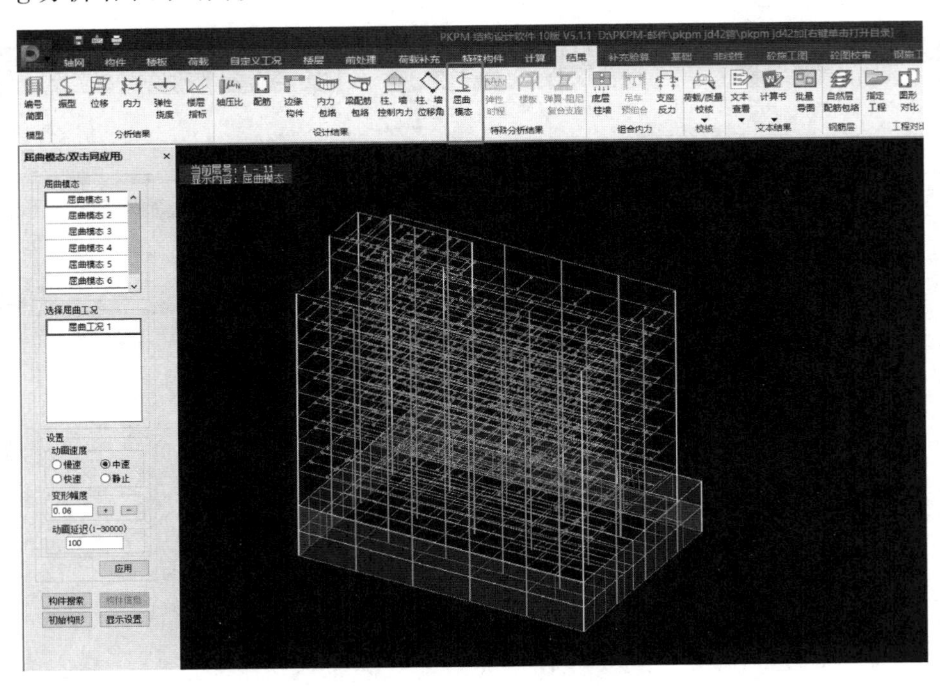

图 2-47 结构屈曲模态

“结果-文本查看-旧版文本查看-详细摘要”中，ITEM046 输出了各荷载工况的临界荷载因子，如图 2-48 所示，判断结构整体稳定性。若临界荷载因子小于 1，表示结构在相应荷载作用下会整体失稳；否则不会失稳。

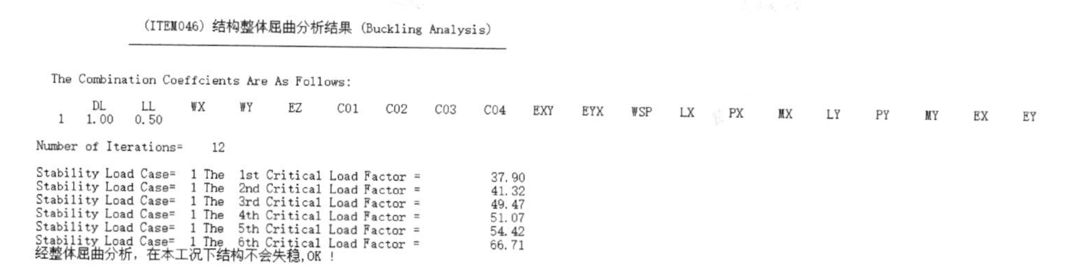

(ITEM046) 结构整体屈曲分析结果 (Buckling Analysis)

The Combination Coeffcients Are As Follows:

```
     DL    LL    WX   WY   EZ   C01  C02  C03  C04  EXY  EYX  WSP  LX  PX  MX  LY  PY  MY  EX  EY
 1  1.00  0.50

Number of Iterations=   12

Stability Load Case=  1 The  1st Critical Load Factor =     37.90
Stability Load Case=  1 The  2nd Critical Load Factor =     41.32
Stability Load Case=  1 The  3rd Critical Load Factor =     49.47
Stability Load Case=  1 The  4th Critical Load Factor =     51.07
Stability Load Case=  1 The  5th Critical Load Factor =     54.42
Stability Load Case=  1 The  6th Critical Load Factor =     66.71
```

经整体屈曲分析，在本工况下结构不会失稳,OK！

图 2-48　结构整体屈曲分析结果查看

2.15　关于弹性板的问题

Q：本工程没有设置弹性板，为什么在查看简图的时候发现有一些楼层的板自动设置为弹性板了？

A：这是因为在 V51 版软件中，如图 2-49 所示的高级参数中，新增加了一个参数“自动设置楼板力学模型”，当勾选这个选项时，对于以下 5 种情况：

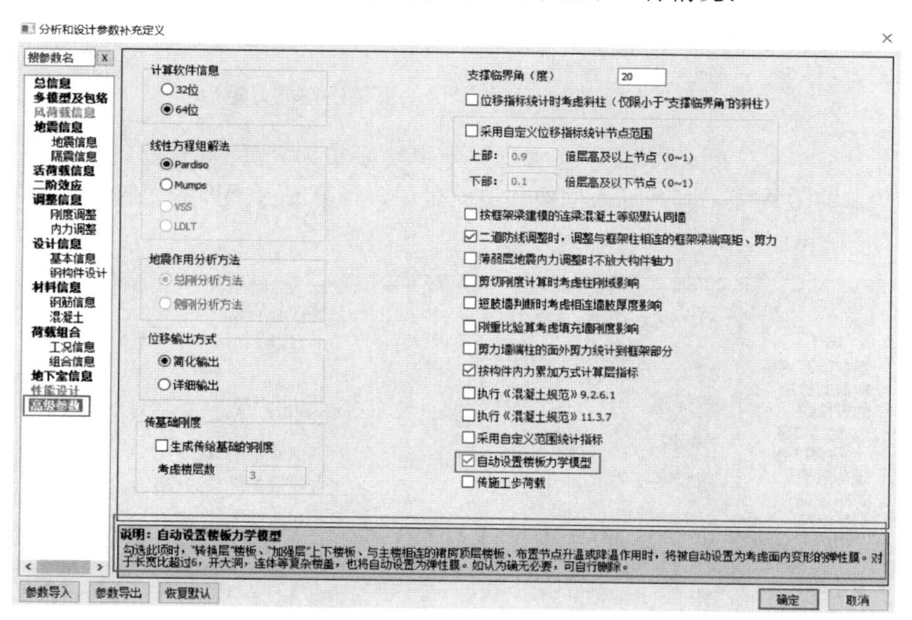

图 2-49　自动设置楼板力学模型的选择

（1）“转换层”楼板；

（2）“加强层”上下楼板；

（3）与主楼相连的裙房顶层楼板；

（4）布置节点升温或降温作用时的楼板；

（5）对于长宽比超过 6、开大洞、连体等复杂楼盖。

软件自动将这些楼板设置为考虑面内变形的弹性膜，这样就解决了很多用户由于布置了温度作用，忘记定义弹性板而导致设计结果错误的问题。如用户自主确定楼板的力学模型，可以不用勾选这个选项。

2.16 关于剪力墙结构倾覆力矩计算问题

Q：某剪力墙结构，计算完毕之后查看倾覆力矩，发现在“结果文件”-“建筑抗震设计规范方式竖向构件倾覆力矩”统计结果会输出框架柱承担倾覆力矩？如图 2-50 所示。

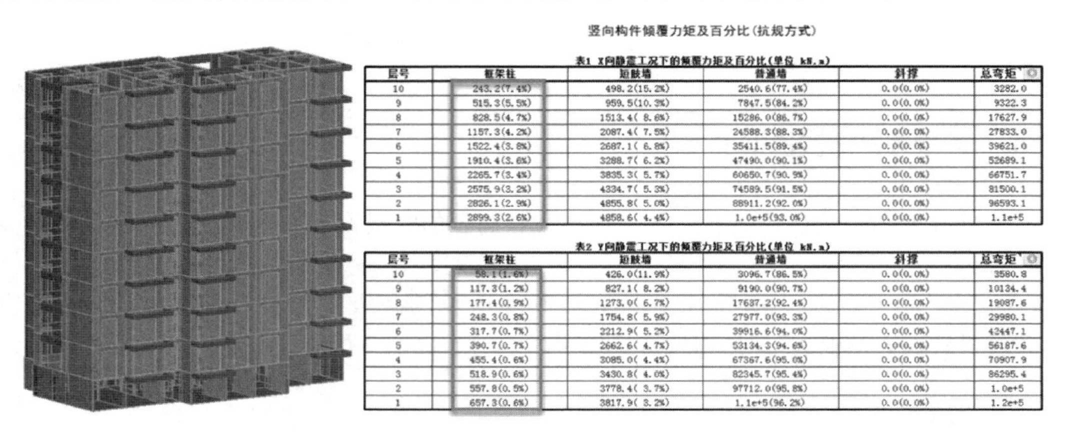

竖向构件倾覆力矩及百分比(抗规方式)

表1 X向静震工况下的倾覆力矩及百分比(单位 kN.m)

层号	框架柱	短肢墙	普通墙	斜撑	总弯矩
10	243.2(7.4%)	498.2(15.2%)	2540.6(77.4%)	0.0(0.0%)	3282.0
9	515.3(5.5%)	959.5(10.3%)	7847.5(84.2%)	0.0(0.0%)	9322.3
8	828.5(4.7%)	1513.4(8.6%)	15286.0(86.7%)	0.0(0.0%)	17627.9
7	1157.3(4.2%)	2087.4(7.5%)	24588.3(88.3%)	0.0(0.0%)	27833.0
6	1522.4(3.8%)	2687.1(6.8%)	35411.5(89.4%)	0.0(0.0%)	39621.0
5	1910.4(3.6%)	3288.7(6.2%)	47490.0(90.1%)	0.0(0.0%)	52689.1
4	2265.7(3.4%)	3835.3(5.7%)	60650.7(90.9%)	0.0(0.0%)	66751.7
3	2575.9(3.2%)	4334.7(5.3%)	74589.5(91.5%)	0.0(0.0%)	81500.1
2	2826.1(2.9%)	4855.8(5.0%)	88911.2(92.0%)	0.0(0.0%)	96593.1
1	2899.3(2.6%)	4858.6(4.4%)	1.0e+5(93.0%)	0.0(0.0%)	1.1e+5

表2 Y向静震工况下的倾覆力矩及百分比(单位 kN.m)

层号	框架柱	短肢墙	普通墙	斜撑	总弯矩
10	58.1(1.6%)	426.0(11.9%)	3096.7(86.5%)	0.0(0.0%)	3580.8
9	117.3(1.2%)	827.1(8.2%)	9190.0(90.7%)	0.0(0.0%)	10134.4
8	177.4(0.9%)	1273.0(6.7%)	17637.2(92.4%)	0.0(0.0%)	19087.6
7	248.3(0.8%)	1754.8(5.9%)	27977.0(93.3%)	0.0(0.0%)	29980.1
6	317.7(0.7%)	2212.9(5.2%)	39916.6(94.0%)	0.0(0.0%)	42447.1
5	390.7(0.7%)	2662.6(4.7%)	53134.3(94.6%)	0.0(0.0%)	56187.6
4	455.4(0.6%)	3085.0(4.4%)	67367.6(95.0%)	0.0(0.0%)	70907.9
3	518.9(0.6%)	3430.8(4.0%)	82345.7(95.4%)	0.0(0.0%)	86295.4
2	557.8(0.5%)	3778.4(3.7%)	97712.0(95.8%)	0.0(0.0%)	1.0e+5
1	657.3(0.6%)	3817.9(3.2%)	1.1e+5(96.2%)	0.0(0.0%)	1.2e+5

图 2-50 剪力墙结构输出了框架柱倾覆力矩

A：原因是在“参数定义”-“总信息”中将墙倾覆力矩计算方法选择了第二种，即只考虑腹板和有效翼缘，其余计入框架。也就是说，计算时会把墙的无效翼缘部分统计到框架中，如图 2-51 所示。

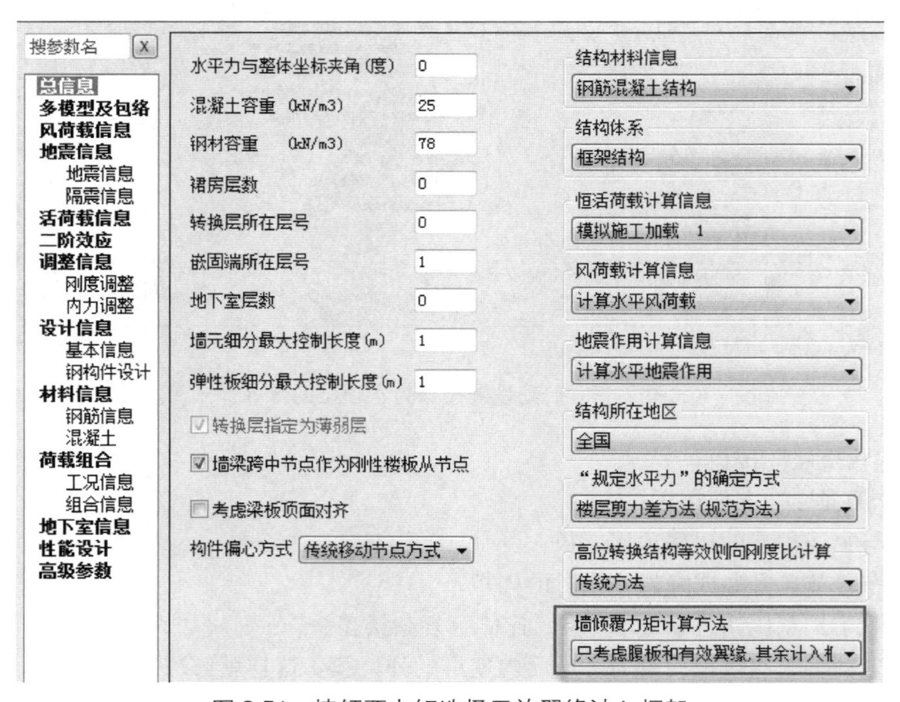

图 2-51 墙倾覆力矩选择无效翼缘计入框架

2.17 关于楼层受剪承载力的问题

Q：查看所有构件柱、墙构件的斜截面受剪承载力，将该层所有竖向构件剪力累加，为什么无法得到软件中给出的楼层受剪承载力？

A："斜截面受剪承载力"与"楼层受剪承载力"是设计中常遇到的两个不同的概念，不少设计人员对此认识不清。

楼层受剪承载力在《高层建筑混凝土结构技术规程》第3.5.3条、《建筑抗震设计规范》第3.4.3条中均有规定，对于不满足此条文的楼层定义为薄弱层，对薄弱层要进行内力调整。目前PKPM程序可以自动进行此项调整，如图2-52所示，勾选自动调整，并定义限值和调整系数，程序会按此限值自动判断不满足的楼层，如图2-53所示，并按定义的放大系数进行内力放大，如图2-54所示。

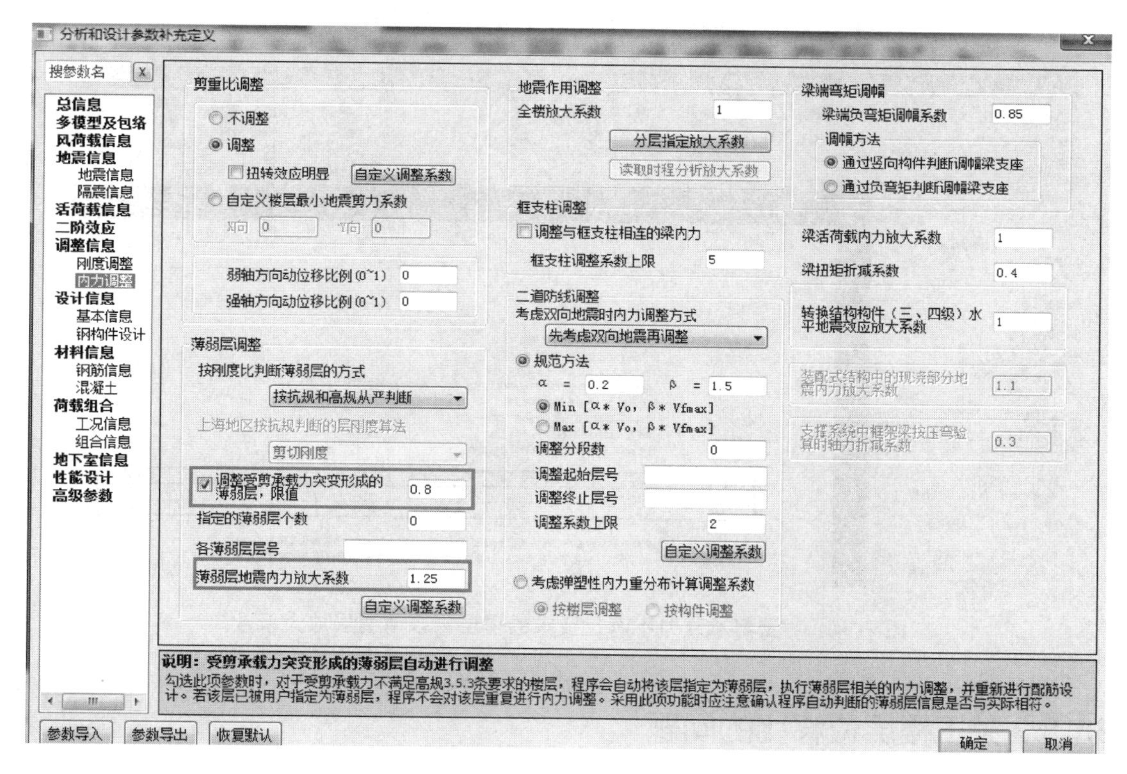

图2-52 薄弱层调整参数选择

斜截面受剪承载力，其意义为构件的设计，而对于"楼层受剪承载力"，可以理解为构件验算，因其是利用实配钢筋求得，其计算依据为《建筑抗震鉴定标准》GB 50023—2009附录C，因此当构件配筋变化时，其受剪承载力必然发生变化。比如，当模型中附加的多个地震作用角度，或者模型旋转了一个角度时，其结果都会导致构件内力发生变化，进而可能导致配筋发生变化，自然也就会影响"受剪承载力"的计算。

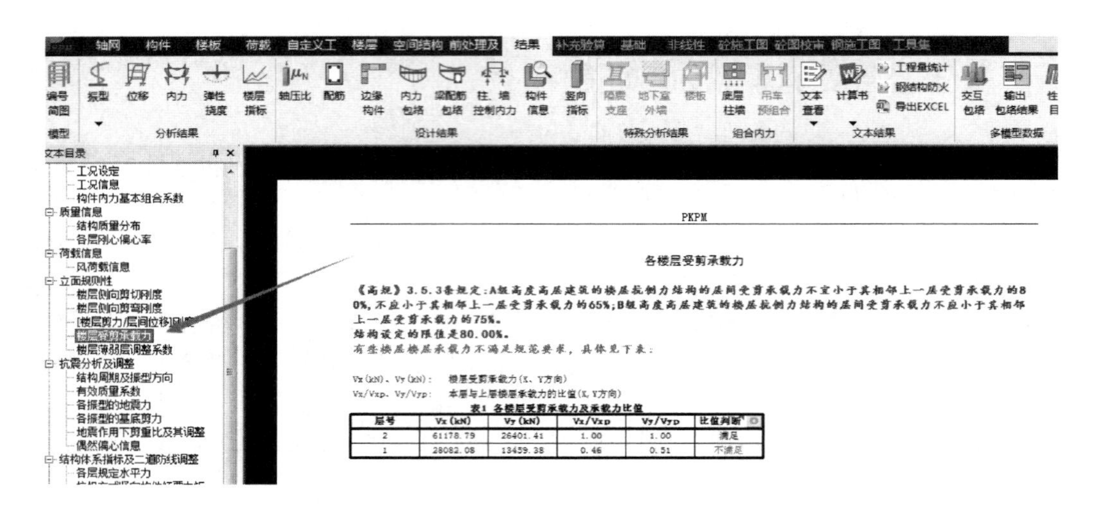

图 2-53　程序输出受剪承载力不满足要求的楼层

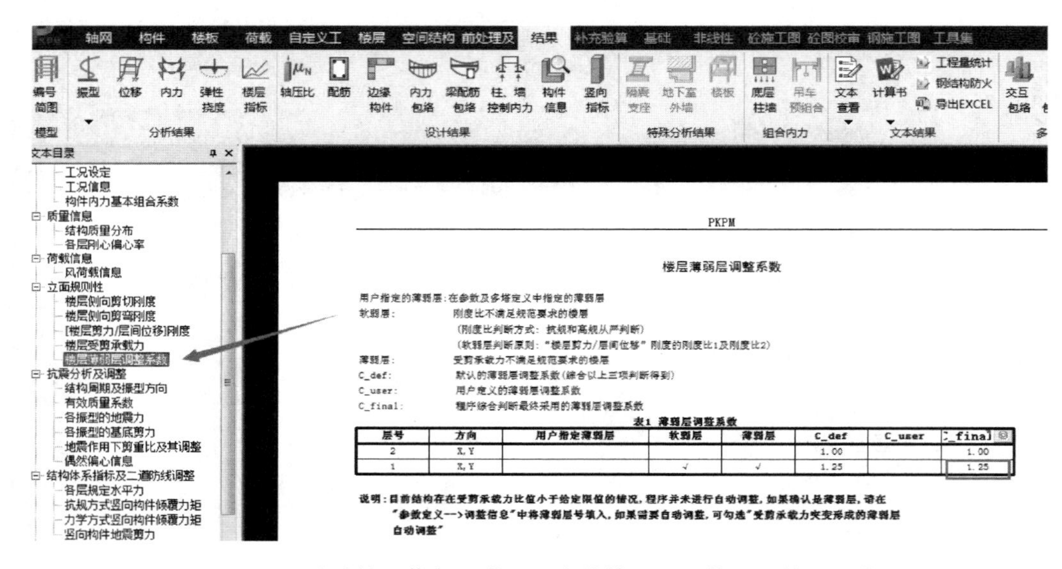

图 2-54　对受剪承载力不满足要求的楼层乘以薄弱层放大系数

2.18　关于楼层位移比的问题

Q：某设计模型，如图 2-55 所示，为何最大位移比超限的地方出现在梁中点？什么原因导致这种计算结果？

A：位移比计算时，设计师通常会选择“整体指标采用强刚，其他非强刚”，如图 2-56所示，当勾选了此项，程序会自动完成强刚和非强刚两个模型的计算，并在结果中提供强刚模型的整体指标（位移比、周期比、刚度比等）及非强刚模型完整的分析和设计结果。当需要查找最大位移比出现的具体位置时，应到当前工程目录下的“$强刚”模型去查找相应的节点。

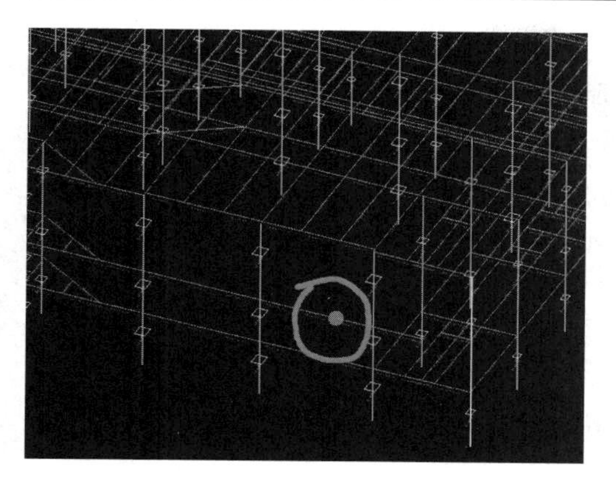

图 2-55　该层位移比超限对应
最大位移节点的位置

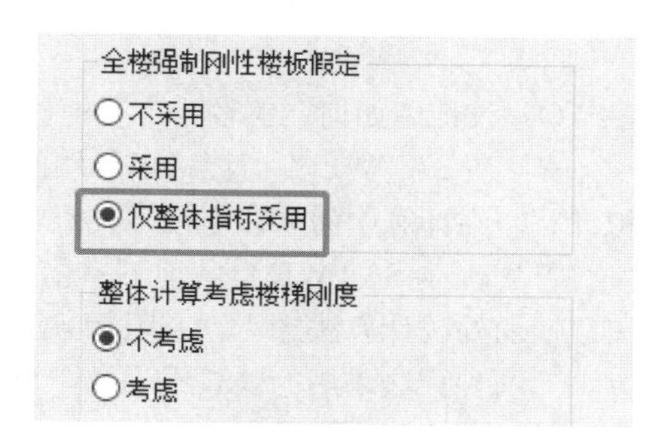

图 2-56　整体指标采用强刚，
其他非强刚

以上述工程为例，X 向正偏心静震工况位移结果如图 2-57 所示。

表1　X向正偏心静震(规定水平力)工况的位移

层号	最大位移(节点号)	平均位移	最大层间位移	平均层间位移	位移比	间位移
2	13.36(999)	8.11	13.02	7.59	1.65	1.72
1	1.05(491)	0.54	1.05	0.54	1.00	1.00

本工况下全楼最大楼层位移= 13.36（发生在2层1塔）
本工况下全楼最大位移比 = 1.65（发生在2层1塔）
本工况下全楼最大层间位移比= 1.72（发生在2层1塔）

图 2-57　X 向正偏心静震工况位移及位移比结果

若在原模型中查找，2 层 999 号节点位于杆件中间，与常规认知不符。应到“$ 强刚”模型下查找最大位移比节点位置，即在模型角部，如图 2-58 所示。

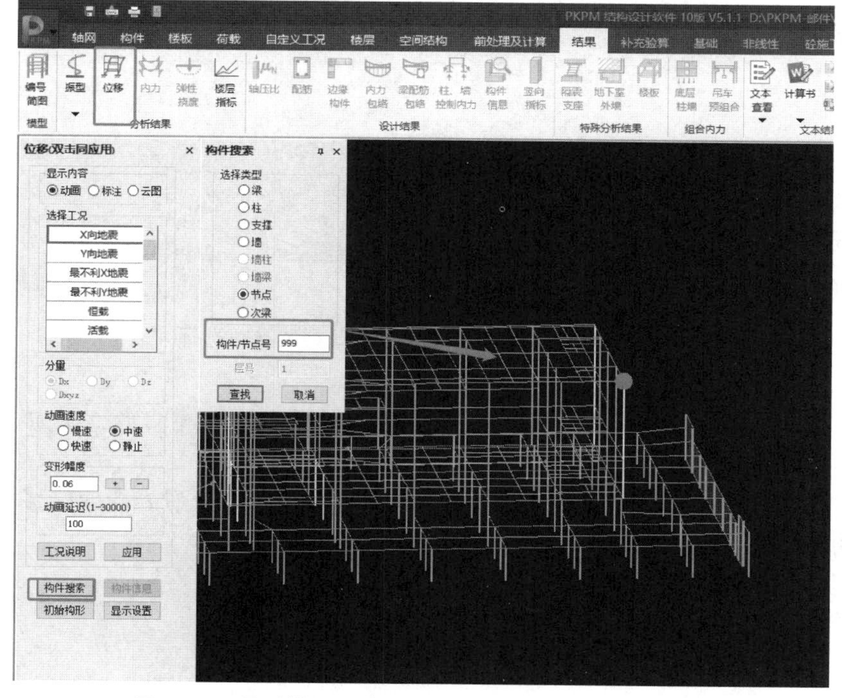

图 2-58　强刚模型下位移比对应的最大位移节点位置

2.19 关于地下室外墙有限元计算问题

Q：设计中如何能够较为准确地模拟地下室的水土压力对结构的影响？

A：在 SATWE 中可以考虑外墙的堆积荷载和水土压力，按照有限元做较为准确的模拟计算。在计算中需要注意以下几点：

首先，在 SATWE 参数地下室信息设置中，正确设置外墙侧土压力及室外地面附加荷载，面外设计方法选为“有限元方法”，水土侧压计算有两种方法，水土分算和水土合算，这两种算法采用的公式不一样，视工程情况选择后，确定是否考虑这些对整体结构的影响，如图 2-59 所示。

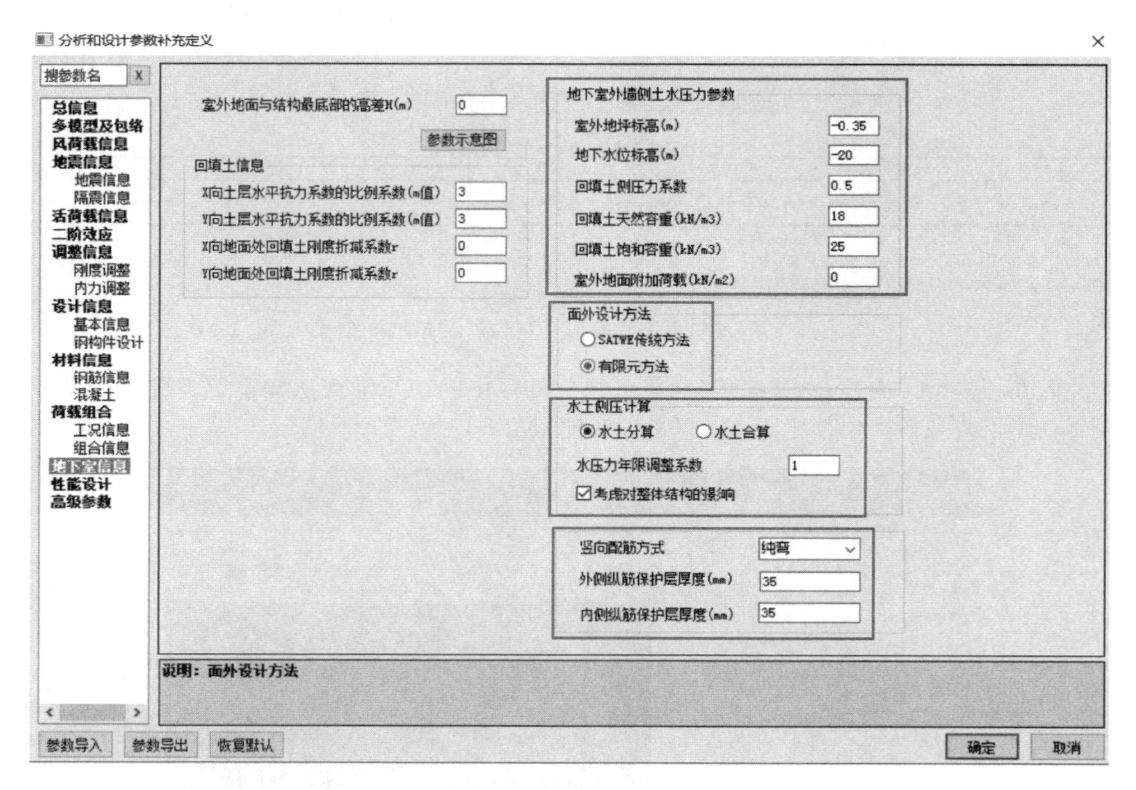

图 2-59　地下室外墙有限元计算相关参数选择

然后，在特殊荷载下面的“外墙与人防”中，可以修改外墙的水土压力、外墙属性等，修改后以红色显示，如图 2-60 所示。

计算完以后，在计算结果中的“地下室外墙”中，就可以查看外墙的位移、应力、内力及配筋的结果了，如图 2-61 所示为外墙有限元计算结果。

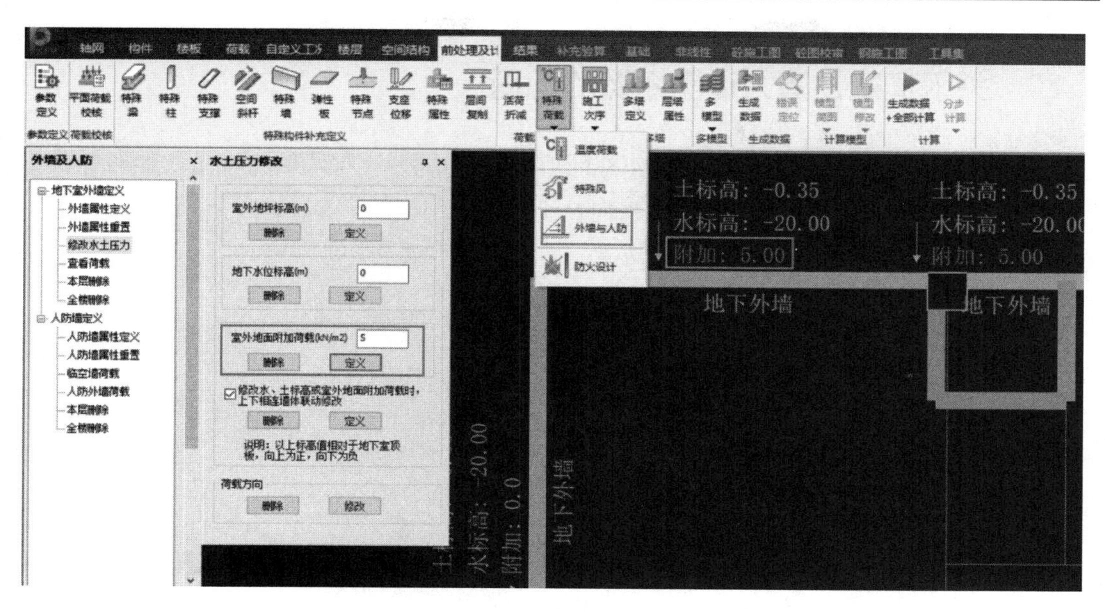

图 2-60　地下室外墙水土压力修改

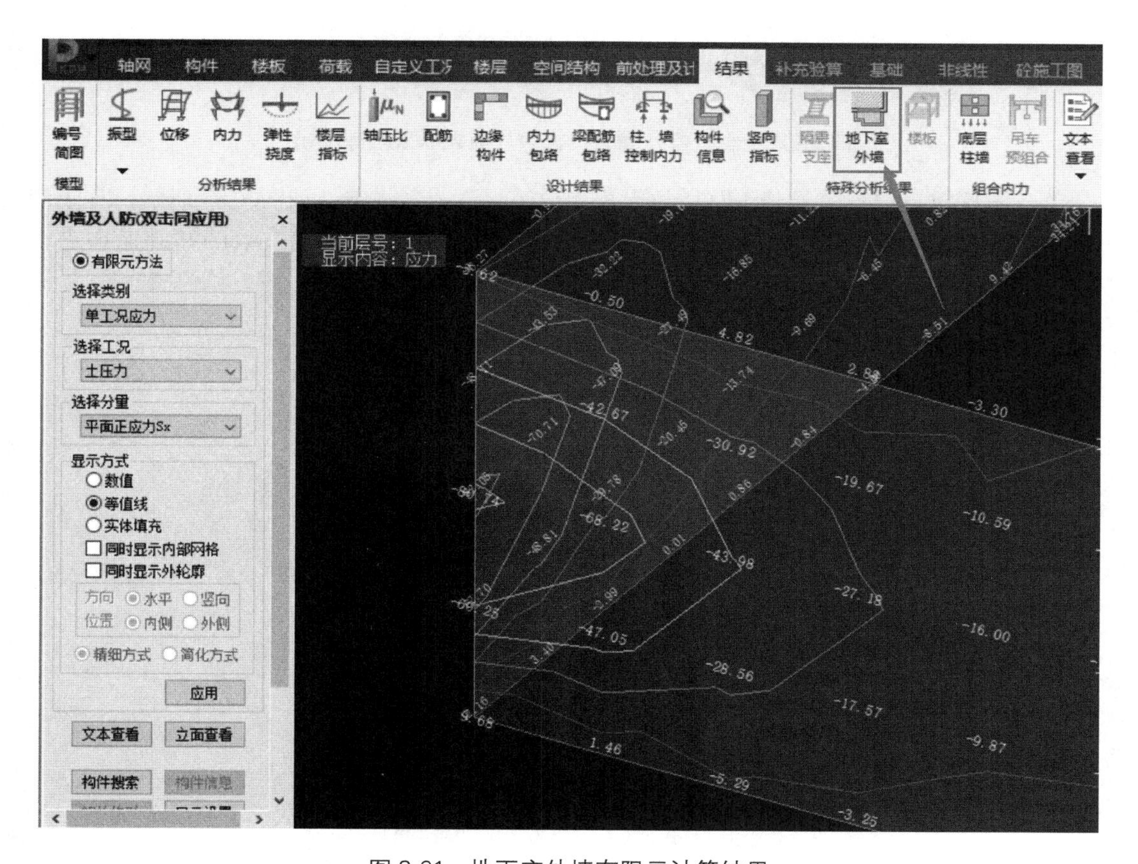

图 2-61　地下室外墙有限元计算结果

2.20 关于框架柱剪力调整系数的问题

Q：为什么框架-剪力墙结构的框架柱的剪力调整系数 η_{vc} 构件信息输出，如图 2-62 所示，与规范要求不一致，1.44 是怎么来的？

三、构件设计属性信息

构件两端约束标志	两端刚接
构件属性信息	普通柱，混凝土柱
柱配筋计算原则	单偏压
抗震等级	二级
构造措施抗震等级	二级
宽厚比等级	
是否人防	非人防构件
长度系数	Cx=1.00　Cy=1.00
活荷内力折减系数	0.60
地震作用放大系数	X向：1.00 Y向：1.00
薄弱层地震内力调整系数	X向：1.00 Y向：1.00
剪重比调整系数	X向：1.00 Y向：1.00
二道防线调整系数	X向：2.00 Y向：2.00
风荷载内力调整系数	X向：1.00 Y向：1.00
地震作用下转换柱剪力弯矩调整系数	X向：1.00 Y向：1.00
刚度调整系数	X向：1.00 Y向：1.00
地震组合内力调整系数	柱顶弯矩调整系数：1.20 柱底弯矩调整系数：1.20 柱剪力调整系数：1.44
所在楼层二阶效应系数	X向：0.00 Y向：0.00
重要性系数	1.00

图 2-62　框架-剪力墙结构框架柱剪力调整系数输出

A：根据《高层建筑混凝土结构技术规程》第 6.2.3 条规定，如图 2-63 所示，柱端弯矩要先满足公式（6.2.1-1）和公式（6.2.1-2），也就是在弯矩调整系数的基础上再进行剪力的放大调整，框架一剪力墙结构框架柱，二级规程要求是 1.2，剪力调整要求是 1.2，程序叠乘之后输出调整系数为 $\eta_{vc}=1.2\times1.2=1.44$。

6.2.3　抗震设计的框架柱、框支柱端部截面的剪力设计值，一、二、三、四级时应按下列公式计算：

1　一级框架结构和 9 度时的框架：

$$V = 1.2(M^{t}_{cua}+M^{b}_{cua})/H_n \qquad (6.2.3\text{-}1)$$

2　其他情况：

$$V = \eta_{vc}(M^{t}_{c}+M^{b}_{c})/H_n \qquad (6.2.3\text{-}2)$$

式中：M^t_c、M^b_c——分别为柱上、下端顺时针或逆时针方向截面组合的弯矩设计值，应符合本规程第 6.2.1 条、6.2.2 条的规定；

M^t_{cua}、M^b_{cua}——分别为柱上、下端顺时针或逆时针方向实配的正截面抗震受弯承载力所对应的弯矩值，可根据实配钢筋面积、材料强度标准值和重力荷载代表值产生的轴向压力设计值并考虑承载力抗震调整系数计算；

H_n——柱的净高；

η_{vc}——柱端剪力增大系数。对框架结构，二、三级分别取 1.3、1.2；对其他结构类型的框架，一、二级分别取 1.4 和 1.2，三、四级均取 1.1。

图 2-63　规程对框架-剪力墙结构框架柱的剪力调整系数要求

2.21　关于多塔遮挡风荷载的问题

Q：对于多塔结构，如何考虑设缝遮挡面的风荷载？

A：对于一些多塔结构，常常需要设置变形缝或伸缩缝，但对于设缝位置的风荷载计算，如果不进行遮挡定义，那么程序会正常按照迎风面进行计算，这样计算的风荷载是偏大的。

程序对于遮挡定义的操作流程如下：

首先，在“参数定义”-“风荷载信息”中进行“设缝多塔背风面体型系数”的设置，如图 2-64 所示，程序计算风荷载时会将正常的风荷载体型系数扣减掉所设置的数值，如正常体型系数设置为 1.3，设缝多塔背风面体型系数设置为 0.5，则在风荷载计算时取用的风荷载体型系数为 1.3－0.5＝0.8。

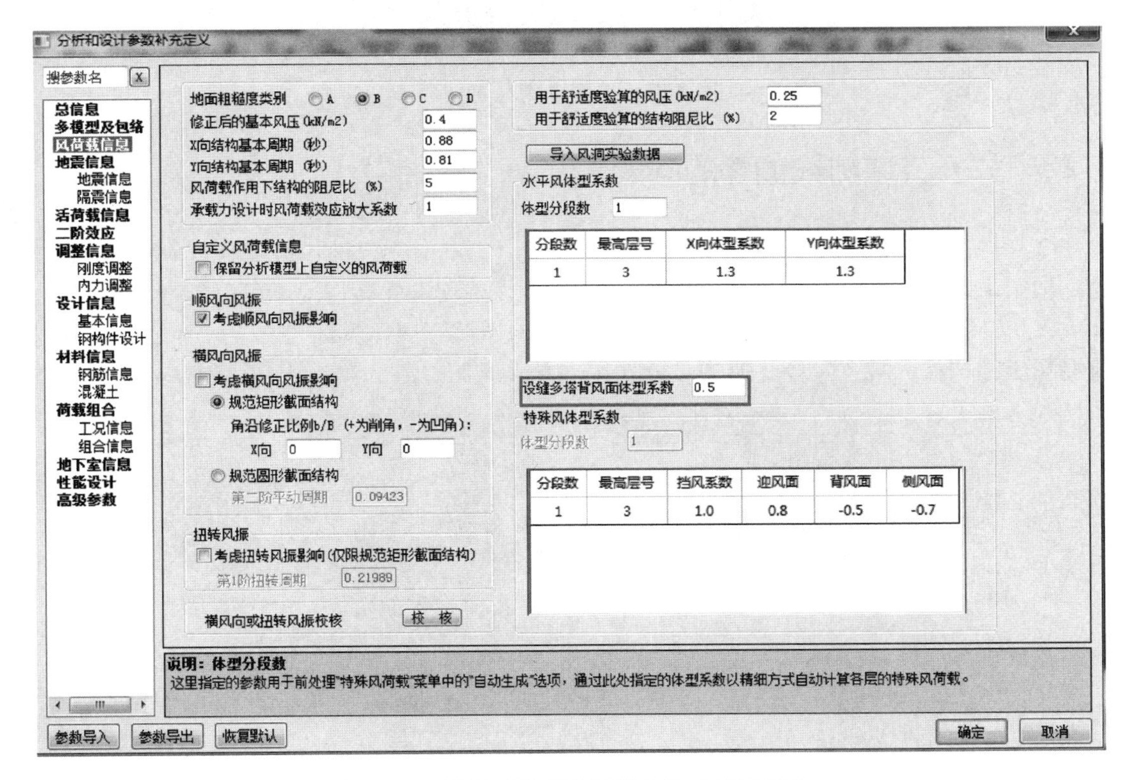

图 2-64　设置“设缝多塔背风面体型系数”

然后，在“前处理”-“多塔定义”中进行遮挡面的指定，如图 2-65 所示。设置完成以后，程序根据上述计算原则进行风荷载的计算。

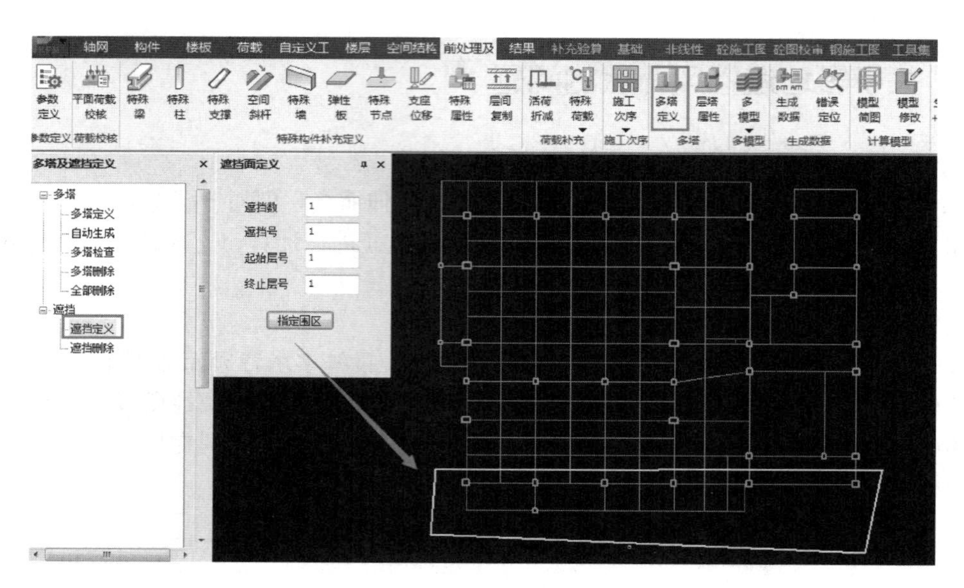

图 2-65　多塔中定义遮挡面

2.22　关于二道防线调整的问题

Q：SATWE 参数定义-高级参数中有个参数“二道防线调整时，调整与框架柱相连的框架梁端弯矩、剪力”选项，如图 2-66 所示。该选项在什么情况下可以勾选？

A：如果工程是按照广东规程计算时则可以勾选该选项，具体可参见广东省《高层建筑混凝土结构技术规程》DBJ 15-92-2013 第 8.1.4 条第 2 款和第 9.1.10 条第 2 款的规定。

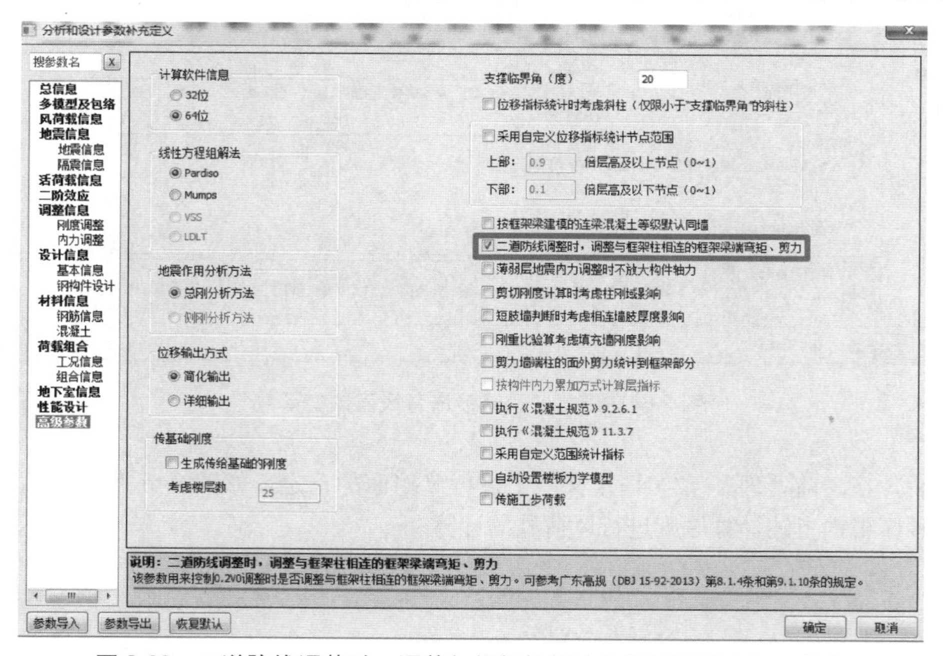

图 2-66　二道防线调整时，调整与框架柱相连的框架梁端弯矩、剪力

2.23　关于修改混凝土强度等级导致调整系数变化的问题

Q：将模型中第三层的柱混凝土强度等级从 C30 修改为 C20 之后，导致配筋变化较大，同时查看构件信息，该柱地震作用下内力调整系数也发生了变化？本工程中调整系数是如何得到的？图 2-67 为混凝土强度等级为 C30 时，工程中第三层柱某柱的配筋结果；图 2-68 为修改柱混凝土强度等级为 C20 时，该柱对应的配筋结果；图 2-69 为混凝土强度等级为 C30 与 C20 时，柱构件的详细调整系数对比图。

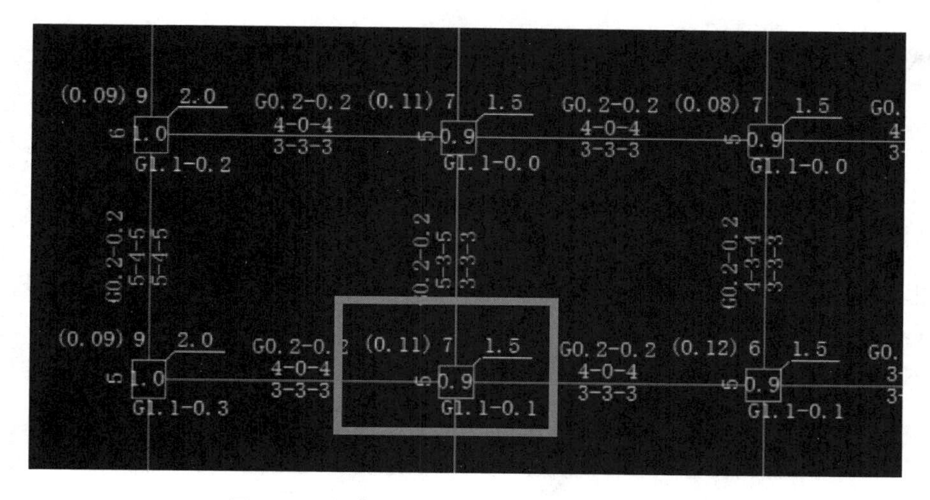

图 2-67　混凝土 C30，其中某柱的配筋结果

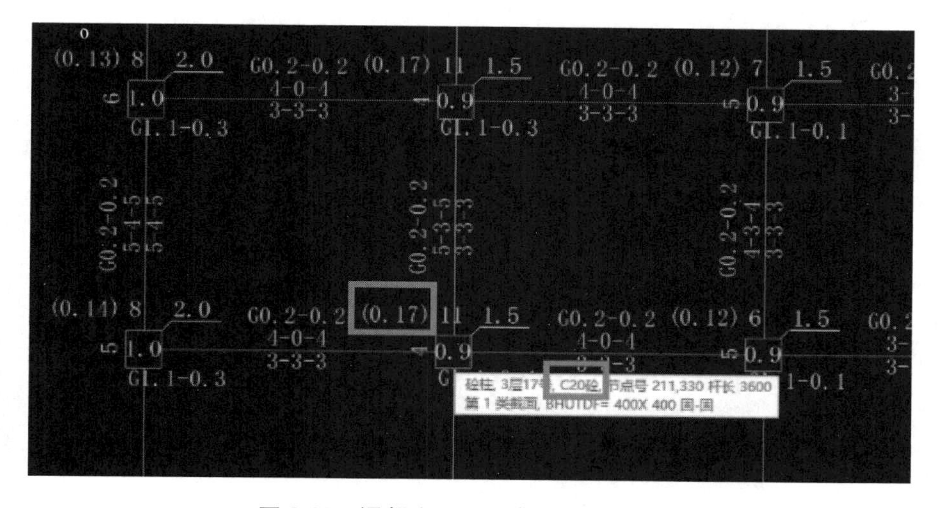

图 2-68　混凝土 C20，该柱的配筋结果

A：仔细查看两个模型发现，当柱混凝土强度为 C30 时，柱子的轴压比为 0.11，而把混凝土强度改为 C20 以后，轴压比变为 0.17，如图 2-67 及图 2-68 所示。

而《建筑抗震设计规范》第 6.2.2 条规定，除框架顶层和柱轴压比小于 0.15 者及框

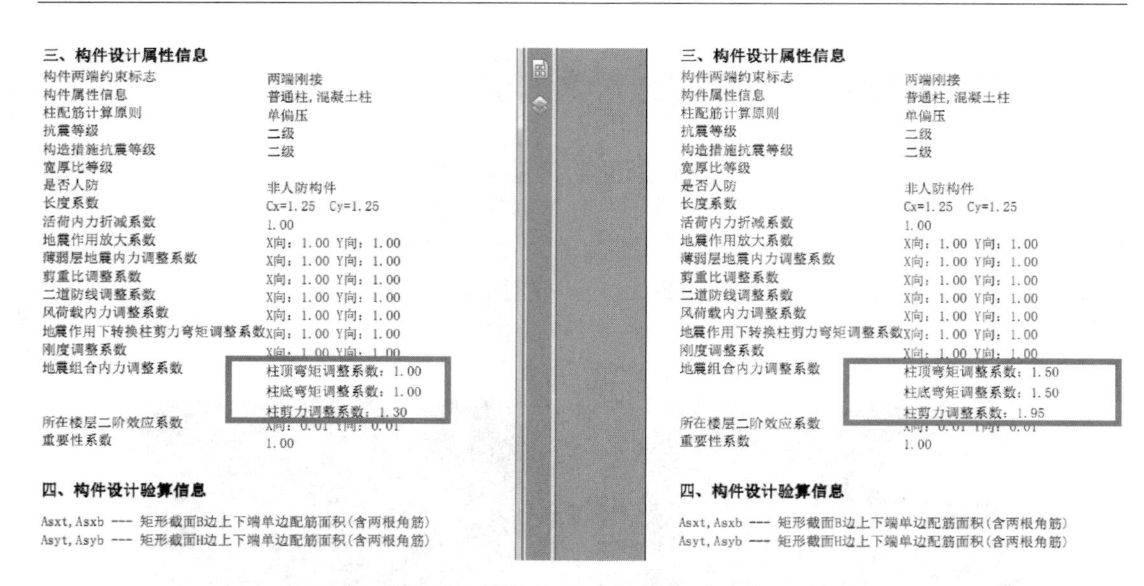
三、构件设计属性信息

	C30	C20
构件两端约束标志	两端刚接	两端刚接
构件属性信息	普通柱，混凝土柱	普通柱，混凝土柱
柱配筋计算原则	单偏压	单偏压
抗震等级	二级	二级
构造措施抗震等级	二级	二级
宽厚比等级		
是否人防	非人防构件	非人防构件
长度系数	Cx=1.25　Cy=1.25	Cx=1.25　Cy=1.25
活荷内力折减系数	1.00	1.00
地震作用放大系数	X向：1.00 Y向：1.00	X向：1.00 Y向：1.00
薄弱层地震内力调整系数	X向：1.00 Y向：1.00	X向：1.00 Y向：1.00
剪重比调整系数	X向：1.00 Y向：1.00	X向：1.00 Y向：1.00
二道防线调整系数	X向：1.00 Y向：1.00	X向：1.00 Y向：1.00
风荷载内力调整系数	X向：1.00 Y向：1.00	X向：1.00 Y向：1.00
地震作用下转换柱剪力弯矩调整系数	X向：1.00 Y向：1.00	X向：1.00 Y向：1.00
刚度调整系数	X向：1.00 Y向：1.00	X向：1.00 Y向：1.00
地震组合内力调整系数	柱顶弯矩调整系数：1.00 柱底弯矩调整系数：1.00 柱剪力调整系数：1.30	柱顶弯矩调整系数：1.50 柱底弯矩调整系数：1.50 柱剪力调整系数：1.95
所在楼层二阶效应系数	X向：0.01 Y向：0.01	X向：0.01 Y向：0.01
重要性系数	1.00	1.00

四、构件设计验算信息

Asxt, Asxb --- 矩形截面B边上下端单边配筋面积(含两根角筋)
Asyt, Asyb --- 矩形截面H边上下端单边配筋面积(含两根角筋)

图 2-69　混凝土强度等级 C30 与 C20，柱详细调整系数

支梁与框支柱的节点外，柱端组合的弯矩设计值应符合下式要求，如图 2-70 所示，这个工程就是混凝土等级不一样的时候，轴压比正好一个大于 0.15，一个小于 0.15，所以地震组合内力调整系数有所不同，是轴压比计算公式与混凝土的轴心抗压强度设计值有关导致的。

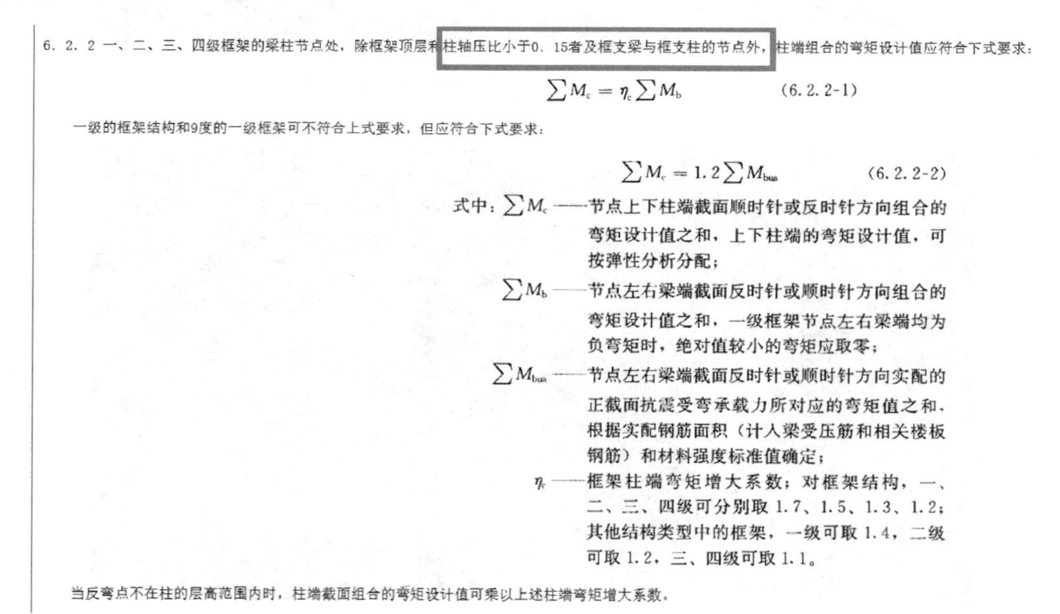
6.2.2 一、二、三、四级框架的梁柱节点处，除框架顶层和柱轴压比小于0.15者及框支梁与框支柱的节点外，柱端组合的弯矩设计值应符合下式要求：

$$\sum M_c = \eta_c \sum M_b \qquad (6.2.2\text{-}1)$$

一级的框架结构和9度的一级框架可不符合上式要求，但应符合下式要求：

$$\sum M_c = 1.2 \sum M_{bua} \qquad (6.2.2\text{-}2)$$

式中：$\sum M_c$ ——节点上下柱端截面顺时针或反时针方向组合的弯矩设计值之和，上下柱端的弯矩设计值，可按弹性分析分配；

$\sum M_b$ ——节点左右梁端截面反时针或顺时针方向组合的弯矩设计值之和，一级框架节点左右梁端均为负弯矩时，绝对值较小的弯矩应取零；

$\sum M_{bua}$ ——节点左右梁端截面反时针或顺时针方向实配的正截面抗震受弯承载力所对应的弯矩值之和，根据实配钢筋面积（计入梁受压筋和相关楼板钢筋）和材料强度标准值确定；

η_c ——框架柱端弯矩增大系数；对框架结构，一、二、三、四级可分别取 1.7、1.5、1.3、1.2；其他结构类型中的框架，一级可取 1.4，二级可取 1.2，三、四级可取 1.1。

当反弯点不在柱的层高范围内时，柱端截面组合的弯矩设计值可乘以上述柱端弯矩增大系数。

图 2-70　《建筑抗震设计规范》对强柱弱梁调整的要求

但需要注意的是：柱进行强柱弱梁调整时，要判断柱的轴压比是否大于 0.15，此时的轴压比不能取用于判断轴压比限值能否满足要求的轴压比，而是要按照配筋的控制组合对应的轴力计算的轴压比去判断是否大于 0.15。判断轴压比限值是否超限的轴压比是从地震参与的所有组合中取的最大的轴压比，因此，如果轴压比小于 0.15，该柱肯定就不会进行强柱弱梁调整。但是如果柱最大的轴压比大于 0.15，该柱是否进行强柱弱梁调整，要看配筋控制组合的轴力计算的轴压比是否大于 0.15，如果该轴压比小于 0.15，该柱也不进行强柱弱梁调整。如该用户工程中的柱修改为 C20 以后，轴压比变为 0.17，就需要查看其配筋控制组合的轴压比是多少。

查询该柱构件的配筋控制组合为 99 组合，其轴力为 246.13kN，如图 2-71 所示，对应的柱轴压比为：0.162，该轴压比大于 0.15，该柱需要进行强柱弱梁调整。

项目	内容					
轴压比：	(84)　N=-258.3　Uc=0.17 ≤ 0.75(限值)					
	《高规》6.4.2条给出轴压比限值.					
剪跨比(简化算法)：	Rmd=5.05					
	《高规》6.2.6条：反弯点位于柱高中部的框架柱，剪跨比可取柱净高与计算方向2倍柱截面有效高度之比值					
主筋：	B边底部(99)	N=-246.13	Mx=-126.08	My=-0.59	Asxb=650.69	Asxb0=650.69
	B边顶部(99)	N=-246.13	Mx=-177.22	My=-0.28	Asxt=1011.50	Asxt0=1011.50
	H边底部(87)	N=-241.55	Mx=3.88	My=74.89	Asyb=335.36	Asyb0=294.02
	H边顶部(81)	N=-242.73	Mx=-8.77	My=90.56	Asyt=403.41	Asyt0=403.41
箍筋：	(99)	N=-246.13	Vx=-0.31	Vy=109.50	Asvx=102.00	Asvx0=29.49
	(99)	N=-246.13	Vx=-0.31	Vy=109.50	Asvy=102.00	Asvy0=29.49
角筋：	Asc=153.00					
全截面配筋率：	Rs=1.39%					
	《高规》6.4.4-3条：全部纵向钢筋的配筋率，非抗震设计时不宜大于5%、不应大于6%，抗震设计时不应大于5%					
体积配筋率：	Rsv=0.60%					

图 2-71　柱混凝土强度等级修改为 C20 的配筋详细信息

2.24　关于框架梁的扭矩问题

Q：设计中人为删除了与悬挑板相连梁上的扭矩线荷载，如图 2-72 所示，SATWE 计算后回到建模模型，为什么梁上的扭矩荷载又出现了？

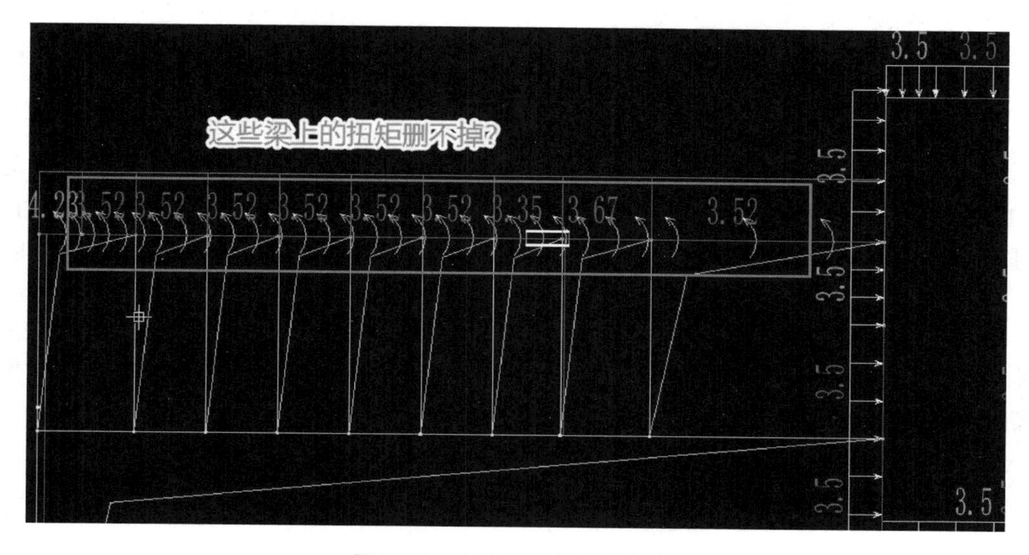

图 2-72　人为删除梁上的扭矩

A：由于此处布置了悬挑板，而相邻房间楼板开洞，故程序在荷载倒算的时候自动添加悬挑板竖向荷载产生的扭矩，此时悬挑板上的扭矩无法由内部楼板平衡，所以始终存在，因此再次回到建模，会发现扭矩线荷载又出现了。

需要注意的是，仅当悬挑板相邻房间楼板开洞的时候程序自动添加扭矩。如果此处存在楼板，则楼板会约束梁的扭转，内部楼盖基本能平衡悬挑板传来的扭矩，故程序不自动添加扭矩。此时如果认为需要考虑一部分扭矩，可采用梁间荷载布置扭矩。

2.25 关于弹塑性变形验算问题

Q：在什么情况下结构需要进行罕遇地震作用下的弹塑性位移验算？不同的结构形式应该采用什么方法计算弹塑性层间位移？

A：根据《建筑抗震设计规范》第 5.5.2 条“结构在罕遇地震作用下薄弱层的弹塑性变形验算，应符合下列要求：

1. 下列结构应进行弹塑性变形验算：

（1）8 度Ⅲ、Ⅳ类场地和 9 度时，高大的单层钢筋混凝土柱厂房的横向排架；

（2）7～9 度时楼层屈服强度系数小于 0.5 的钢筋混凝土框架结构和框排架结构；

（3）高度大于 150m 的结构；

（4）甲类建筑和 9 度时乙类建筑中的钢筋混凝土结构和钢结构；

（5）采用隔震和消能减震设计的结构。

因此，符合上述条件的结构是需要做大震变形验算的，在本条第 2 款中规定了宜进行弹塑性变形验算的结构。

2. 下列结构宜进行弹塑性变形验算：

（1）本规范表 5.1.2-1 所列高度范围且属于本规范表 3.4.3-2 所列竖向不规则类型的高层建筑结构；

（2）7 度Ⅲ、Ⅳ类场地和 8 度时乙类建筑中的钢筋混凝土结构和钢结构；

（3）板柱-抗震墙结构和底部框架砌体房屋；

（4）高度不大于 150m 的其他高层钢结构；

（5）不规则的地下建筑结构及地下空间综合体。

根据《建筑抗震设计规范》第 5.5.3 条第 1 款中的规定，不超过 12 层且层刚度无突变的钢筋混凝土框架和框排架结构、单层钢筋混凝土柱厂房可采用本规范第 5.5.4 条的简化计算法；对于满足要求的结构 SATWE 计算“结果查看”-“文本查看”-“新版文本查看”，显示了按照简化算法计算的楼层弹塑性层间位移角，如图 2-73 所示。

对于不满足使用简化算法计算的结构，第 5.5.3 条第 2 款中要求“除 1 款以外的建筑结构，可采用静力弹塑性分析方法或弹塑性时程分析法等”。此时可以使用软件中的静力推覆分析或弹塑性时程分析模块计算结果的弹塑性层间位移角，如图 2-74 所示。

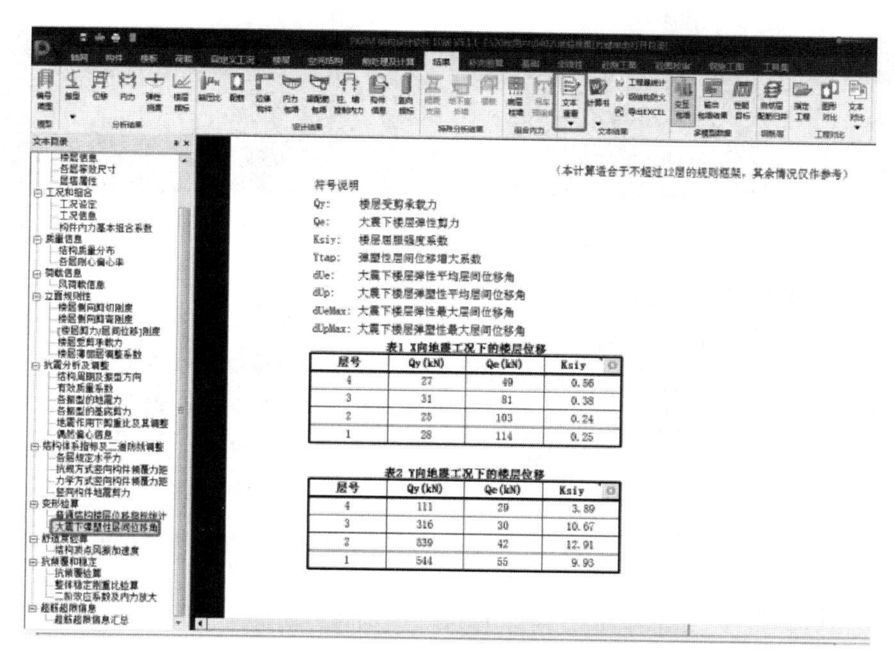

图 2-73　弹塑性分析简化计算输出层间位移角

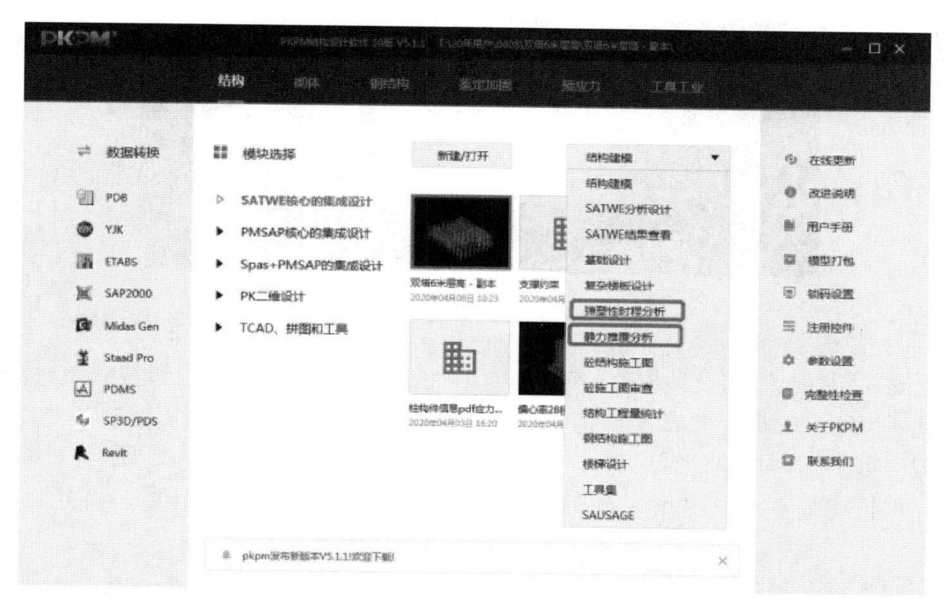

图 2-74　弹塑性静力推覆分析及动力时程分析

2.26　关于梁跨中顶筋比底筋大的问题

Q：如图 2-75 所示，SATWE 计算完毕发现，其中某根梁跨中顶筋为何比底筋还要大？

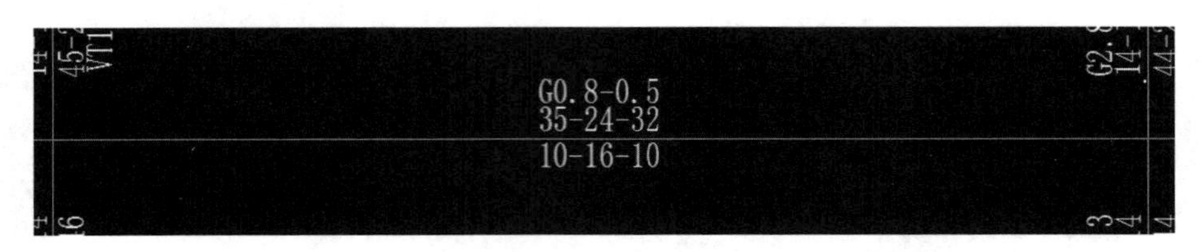

图 2-75　SATWE 中某梁的跨中顶筋比底筋大

A：问题在于计算分析时勾选了混凝土矩形梁转 T 形梁，如图 2-76 所示。

勾选后在内力和配筋阶段均按照 T 形截面考虑。由于跨中属于受压侧，对应的弯矩为 0，配筋是按照构造来处理。由于梁跨中受压截面是 T 形截面，所以构造配筋按照 T 形截面面积计算，所以导致跨中受压筋面积上升。

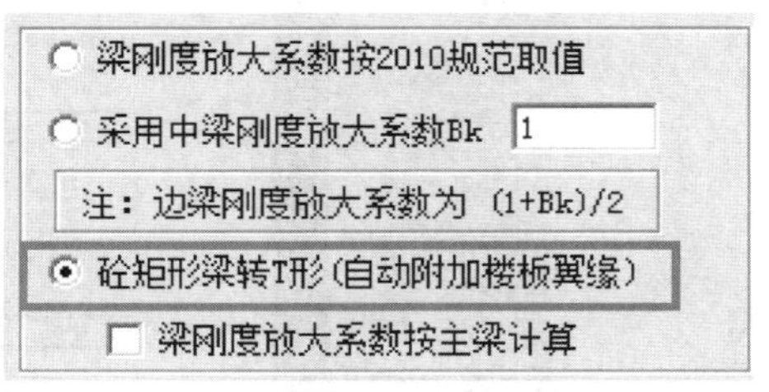

图 2-76　计算时选择“矩形梁转 T 形”

2.27　关于连梁交叉斜筋、对角暗撑的计算问题

Q：在软件中对于配置了交叉斜筋的连梁，软件是如何进行计算斜筋面积的？如图 2-77所示为某连梁配置交叉斜筋后，软件输出的结果。

图 2-77　连梁交叉斜筋面积输出

A：按《混凝土结构设计规范》第 11.7.10 条要求，“对于一、二级抗震等级的连梁，当跨高比不大于 2.5 时，除普通箍筋外宜另配置斜向交叉钢筋，其截面限制条件及斜截面受剪承载力可按下列规定计算……”。

程序根据规范要求，提供了两种斜向交叉钢筋，一种是交叉斜筋，另外一种对角暗撑。

对于交叉斜筋和对角暗撑的计算，关键的问题是规范公式中斜筋与梁纵轴的夹角 α 如何确定。

程序目前的取值方式和梁高及梁跨相关。

交叉斜筋：$\alpha=\arctan\left(\dfrac{梁高-200}{梁跨}\right)$

对角暗撑：$\alpha=\arctan\left(\dfrac{梁高-400}{梁跨}\right)$

下面通过两个实际的算例，来具体说明程序的计算方法。

采用交叉斜筋，输出如图 2-78 的详细计算结果。

长度（m）　DL=2.00
截面参数(m)　B*H=0.300*1.000
混凝土强度等级　RC=30
主筋强度设计值(N/mm2)　360
箍筋强度设计值(N/mm2)　360
保护层厚度(mm)　Cov=20

荷载工况	M-I V-I	M-1 V-1	M-2 V-2	M-3 V-3	M-4 V-4	M-5 V-5	M-6 V-6	M-7 V-7	M-J V-J	N T
(1)DL	7.81	1.97	-2.35	-5.02	-5.94	-5.02	-2.35	1.97	7.81	0.00
	-26.25	-20.39	-14.06	-7.27	-0.00	7.27	14.06	20.39	26.25	0.00
(2)LL	1.54	0.42	-0.42	-0.95	-1.13	-0.95	-0.42	0.42	1.54	0.00
	-5.00	-3.94	-2.75	-1.44	0.00	1.44	2.75	3.94	5.00	0.00
(4)EXM	-562.45	-421.83	-281.22	-140.61	-0.00	140.61	281.22	421.83	562.45	0.00
	562.45	562.45	562.45	562.45	562.45	562.45	562.45	562.45	562.45	0.04
(7)WX	-61.81	-46.35	-30.90	-15.45	-0.00	15.45	30.90	46.35	61.81	0.00
	61.81	61.81	61.81	61.81	61.81	61.81	61.81	61.81	61.81	0.01

构件属性信息　连梁，普通梁，不调幅梁，交叉斜筋
抗震等级　三级
构造措施抗震等级　三级
地震组合剪力调整系数　1.20

	-I-	-1-	-2-	-3-	-4-	-5-	-6-	-7-	-J-
Shear	782.99	775.32	767.01	758.07	-748.49	-758.07	-767.01	-775.32	-782.99
LoadCase	39	39	39	39	32	32	32	32	32
Asv	108.29	106.88	105.36	103.71	101.96	103.71	105.36	106.88	108.29

交叉斜筋面积　ASD=1036.88
剪压比　(39)　V=932.7　JYB = 0.23 ≤ 0.29

编号	基本组合系数									
	DL	LL	WX	WY	EX	EXP	EXM	EY	EYP	EYM
39	1.20	0.60	-0.28	0.00	0.00	0.00	-1.30	0.00	0.00	0.00

图 2-78　连梁采用交叉斜筋的计算结果

按《混凝土结构设计规范》第 11.7.8 条要求，“配置有对角斜筋的连梁 η_{vb} 取 1.0”，程序按规范的要求执行，所以剪力设计值为：

$$V_{wb}=1.2\times(-26.25)+0.6\times(-5)-0.28\times61.81-1.3\times562.45$$
$$=-782.9918\text{kN}$$

按《混凝土结构设计规范》公式（11.7.10-2），可以得到单向对角斜筋的截面面积为：

$$A_{sd}=\frac{V_{wb}\gamma_{re}-0.4f_tbh_0}{(2.0\sin\alpha+0.6\eta)f_{yd}}$$
$$=\frac{782.9918\times10^3\times0.85-0.4\times1.43\times300\times(1000-42.5)}{\left\{2\sin\left[\arctan\left(\frac{1000-200}{2000}\right)\right]+0.6\times1\right\}\times360}$$
$$=1036.894\text{mm}^2$$

按《混凝土结构设计规范》公式（11.7.10-3），可以得到同一截面内箍筋各肢的全部截面面积为：

$$A_{sv}=\frac{\eta sf_{yd}A_{sd}}{f_{sv}h_0}=\frac{1\times100\times360\times1036.894}{360\times(1000-42.5)}=108.292\text{mm}^2$$

注意，箍筋与对角斜筋的配筋强度比 η，在“设计模型前处理”-“参数”-“配筋信息”可以设定，默认为 1.0（图×××）。

按《混凝土结构设计规范》公式（11.7.10-1），可以得到剪压比为：

$$\frac{V_{wb}}{\beta_cf_cbh_0}=\frac{-932.69016\times10^3}{1\times14.3\times300\times(1000-42.5)}=0.227\leqslant\frac{0.25}{\gamma_{RE}}=\frac{0.25}{0.85}=0.294$$

交叉斜筋的计算结果及剪压比的手工校核结果与软件计算结果一致。

采用对角暗撑，某连梁输出如图 2-79 所示的图形文件结果及图 2-80 所示连梁详细计算结果。

图 2-79　连梁对角暗撑面积输出

长度(m)　DL=2.00
截面参数(m)　B*H=0.300*1.000
混凝土强度等级　RC=30
主筋强度设计值(N/mm2)　360
箍筋强度设计值(N/mm2)　360
保护层厚度(mm)　Cov=20

荷载工况	M-I V-I	M-1 V-1	M-2 V-2	M-3 V-3	M-4 V-4	M-5 V-5	M-6 V-6	M-7 V-7	M-J V-J	N T
(1)DL	7.81	1.97	-2.35	-5.02	-5.94	-5.02	-2.35	1.97	7.81	0.00
	-26.25	-20.39	-14.06	-7.27	-0.00	7.27	14.06	20.39	26.25	0.00
(2)LL	1.54	0.42	-0.42	-0.95	-1.13	-0.95	-0.42	0.42	1.54	0.00
	-5.00	-3.94	-2.75	-1.44	0.00	1.44	2.75	3.94	5.00	0.00
(3)EXP	-562.45	-421.83	-281.22	-140.61	-0.00	140.61	281.22	421.83	562.45	0.00
	562.45	562.45	562.45	562.45	562.45	562.45	562.45	562.45	562.45	0.04
(7)WX	-61.81	-46.35	-30.90	-15.45	-0.00	15.45	30.90	46.35	61.81	0.00
	61.81	61.81	61.81	61.81	61.81	61.81	61.81	61.81	61.81	0.01

构件属性信息　连梁,普通梁,不调幅梁,对角暗撑
抗震等级　三级
构造措施抗震等级　三级
地震组合剪力调整系数　1.20

	-I-	-1-	-2-	-3-	-4-	-5-	-6-	-7-	-J-
Shear	782.99	775.32	767.01	758.07	-748.49	-758.07	-767.01	-775.32	-782.99
LoadCase	37	37	37	37	30	30	30	30	30
Asv	33.43	33.43	33.43	33.43	33.43	33.43	33.43	33.43	33.43

对角暗撑面积　ASD=3216.86
剪压比　(37)　V=932.7　JYB = 0.23 ⩽ 0.29

超限类别(8)　梁截面宽度偏小,不宜采用对角暗撑设计 ： B= 0.30 < 0.40

编号	基本组合系数									
	DL	LL	WX	WY	EX	EXP	EXM	EY	EYP	EYM
37	1.20	0.60	-0.28	0.00	0.00	-1.30	0.00	0.00	0.00	0.00

图 2-80　连梁采用对角暗撑的计算结果

同样根据《混凝土结构设计规范》第 11.7.8 条要求，“配置有对角斜筋的连梁 η_{vb} 取 1.0”，所以剪力设计值为：

$$V_{wb}=1.2\times(-26.25)+0.6\times(-5)-0.28\times61.81-1.3\times562.45=-782.9918\text{kN}$$

按《混凝土结构设计规范》公式（11.7.10-4），可以得到单向对角暗撑的截面面积为：

$$A_{sd}=\frac{V_{wb}\gamma_{RE}}{2f_{yd}\sin\alpha}=\frac{782.9918\times10^3\times0.85}{2\times360\times\sin\left[\arctan\left(\frac{1000-400}{2000}\right)\right]}=3216.886\text{mm}^2$$

$$V_{wb}=1.2\times(-26.25)+0.6\times(-5)+1.2\times(-0.28\times61.81-1.3\times562.45)$$
$$=-932.69\text{kN}$$

按《混凝土结构设计规范》公式（11.7.10-1），可以得到剪压比为：

$$\frac{V_{\mathrm{wb}}}{\beta_{\mathrm{c}} f_{\mathrm{c}} b h_{0}}=\frac{-932.69016\times10^{3}}{1\times14.3\times300\times(1000-42.5)}=0.227\leqslant\frac{0.25}{\gamma_{\mathrm{RE}}}=\frac{0.25}{0.85}=0.294$$

对角暗撑的计算结果及剪压比的手工校核结果与软件计算结果一致。

从上述校核过程可见，斜筋与梁纵轴的夹角 α 和梁跨度相关。如果增加节点或被其他构件打断后，如图 2-81 所示的情况，为前面校核的配置对角暗撑的连梁，其上有节点将连梁打断为两段。

由结果可见，每段连梁的对角暗撑计算结果和未打断的情况一致，说明夹角 α 仍然会按照原始的连梁跨度计算，和不打断的情况结果一致。

图 2-81　连梁上添加节点后的对角暗撑计算结果

2.28　关于地震最不利方向角及斜交抗侧力角度问题

Q：最不利地震作用角度与斜交抗侧力构件角度有何区别？设计中如何在软件中填写参数？

A：SATWE 参数定义-地震信息中，有两个参数“最不利地震作用角度”与“斜交抗侧力构件角度”，如图 2-82 所示，两者不存在必然联系。

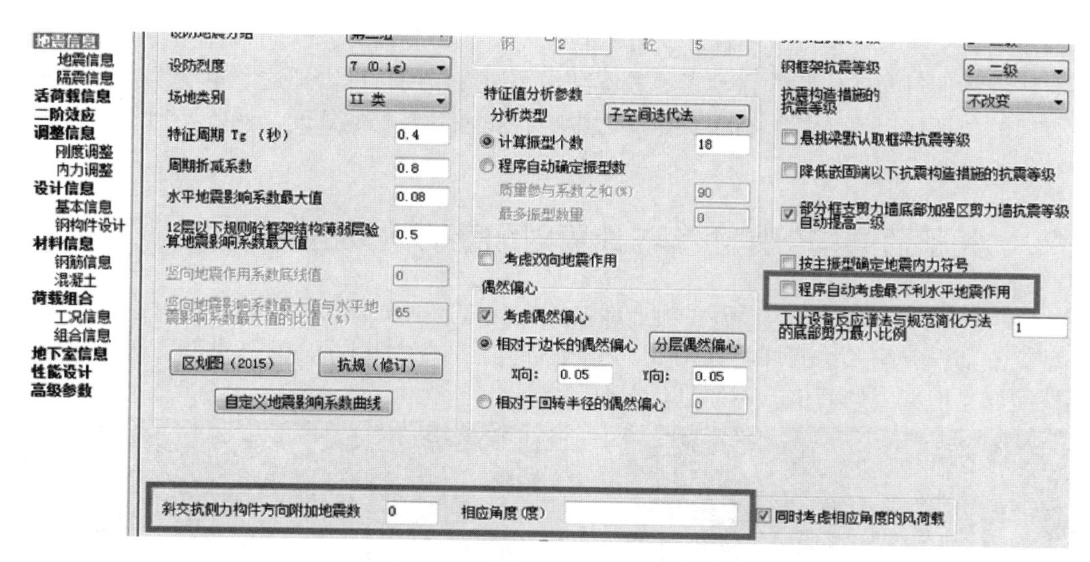

图 2-82　SATWE 软件地震最不利方向角及斜交抗侧力构件角度参数

斜交抗侧力构件角度概念，《建筑抗震设计规范》第 5.1.1 条：

> 1　一般情况下，应至少在建筑结构的两个主轴方向分别计算水平地震作用，各方向的水平地震作用应由该方向抗侧力构件承担。
>
> 2　有斜交抗侧力构件的结构，当相交角度大于 15°时，应分别计算各抗侧力构件方向的水平地震作用。

最不利地震作用角度概念：存在某个地震作用角度，使结构的地震反应最剧烈，这个角度为最不利地震作用方向角度。

如图 2-83 所示的 L 形结构，根据结构的对称性可推测出，最不利地震方向角度可能为 45°、135°。

分别考虑 0°、90°与 45°、135°地震作用角度，输出剪重比、顶部最大位移、顶部平均位移等结果，如图 2-84 所示。（其中 0°、90°为斜交抗侧力构件角度）

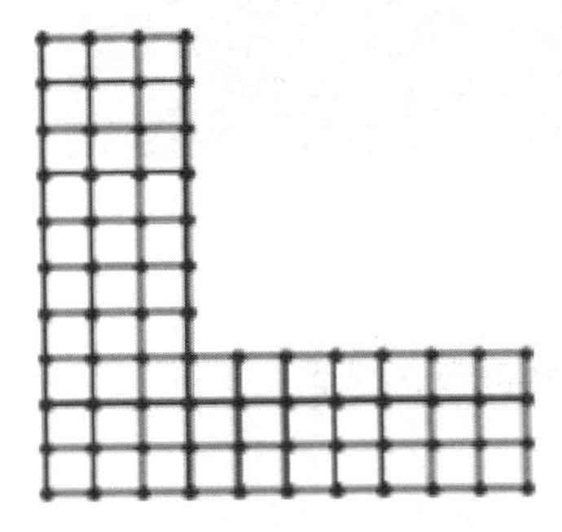

图 2-83　L 形结构的平面图

地震作用角度(°)	剪重比(%)	顶部平均位移(mm)	顶部最大位移(mm)
0	3.23	6.736	8.589
90	3.23	6.736	8.589
45	3.51	7.200	7.200
135	3.06	6.249	8.000

图 2-84　不同的地震作用角度输出的各项指标

从图 2-84 所示的对比可知，45°、135°地震作用剪重比及层间平均位移均较大，为最不利地震作用方向。

总结，SATWE 可以自动计算出最不利方向角，并在 WZQ. OUT 中输出。

设计师通过勾选“程序自动考虑最不利水平地震作用”可以把这个角度作为斜交抗侧力方向的角度，以体现最不利地震作用的影响。如果需要其他角度，就要手动添加到“斜交抗侧力地震方向”中。

2.29　关于顶层构架是否参与计算对配筋影响大的问题

Q：三层框架的模型，模型 1 为上部输入有构架层，如图 2-85 所示，是模拟的构架；模型 2 上部没有输入构架层，如图 2-86 所示，其他参数均相同，但是模型 1 算出来第三层柱配筋是模型 2 的两倍，不知是什么原因？

图 2-85　模型 1 三层框架有构架层

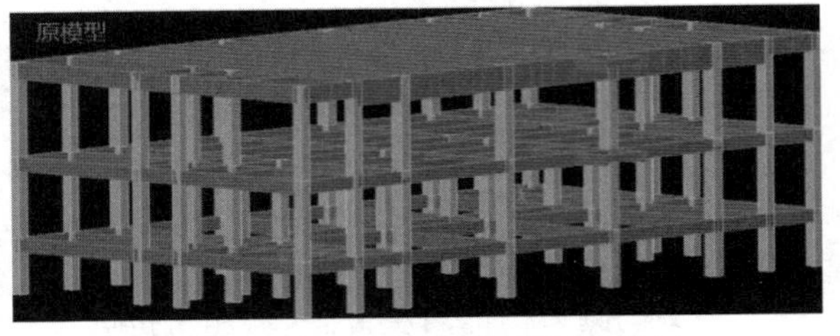

图 2-86　模型 2 三层框架无构架层

A：查看构件信息可知，加构架层后，模型变为四层，三层不再是顶层，柱需要进行强柱弱梁调整，弯矩调整系数为 1.7，如图 2-87 所示。而不加构架层的模型，三层是顶层，柱不需强柱弱梁调整，弯矩调整系数为 1，如图 2-88 所示，故配筋差异大。

加构架层

三、构件设计属性信息
构件两端约束标志　两端刚接
构件属性信息　普通柱,混凝土柱
柱配筋计算原则　单偏压
抗震等级　一级
构造措施抗震等级　一级
宽厚比等级
是否人防　非人防构件
长度系数　Cx=1.25 Cy=1.25
活荷内力折减系数　1.00
地震作用放大系数　X向：1.00 Y向：1.00
薄弱层地震内力调整系数　X向：1.00 Y向：1.00
剪重比调整系数　X向：1.00 Y向：1.00
二道防线调整系数　X向：1.00 Y向：1.00
风荷载内力调整系数　X向：1.00 Y向：1.00
地震作用下转换柱剪力弯矩调整系数　X向：1.00 Y向：1.00
刚度调整系数　X向：1.00 Y向：1.00
地震组合内力调整系数　柱顶弯矩调整系数：1.70
柱底弯矩调整系数：1.70
柱剪力调整系数：2.55
所在楼层二阶效应系数　X向：0.01 Y向：0.01
重要性系数　1.00

图 2-87　模型 1 三层框架有构架层的框架柱弯矩调整系数 1.7

原模型

三、构件设计属性信息
构件两端约束标志　两端刚接
构件属性信息　普通柱,混凝土柱
柱配筋计算原则　单偏压
抗震等级　一级
构造措施抗震等级　一级
宽厚比等级
是否人防　非人防构件
长度系数　Cx=1.25 Cy=1.25
活荷内力折减系数　1.00
地震作用放大系数　X向：1.00 Y向：1.00
薄弱层地震内力调整系数　X向：1.00 Y向：1.00
剪重比调整系数　X向：1.00 Y向：1.00
二道防线调整系数　X向：1.00 Y向：1.00
风荷载内力调整系数　X向：1.00 Y向：1.00
地震作用下转换柱剪力弯矩调整系数　X向：1.00 Y向：1.00
刚度调整系数　X向：1.00 Y向：1.00
地震组合内力调整系数　柱顶弯矩调整系数：1.00
柱底弯矩调整系数：1.00
柱剪力调整系数：1.50
所在楼层二阶效应系数　X向：0.01 Y向：0.01
重要性系数　1.00

图 2-88　模型 2 三层框架无构架层的框架柱弯矩调整系数 1

2.30　关于刚重比计算结果为 0 的问题

Q：计算完毕之后查看结构整体稳定及刚重比验算结果，发现结构的 Y 方向刚重比为 0，如图 2-89 所示，什么原因？

整体稳定刚重比验算

刚度单位：kN/m
层高单位：m
上部重量单位：kN

表1 整层屈曲模式的刚重比验算[高钢规6.1.7,一般用于剪切型结构]

层号	X向刚度	Y向刚度	层高	上部重量	X刚重比	Y刚重比
1	18648.26	0.02	5.00	912.99	102.13	0.00

该结构刚重比Di*Hi/Gi小于5,不能够通过高钢规(6.1.7)的整体稳定验算

图 2-89　结构 Y 向刚重比计算结果为 0

A：从刚重比计算公式来看，要是比值为 0，可能的原因是结构 Y 向侧向刚度为 0，如图 2-90 所示为层剪力与层间位移计算的刚度及刚度比输出结果，从计算结果来看，Y 向刚度接近 0，但从概念上讲结构的刚度不会为 0。

[楼层剪力/层间位移]刚度

Rat2_min:　按刚度比2判断的限值
RJX，RJY:　结构总体坐标系中塔的侧移刚度

表1 楼层刚度

层号	RJX(kN/m)	RJY(kN/m)
1	18648.26	0.02

图 2-90　结构 Y 向侧向刚度基本接近为 0

由于层侧移刚度是按照楼层剪力与层间位移计算得到的，可能存在 Y 向剪力为 0 的情况。查看图 2-91 所示各振型方向参与振型的有效质量系数，发现 Y 向的有效质量系数为 0，此时基本可以确定 Y 向由于没有振型参与，因此，该方向的楼层剪力为 0，进而引起楼层刚度为 0，该方向的刚重比为 0。

各地震方向参与振型的有效质量系数

表1 各地震方向参与振型的有效质量系数

振型号	EX	EY	振型号	EX	EY
1	15.71%	0.00%	2	18.51%	0.00%
3	45.45%	0.00%			

根据《高规》5.1.13条，各振型的参与质量之和不应小于总质量的90%。

第 1 地震方向 EX 的有效质量系数为 79.68%，参与振型不足

第 2 地震方向 EY 的有效质量系数为 0.00%，参与振型不足

图 2-91 结构各地震方向参与振型的有效质量系数

为了满足有效质量系数，需要在计算时，增加振型数，将振型数增加到 10 个，Y 向有效质量系数已经满足了大于 90%，输出结果如图 2-92 所示。

各地震方向参与振型的有效质量系数

表1 各地震方向参与振型的有效质量系数

振型号	EX	EY	振型号	EX	EY
1	15.71%	0.00%	2	18.51%	0.00%
3	45.45%	0.00%	4	0.85%	0.00%
5	3.39%	0.00%	6	0.00%	99.86%
7	0.26%	0.00%	8	2.17%	0.00%
9	1.53%	0.00%	10	3.18%	0.00%

根据《高规》5.1.13条，各振型的参与质量之和不应小于总质量的90%。

第 1 地震方向 EX 的有效质量系数为 91.06%，参与振型足够

第 2 地震方向 EY 的有效质量系数为 99.86%，参与振型足够

图 2-92 增加振型数，结构各地震方向参与振型的有效质量系数

有效质量系数满足 90%后，查看计算的结构 Y 向的刚重比，结果正常，如图 2-93 所示。

整体稳定刚重比验算

刚度单位：kN/m

层高单位：m

上部重量单位：kN

表1 整层屈曲模式的刚重比验算[高钢规6.1.7，一般用于剪切型结构]

层号	X向刚度	Y向刚度	层高	上部重量	X刚重比	Y刚重比
1	18154.32	21678.31	5.00	912.99	99.42	118.72

该结构最小刚重比Di*Hi/Gi不小于5，能够通过高钢规(6.1.7)的整体稳定验算

图 2-93 增加振型数后结构刚重比计算结果

设计中需要注意，虽然从概念上讲刚重比是结构固有的属性，与地震作用无关，但是在计算时，按照规范公式，刚重比与地震作用的大小有关，计算刚重比的基本前提是需要满足有效质量系数。

2.31　关于恒载模拟施工次序的问题

Q：为什么当勾选仅整体指标采用强刚假定时，如图 2-94 所示，程序会在工程目录下生成名为“＄强刚”的文件夹，直接进入此文件夹的工程，其施工次序由设置的模拟施工 3 变为一次性加载，如图 2-95 所示？

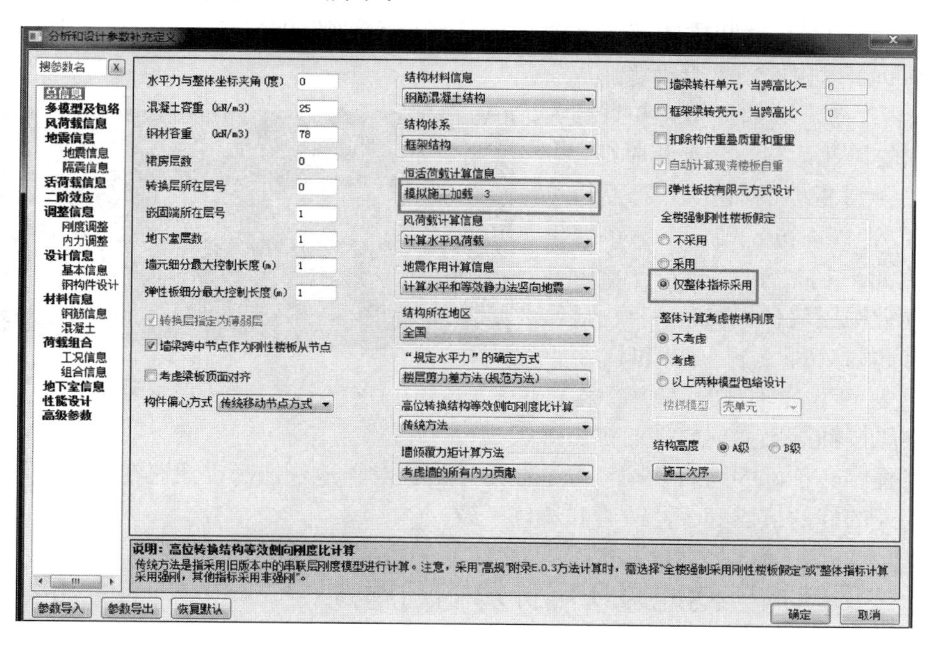

图 2-94　计算时选择模拟施工次序 3

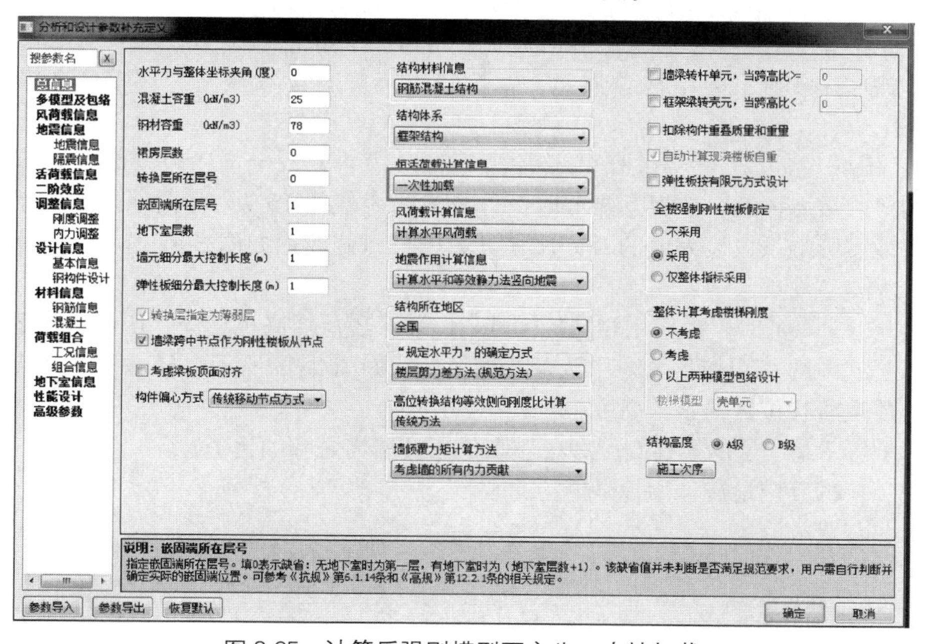

图 2-95　计算后强刚模型下变为一次性加载

A：这是由于程序在强刚下计算时，仅计算刚度比、位移比、周期比等整体指标，且不需要恒载工况下的内力及位移结果，因此为了计算速度，程序将“强刚”模型下恒载施工次序强制设为一次性加载。

2.32 关于边缘构件抗震等级的判断问题

Q：设计中遇到墙和柱相连，且两者抗震等级不一致的情况，如图 2-96 所示，程序中如何判断边缘构件的抗震等级。

A：程序对于墙和柱相连并且抗震等级不同的情况，有一套判断原则。

首先会判断墙的轴压比是否超过《建筑抗震设计规范》第 6.4.5 条要求的限值，如果超过了，那么边缘构件的抗震等级按照墙体的抗震等级执行；如果没有超过，那么比较墙和柱在重力荷载代表值下的轴压比，边缘构件的抗震等级按轴压比大的构件的抗震等级执行。

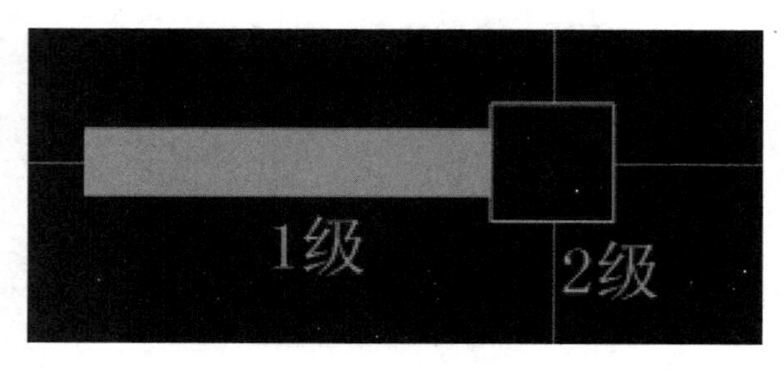

图 2-96　柱墙相连且抗震等级不同

虽然程序有自己的判断原则，但是在设计中，对于这种情况，建议在特殊构件定义中将和墙相连的柱的抗震等级修改为和墙体一致。

2.33 关于结构竖向地震作用计算的问题

Q：用相同的标准层组装形成一个 10 层结构，每层结构的层高和质量均相同，为何按规范公式手算的简化方法计算的竖向地震作用和程序输出的不一样？

A：根据结果输出的结构总质量 G，按《建筑抗震设计规范》第 5.3.1 条中公式（5.3.1-1）

$$F_{\mathrm{Evk}} = \alpha_{\mathrm{vmax}} G_{\mathrm{eq}} = 0.16 \times 65\% \times 151931.9 \times 75\% = 11850.6882\mathrm{kN}$$

结构等效重力荷载，按规范要求取重力荷载代表值的 75%。竖向地震影响系数最大值取水平地震影响系数最大值的百分比在参数中可以修改，如图 2-97 所示，程序默认按规范取 65%。

按公式（5.3.1-2），由于用相同的标准层组装，各层层高也相同，所以各层的质量相同，所以公式中的 G 可以约去。由规范计算简图，如图 2-98 所示，H 并非是质点所在层高，而是质点所在位置的累计高度。

所以实际只剩 i 层的累计高度和各质点的累计层高之和的比值。

所以一层的竖向地震作用标准值为：

$$\begin{aligned} F_{\mathrm{v}i} &= \frac{G_i H_i}{\Sigma G_j H_j} F_{\mathrm{Evk}} \\ &= \frac{3.3}{3.3+6.6+9.9+13.2+16.5+19.8+23.1+26.4+29.7+33} \times 11850.69 \\ &= 215.4671\mathrm{kN} \end{aligned}$$

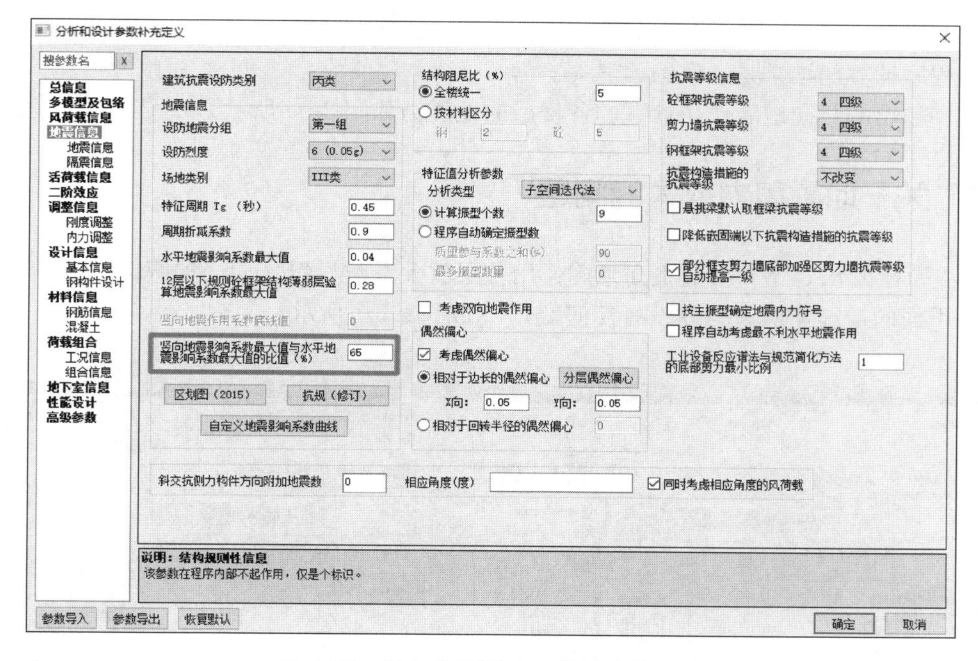

图 2-97　竖向地震影响系数最大值取值

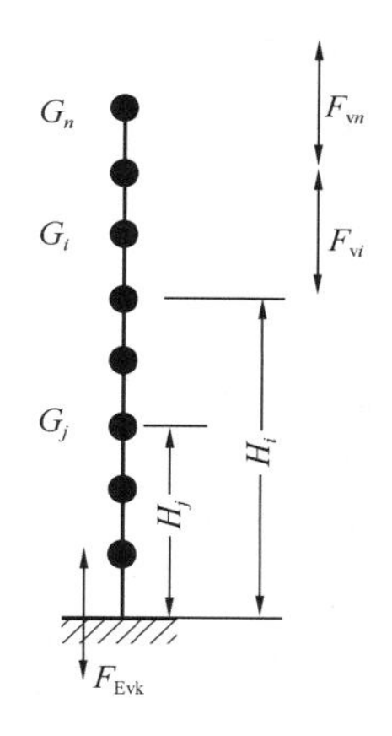

图 2-98　规范竖向地震计算简图

规范简化算法 Z 向地震力

Floor : 层号

Tower : 塔号

F-z-z : Z 方向的地震力分量

Floor	Tower	F-z-z(KN)
10	1	3232.01
9	1	2908.81
8	1	2585.61
7	1	2262.40
6	1	1939.20
5	1	1616.00
4	1	1292.80
3	1	969.60
2	1	646.40
1	1	323.20

图 2-99　软件采用规范简化算法计算的竖向地震

再按规范要求，"楼层的竖向地震作用效应可按各构件承受的重力荷载代表值的比例分配，并宜乘以增大系数 1.5"，所以一层的最终结果为：

$$215.4671 \times 1.5 = 323.2006\text{kN}$$

其他楼层的算法一样，比如第 6 自然层，结果为：

$$F_{vi} = \frac{G_i H_i}{\sum G_j H_j} F_{Evk}$$

$$= \frac{19.8}{3.3 + 6.6 + 9.9 + 13.2 + 16.5 + 19.8 + 23.1 + 26.4 + 29.7 + 33} \times 11850.69$$

$$= 1292.8023\text{kN}$$

$$1292.8023 \times 1.5 = 1939.2035\text{kN}$$

和程序计算的结果是一致的。

程序输出的竖向地震作用计算的各楼层的地震力如图 2-99 所示。

2.34 关于地震剪力放大的问题

Q：为什么 SATWE 参数里面地震作用分层放大系数设置之后，如图 2-100 所示，文本结果里面的地震楼层剪力并没有任何变化，如图 2-101 所示？

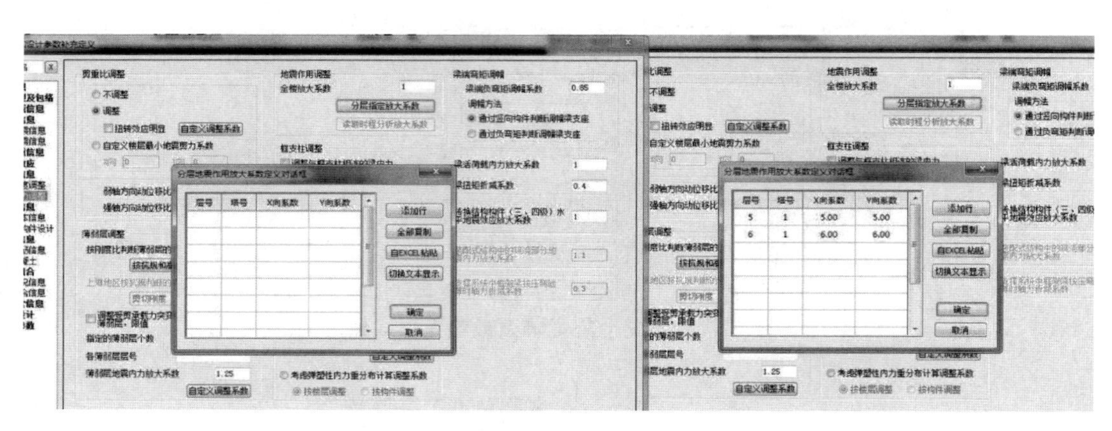

图 2-100 定义楼层地震作用放大系数

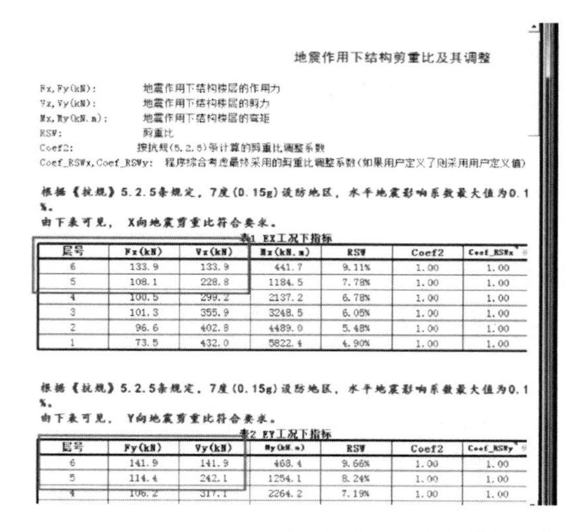

地震作用下结构剪重比及其调整

Fx,Fy(kN): 地震作用下结构楼层的作用力
Vx,Vy(kN): 地震作用下结构楼层的剪力
Mx,My(kN.m): 地震作用下结构楼层的弯矩
RSW: 剪重比
Coef2: 按抗规(5.2.5)条计算的剪重比调整系数
Coef_RSWx,Coef_RSWy: 程序综合考虑最终采用的剪重比调整系数(如果用户定义了则采用用户定义值)

根据《抗规》5.2.5条规定，7度(0.15g)设防地区，水平地震影响系数最大值为0.1 %。
由下表可见，X向地震剪重比符合要求。

表1 EX工况下指标

层号	Fx(kN)	Vx(kN)	Mx(kN.m)	RSW	Coef2	Coef_RSWx
6	133.9	133.9	441.7	9.11%	1.00	1.00
5	108.1	228.8	1184.5	7.78%	1.00	1.00
4	100.5	299.2	2137.2	6.78%	1.00	1.00
3	101.3	355.9	3248.5	6.05%	1.00	1.00
2	96.6	402.8	4489.0	5.48%	1.00	1.00
1	73.5	432.0	5822.4	4.90%	1.00	1.00

根据《抗规》5.2.5条规定，7度(0.15g)设防地区，水平地震影响系数最大值为0.1 %。
由下表可见，Y向地震剪重比符合要求。

表2 EY工况下指标

层号	Fy(kN)	Vy(kN)	My(kN.m)	RSW	Coef2	Coef_RSWy
6	141.9	141.9	468.4	9.66%	1.00	1.00
5	114.4	242.1	1254.1	8.24%	1.00	1.00
4	106.2	317.1	2264.2	7.19%	1.00	1.00

图 2-101 对比楼层剪力，定义放大系数未发生变化

A：文本结果中的楼层地震剪力 V_x 和 V_y 均为调整前的，所以未发生变化，查看构件信息或者位移结果，都可以明显看到有放大处理的，楼层剪力及位移已经进行了放大处理，如图 2-102 为放大前后的位移对比，图 2-103 为构件信息下地震作用放大系数的输出。

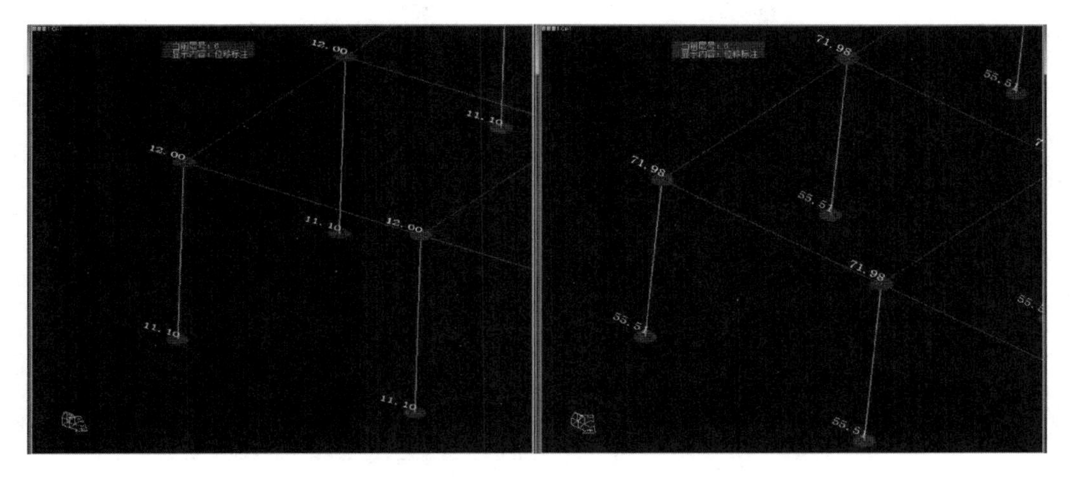

图 2-102　地震作用放大前后的位移对比

荷载工况	Axial	Shear-X	Shear-Y	MX-Bottom	MY-Bottom	MX-Top	MY-Top
(1)DL	-187.10	-4.24	0.00	-0.00	-6.99	0.00	7.02
(2)LL	-38.04	-1.04	0.00	-0.00	-1.71	0.00	1.73
(3)WX	0.87	6.26	-0.00	0.00	9.30	-0.00	-11.37
(4)WY	0.00	0.00	10.18	-14.31	0.00	19.29	-0.00
(5)EXP	1.77	15.55	-0.40	0.56	23.42	-0.74	-27.90
(6)EXM	1.77	15.55	0.40	-0.56	23.42	0.74	-27.90
(7)EYP	-0.00	0.00	17.53	-25.28	0.00	32.59	-0.00
(8)EYM	0.00	-0.00	18.78	-27.07	-0.00	34.94	0.00
(9)EX	1.77	15.55	0.00	-0.00	23.42	0.00	-27.90
(10)EY	0.00	-0.00	18.15	-26.18	-0.00	33.77	0.00

三、构件设计属性信息

构件两端约束标志	两端刚接
构件属性信息	普通柱，混凝土柱
柱配筋计算原则	单偏压
抗震等级	二级
构造措施抗震等级	二级
宽厚比等级	
是否人防	非人防构件
长度系数	Cx=1.25　Cy=1.25
活荷内力折减系数	1.00
地震作用放大系数	X向：1.00 Y向：1.00
薄弱层地震内力调整系数	X向：1.00 Y向：1.00
剪重比调整系数	X向：1.00 Y向：1.00

荷载工况	Axial	Shear-X	Shear-Y	MX-Bottom	MY-Bottom	MX-Top	MY-Top
(1)DL	-187.10	-4.24	0.00	-0.00	-6.99	0.00	7.02
(2)LL	-38.04	-1.04	0.00	-0.00	-1.71	0.00	1.73
(3)WX	0.87	6.26	-0.00	0.00	9.30	-0.00	-11.37
(4)WY	0.00	0.00	10.18	-14.31	0.00	19.29	-0.00
(5)EXP	10.62	98.28	-2.37	3.39	140.51	-4.45	-167.40
(6)EXM	10.62	98.28	2.37	-3.39	140.51	4.45	-167.40
(7)EYP	-0.00	0.00	105.16	-151.70	0.00	195.55	-0.00
(8)EYM	0.00	-0.00	112.67	-162.42	-0.00	209.64	0.00
(9)EX	10.62	98.28	0.00	-0.00	140.51	0.00	-167.40
(10)EY	0.00	-0.00	108.91	-157.06	-0.00	202.59	0.00

三、构件设计属性信息

构件两端约束标志	两端刚接
构件属性信息	普通柱，混凝土柱
柱配筋计算原则	单偏压
抗震等级	二级
构造措施抗震等级	二级
宽厚比等级	
是否人防	非人防构件
长度系数	Cx=1.25　Cy=1.25
活荷内力折减系数	1.00
地震作用放大系数	X向：6.00 Y向：6.00
薄弱层地震内力调整系数	X向：1.00 Y向：1.00
剪重比调整系数	X向：1.00 Y向：1.00
二道防线调整系数	X向：1.00 Y向：1.00

图 2-103　构件信息下地震作用放大系数的输出

2.35　关于按《中国地震动参数区划图》确定地震影响系数最大值的问题

Q：《中国地震动参数区划图》调整的最大影响系数是怎么算的？设计地震加速度是怎么来的？如图 2-104 所示为北京东华门街道地震影响系数最大值，该值如何手工计算？

A：在计算时，软件会按照《中国地震动参数区划图》附录 E.1、附录 E.2 和附录 F.1 进行调整计算（图 2-105），按照“先概率、后场地的调整原则”。

该地区属于 8 度 0.2g，查Ⅱ类场地基本地震下的地震影响系数最大值为 0.5。

先按照概率调整，计算小震下的地震影响系数最大值及加速度值：

Ⅱ类场地小震地震影响系数最大值为 0.5/3＝0.1667，小震的加速度为 0.2g/3＝0.0667g。

再按照场地土类别进行调整，按照小震对应的加速度 0.0667g 线性插值《中国地震动参数区划图》表 E.1，得到Ⅲ类场地调整系数 F_a＝1.25＋[(1.3－1.25)/(0.1－0.05)]×(0.1－0.0667)＝1.2833。

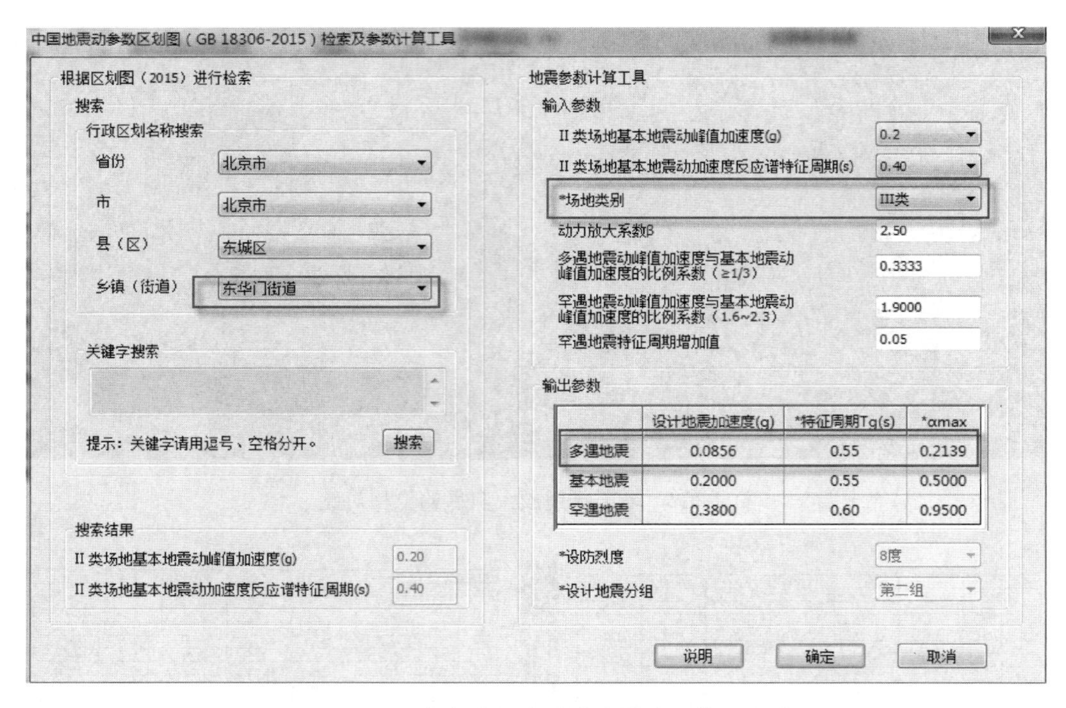

图 2-104 北京东华门街道地震影响系数最大值

表E.1 场地地震动峰值加速度调整系数F_a

Ⅱ类场地地震动峰值加速度值	场地类别				
	I_0	I_1	Ⅱ	Ⅲ	Ⅳ
≤0.05g	0.72	0.80	1.00	1.30	1.25
0.10g	0.74	0.82	1.00	1.25	1.20
0.15g	0.75	0.83	1.00	1.15	1.10
0.20g	0.76	0.85	1.00	1.00	1.00
0.30g	0.85	0.95	1.00	1.00	0.95
≥0.40g	0.90	1.00	1.00	1.00	0.90

F.1 图A.1中地震动峰值加速度按阻尼比5%的规准化地震动加速度反应谱最大值的1/2.5倍确定，并按0.05g、0.10g、0.15g、0.20g、0.30g和0.40g分区，各分区地震动峰值加速度范围如表F.1。

图 2-105 《中国地震动参数区划图》关于地震影响系数最大值的规定

按先概率、后场地调整后，Ⅲ类场地小震地震影响系数最大值为：0.1667×1.2833=0.2139。

手工校核结果与软件计算结果一致。

2.36 关于变厚度墙的计算问题

Q：设计中存在这种由一个公用节点连接的平面内的两墙肢，如图 2-106 所示，程序在计算时对于这种变厚度的墙如何计算分析及设计？

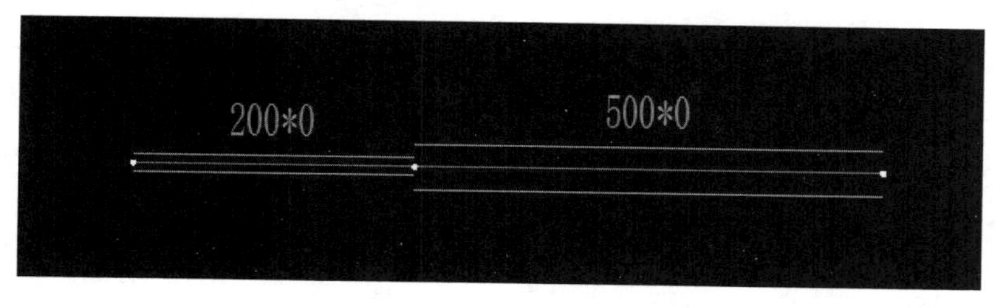

图 2-106　两片变厚度的墙肢

A：对于非地下室外墙的计算，程序将同一轴线上的多段墙按一个设计截面进行设计。

当不同墙段厚度不同时，程序进行等效处理，即按墙长进行加权平均。

如图 2-106 所示墙段，从左至右墙长分别为 3m、5m，则程序计算的加权等效墙厚为 (200×3+500×5)/8=387.5mm，与程序输出结果一致，如图 2-107 所示。

层号	IST=2
塔号	ITOW=1
单元号	IELE=9
构件种类标志(KELE)	墙柱
左节点号	J1=216
右节点号	J2=252
构件材料信息(Ma)	混凝土
长度（m）	DL=3.30
截面类型号	Kind=1
截面参数(m)	B*H=0.387*8.000
水平分布筋间距(mm)	SS=200.0
混凝土强度等级	RC=30
主筋强度设计值(N/mm2)	360
水平分布筋强度设计值(N/mm2)	270
竖向分布筋强度设计值(N/mm2)	360
钢筋合力点到构件边缘的距离	Cov=400

* 不屈服设计，主筋、箍筋强度在非地震组合下采用设计值，地震组合下采用标准值。

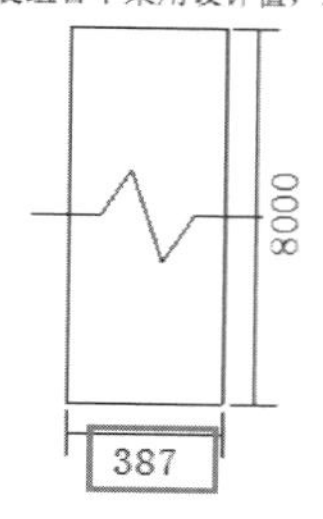

图 2-107　变厚度墙肢按照等效墙厚进行分析及设计

2.37　关于新版位移文本结果与旧版结果不同的问题

Q：计算完毕后，查看新版与旧版位移文本文件，图 2-108 为新版位移结果，图 2-109 为旧位移文本结果，为什么新版文本结果查看中位移结果与旧版不同？以哪个为准？

A：因为设计师在前处理一参数定义中，勾选了如图 2-110 所示的“计算地震位移时不考虑连梁刚度折减”，在旧版结果查看中，是连梁刚度折减的结果；而新版结果文本查看是连梁刚度不折减的结果，所以输出结果不一样。

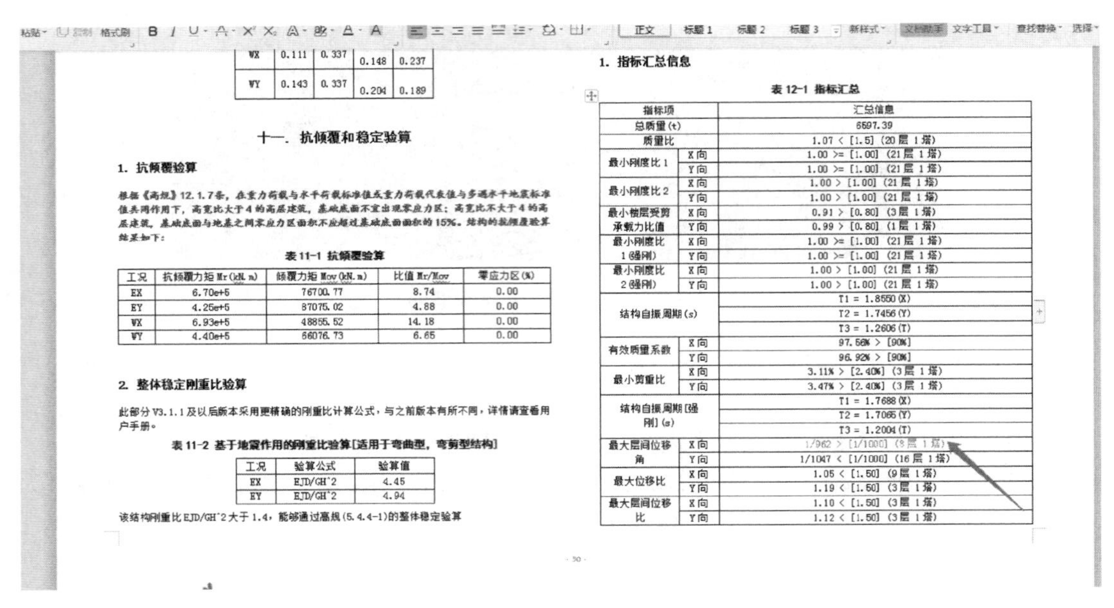

WX	0.111	0.337	0.148	0.237
WY	0.143	0.337	0.204	0.189

十一. 抗倾覆和稳定验算

1. 抗倾覆验算

根据《高规》12.1.7条，在重力荷载与水平荷载标准值或重力荷载代表值与多遇水平地震标准值共同作用下，高宽比大于4的高层建筑，基础底面不宜出现零应力区；高宽比不大于4的高层建筑，基础底面与地基之间零应力区面积不应超过基础底面面积的15%。结构的抗倾覆验算结果如下：

表 11-1 抗倾覆验算

工况	抗倾覆力矩 Mr(kN.m)	倾覆力矩 Mov(kN.m)	比值 Mr/Mov	零应力区(%)
EX	6.70e+5	76700.77	8.74	0.00
EY	4.25e+5	87075.02	4.88	0.00
WX	6.93e+5	48855.52	14.18	0.00
WY	4.40e+5	66076.73	6.65	0.00

2. 整体稳定刚重比验算

此部分 V3.1.1 及以后版本采用更精确的刚重比计算公式，与之前版本有所不同，详情请查看用户手册。

表 11-2 基于地震作用的刚重比验算[适用于弯曲型，弯剪型结构]

工况	验算公式	验算值
EX	EJD/GH^2	4.45
EY	EJD/GH^2	4.94

该结构刚重比 EJD/GH^2 大于 1.4，能够通过高规(5.4.4-1)的整体稳定验算

1. 指标汇总信息

表 12-1 指标汇总

指标项		汇总信息
总质量(t)		6597.39
质量比		1.07 < [1.5] (20 层 1 塔)
最小刚度比 1	X 向	1.00 >= [1.00] (21 层 1 塔)
	Y 向	1.00 >= [1.00] (21 层 1 塔)
最小刚度比 2	X 向	1.00 > [1.00] (21 层 1 塔)
	Y 向	1.00 > [1.00] (21 层 1 塔)
最小楼层受剪承载力比值	X 向	0.91 > [0.80] (3 层 1 塔)
	Y 向	0.99 > [0.80] (1 层 1 塔)
最小刚度比 1(强刚)	X 向	1.00 >= [1.00] (21 层 1 塔)
	Y 向	1.00 >= [1.00] (21 层 1 塔)
最小刚度比 2(强刚)	X 向	1.00 > [1.00] (21 层 1 塔)
	Y 向	1.00 > [1.00] (21 层 1 塔)
结构自振周期(s)		T1 = 1.8550(X)
		T2 = 1.7456(Y)
		T3 = 1.2606(T)
有效质量系数	X 向	97.56% > [90%]
	Y 向	96.92% > [90%]
最小剪重比	X 向	3.11% > [2.40%] (3 层 1 塔)
	Y 向	3.47% > [2.40%] (3 层 1 塔)
结构自振周期[强刚](s)		T1 = 1.7688(X)
		T2 = 1.7065(Y)
		T3 = 1.2004(T)
最大层间位移角	X 向	1/962 > [1/1000] (8 层 1 塔)
	Y 向	1/1047 < [1/1000] (16 层 1 塔)
最大位移比	X 向	1.05 < [1.50] (9 层 1 塔)
	Y 向	1.19 < [1.50] (3 层 1 塔)
最大层间位移比	X 向	1.10 < [1.50] (3 层 1 塔)
	Y 向	1.12 < [1.50] (3 层 1 塔)

图 2-108 新版位移文本结果

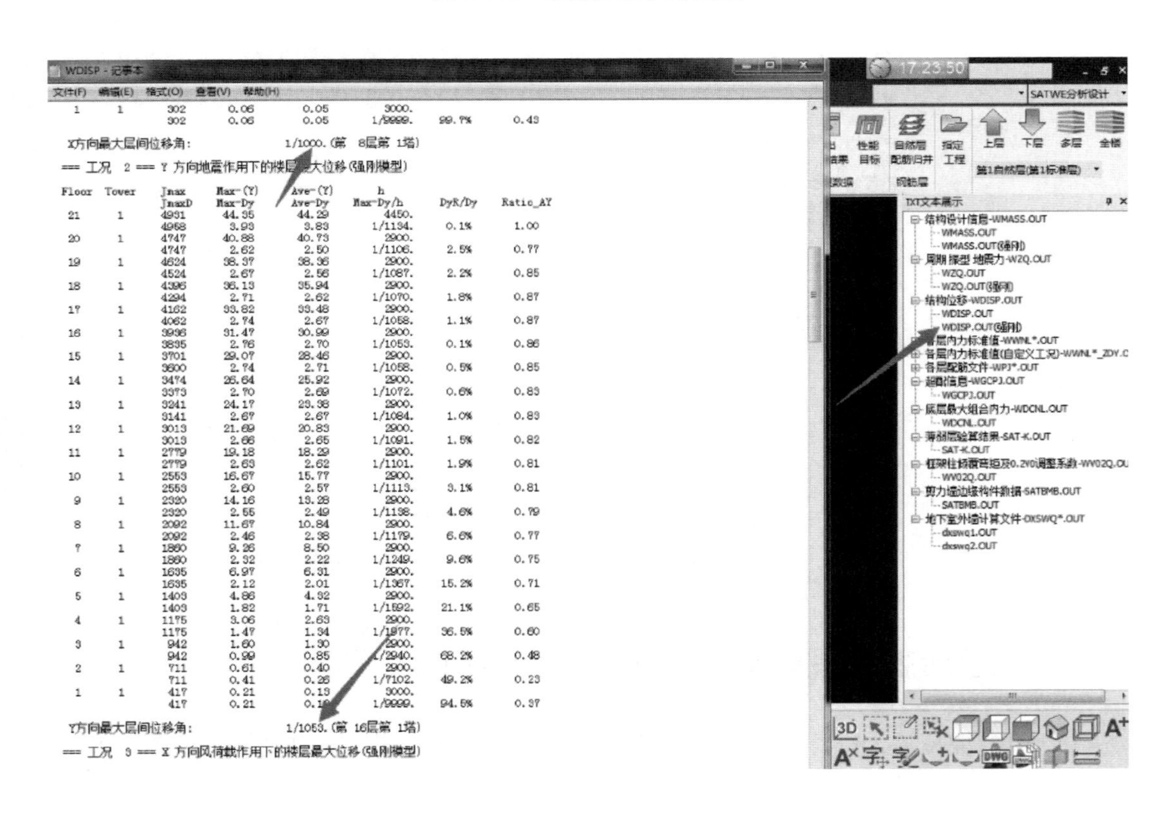

```
  1      1      302      0.06      0.05      3000.
                302      0.06      0.05    1/9999.    99.7%     0.43

 X方向最大层间位移角:          1/1000.(第  8层第 1塔)

=== 工况  2 === Y 方向地震作用下的楼层最大位移(强刚模型)

Floor  Tower    Jmax     Max-(Y)    Ave-(Y)      h
                JmaxD    Max-Dy     Ave-Dy    Max-Dy/h    DyR/Dy    Ratio_AY
  21     1      4931     44.35      44.29      4450.
                4968      3.93       3.83    1/1134.      0.1%      1.00
  20     1      4747     40.88      40.73      2900.
                4747      2.62       2.50    1/1106.      2.5%      0.77
  19     1      4624     38.37      38.36      2900.
                4524      2.67       2.56    1/1087.      2.2%      0.85
  18     1      4396     36.13      35.94      2900.
                4294      2.71       2.62    1/1070.      1.8%      0.87
  17     1      4162     33.82      33.48      2900.
                4062      2.74       2.67    1/1058.      1.1%      0.87
  16     1      3936     31.47      30.99      2900.
                3835      2.76       2.70    1/1053.      0.1%      0.86
  15     1      3701     29.07      28.46      2900.
                3600      2.74       2.71    1/1058.      0.5%      0.85
  14     1      3474     26.64      25.92      2900.
                3373      2.70       2.69    1/1072.      0.6%      0.83
  13     1      3241     24.17      23.38      2900.
                3141      2.67       2.67    1/1084.      1.0%      0.83
  12     1      3013     21.69      20.83      2900.
                3013      2.66       2.65    1/1091.      1.5%      0.82
  11     1      2779     19.18      18.29      2900.
                2779      2.63       2.62    1/1101.      1.9%      0.81
  10     1      2553     16.67      15.77      2900.
                2553      2.60       2.57    1/1113.      3.1%      0.81
   9     1      2320     14.16      13.28      2900.
                2320      2.55       2.49    1/1138.      4.6%      0.79
   8     1      2092     11.67      10.84      2900.
                2092      2.46       2.38    1/1179.      6.6%      0.77
   7     1      1860      9.26       8.50      2900.
                1860      2.32       2.22    1/1249.      9.6%      0.75
   6     1      1635      6.97       6.31      2900.
                1635      2.12       2.01    1/1367.     15.2%      0.71
   5     1      1403      4.86       4.32      2900.
                1403      1.82       1.71    1/1592.     21.1%      0.65
   4     1      1175      3.06       2.63      2900.
                1175      1.47       1.34    1/1977.     36.5%      0.60
   3     1       942      1.60       1.30      2900.
                 942      0.99       0.85    1/2940.     68.2%      0.48
   2     1       711      0.61       0.40      2900.
                 711      0.41       0.26    1/7102.     49.2%      0.23
   1     1       417      0.21       0.13      3000.
                 417      0.21       0.13    1/9999.     94.5%      0.37

 Y方向最大层间位移角:          1/1053.(第 16层第 1塔)

=== 工况  3 === X 方向风荷载作用下的楼层最大位移(强刚模型)
```


图 2-109 旧版位移文本结果

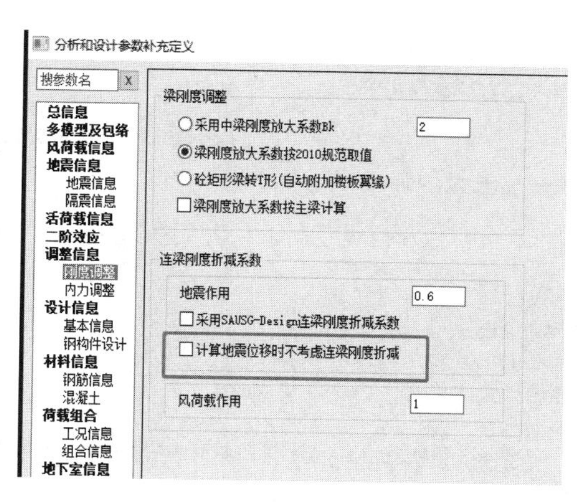

图 2-110　计算地震位移时不考虑连梁刚度折减

2.38　关于楼层受剪承载力的问题

Q：某转换结构，转换层所在的层号为 2，但是当把转换层所在的层号修改为 0 时，为什么只有 4 层的楼层受剪承载力变了，别的楼层不变化？

A：在 SATWE 软件中参数填写了转换层层号，还定义结构体系为部分框支剪力墙结构，程序即判断该结构为带转换层结构，自动执行《高层建筑混凝土结构技术规程》10.2 节针对框支转换结构的设计规定。

转换层的层号会影响结构底部加强区的判断结果，转换层层号填 0 和填 2，查看底部加强区的结果，如图 2-111 所示。

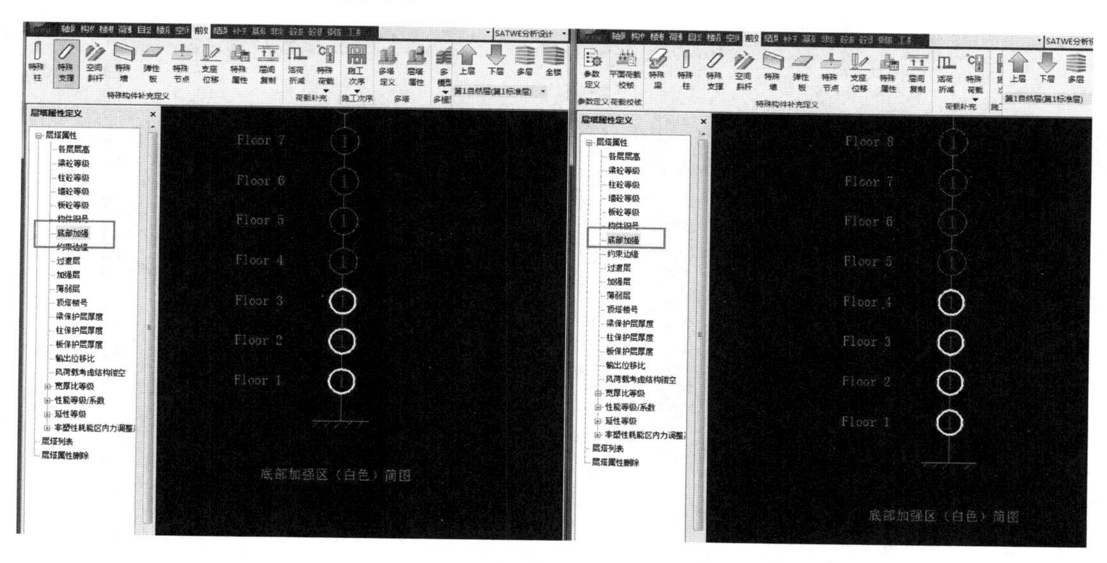

图 2-111　转换层层号为 0 与转换层层号为 2 对应的底部加强区

当转换层所在的层号为 2 时，第四层被判断为底部加强区。而底部加强区涉及剪力墙的弯矩放大，4 层的剪力墙内力放大之后，剪力墙的配筋会变大，受剪承载力相应地也会变大，楼层受剪承载力按照《建筑抗震鉴定标准》附录 C，如图 2-112 所示，是竖向构件受剪承载力求和得到，所以也会变大。

附录C 钢筋混凝土结构楼层受剪承载力

C. 0 . 1 钢筋混凝土结构楼层现有受剪承载力应按下式计算：

$$V_y = \Sigma V_{cy} + 0.7\Sigma V_{my} + 0.7\Sigma V_{wy} \quad (C.0.1)$$

式中 V_y——楼层现有受剪承载力；

ΣV_{cy}——框架柱层间现有受剪承载力之和；

ΣV_{my}——砖填充墙框架层间现有受剪承载力之和；

ΣV_{wy}——抗震墙层间现有受剪承载力之和。

图 2-112 《建筑抗震鉴定标准》附录 C 剪力墙受剪承载力计算

相关规范条文：

《高层建筑混凝土结构技术规程》第 10. 2. 18 条要求，部分框支剪力墙结构中，特一、一、二、三级落地剪力墙底部加强部位的弯矩设计值应按墙底截面有地震作用组合的弯矩值乘以增大系数 1. 8、1. 5、1. 3、1. 1 采用。

2. 39 关于隔震结构竖向地震影响系数最大值的问题

Q：按照规范进行隔震结构设计，如果达到水平地震作用降低一度，在进行隔震层上部结构设计时，可以减小水平地震影响系数最大值，但由于竖向地震应该不降低，而 SATWE 计算时默认竖向地震影响系数最大值与水平地震影响系数最大值是集成考虑的，如何区分设置，如图 2-113 所示？

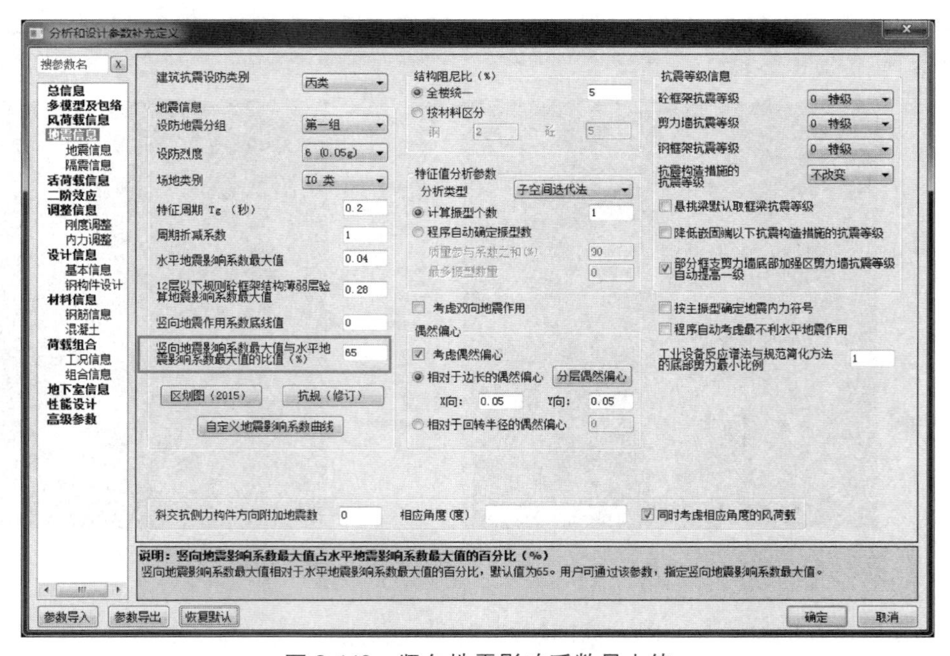

图 2-113 竖向地震影响系数最大值

A：对于正常情况下，一般取竖向地震影响系数最大值为水平地震影响系数最大值的 0.65 倍，由于隔震结构水平地震影响系数最大值降低，此时需要通过提高如图 2-113 所示的参数“竖向地震影响系数最大值与水平地震影响系数最大值的比例”来保证竖向地震不降低。

比如，结构采用隔震措施后，由 8 度半降到 7 度半，则水平地震影响系数最大值从 0.24 降低为 0.12，α_{max}降低了 0.24/0.12＝2，此时需要把竖向地震/水平地震影响系数比例提高到 2 倍，即 0.65×2＝1.3，由于单位是百分数，需要填写 130 来保证竖向地震烈度不降低。

2.40　关于二道防线调整墙轴压比超限的问题

Q：有两个一样的框架-剪力墙结构模型，唯一不同的是，一个模型进行了 $0.2V_0$ 调整，另外一个模型没有进行调整。计算完毕查看结果，没有进行 $0.2V_0$ 调整的模型，剪力墙轴压比限值为 0.6，进行了 $0.2V_0$ 调整的模型，剪力墙轴压比限值变为 0.5，是什么原因?

A：因为《高层建筑混凝土结构技术规程》第 9.1.11 条第 2 款规定：当框架部分分配的地震剪力标准值的最大值小于结构底部总地震剪力标准值的 10%时，各层框架部分承担的地震剪力标准值应增大到结构底部总地震剪力标准值的 15%；此时，各层核心筒墙体的地震剪力标准值宜乘以增大系数 1.1，但可不大于结构底部总地震剪力标准值，墙体的抗震构造措施应按抗震等级提高一级后采用，已为特一级的可不再提高。

查看剪力墙构件的详细信息，进行了 $0.2V_0$ 调整的模型，墙体的抗震构造措施提高了一级，那么剪力轴压比限值也就不同了，如图 2-114 所示。

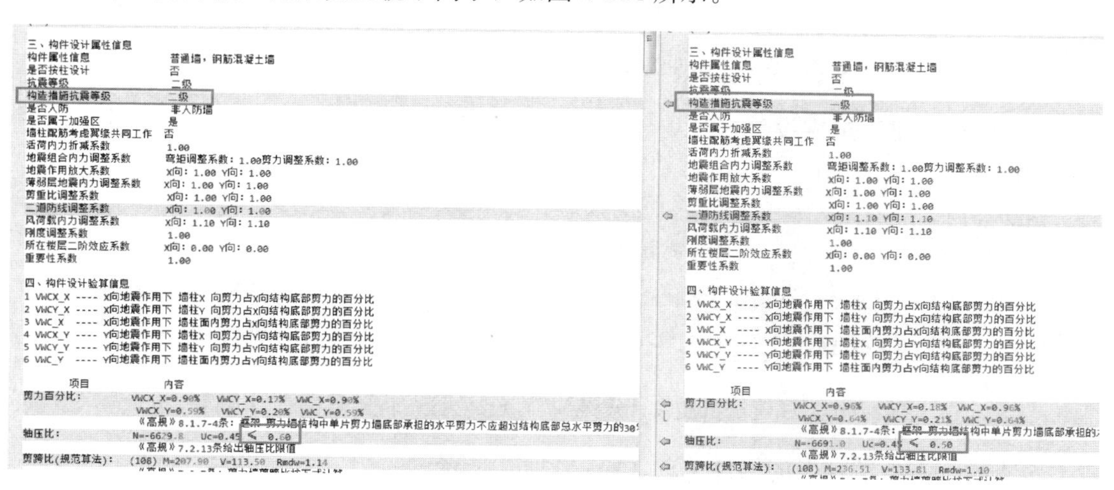

图 2-114　$0.2V_0$ 调整与否，剪力墙抗震构造措施、抗震等级不同，轴压比限值不同

2.41　关于节点核心区抗剪承载力验算的问题

Q：构件信息输出的节点核心区抗剪验算时的轴力怎么核不出来？如图 2-115 所示，

84 组合为：1.2×恒+0.6×活+(−0.28)×W_x+(−1.3)×E_{YP}，按照单工况内力进行校核得轴力为−7105kN，与软件输出结果不符。

荷载工况	Axial	Shear-X	Shear-Y	MX-Bottom	MY-Bottom	MX-Top	MY-Top
(1)DL	-5391.64	-123.25	-52.06	-31.15	-210.14	-281.04	381.44
(2)LL	-669.77	-35.45	-12.53	24.13	-81.07	-36.03	89.10
(3)EXY	482.41	207.75	-5.71	14.71	473.68	-12.93	-524.28
(4)EXP	146.66	223.07	-6.66	16.48	507.97	-15.65	-563.49
(5)EXM	154.68	175.61	-4.79	13.07	399.36	-10.25	-444.37
(6)EYX	541.02	-93.38	148.79	-331.80	-217.47	383.22	230.76
(7)EYP	505.11	-40.61	146.46	-326.86	-96.39	376.88	98.68
(8)EYM	548.29	-146.66	150.85	-335.94	-339.99	389.04	364.01
(9)WX	150.77	65.61	-4.22	10.80	148.20	-9.47	-166.74
(10)WY	793.27	-47.50	53.07	-116.25	-110.65	138.49	117.34
(11)VX	444.79	-26.56	29.79	-65.31	-61.86	77.66	65.61
(12)VY	132.90	58.21	-3.75	9.57	131.51	-8.41	-147.89
(13)EX	482.41	207.75	-5.71	14.71	473.68	-12.93	-524.28
(14)EY	541.02	-93.38	148.79	-331.80	-217.47	383.22	230.76

节点核心区箍筋： (84) N=-6225.17 V=-3318.49 Asvjx=350.05
(122) N=-6808.38 V=-1992.67 Asvjy=264.35

《混规》11.6.4条：框架梁柱节点的抗震受剪承载力应符合下列规定：
9度设防烈度的一级抗震等级框架
V_j≤1/γ_RE (0.9η_j f_t b_j h_j+f_yv A_svj (h_b0-a_s^')/s)
其他情况
V_j≤1/γ_RE (1.1η_j f_t b_j h_j+0.05η_j N b_j/b_c +f_yv A_svj (h_b0-a_s^')/s)
节点核心区剪压比： (84) JYBx_JD=0.30 ≤ 0.53 (122) JYBy_JD=0.15 ≤ 0.53

《混规》11.6.3条：框架梁柱节点核心区受剪水平截面，应符合下列条件：
V_j≤1/γ_RE (0.30η_j β_c f_c b_j h_j)
受剪承载力： CB_XF=1131.46 CB_YF=1160.47
《建筑抗震鉴定标准》GB50023-2009 6.2.11

编号	基本组合系数										
	DL	LL	WX	VX	WY	VY	EXY	EXP	EXM	EYX	EYP	EYM
84	1.20	0.60	-0.28	0.00	0.00	0.00	0.00	-1.30	0.00	0.00	0.00	0.00

图 2-115 柱构件信息中输出的节点核心区验算的轴力

A：根据《建筑抗震设计规范》附录 D，节点核心区的轴力应该是取上柱的，如图 2-116所示。

$$V_j \le \frac{1}{\gamma_{RE}}\left(0.9\eta_j f_t b_j h_j + f_{yv}A_{svj}\frac{h_{b0}-a_s'}{s}\right) \quad (D.1.4\text{-}2)$$

式中：N——对应于组合剪力设计值的上柱组合轴向压力较小值，其取值不应大于柱的截面面积和混凝土轴心抗压强度设计值的乘积的50%，当N为拉力时，取$N=0$；

图 2-116 《建筑抗震设计规范》节点核心区抗剪验算的轴力取值

再查看一下上层柱子的构件信息，如图 2-117 所示。

对进行节点核心区抗剪验算的柱对应的上层柱进行内力组合，得组合轴力为：

N = 1.2 × 恒 + 0.6 × 活 + (− 0.28) × W_x + (− 1.3) × E_{XP}

= 1.2 × (− 4727.21) + 0.6 × (− 560.57) + (− 0.28) × 138.06 + (− 1.3) × 136.55

= − 6225.17kN

可以看出，核算出来的节点核心区抗剪验算的轴力与图 2-115 中 84 组合的节点核心区 N 值完全一致，需要注意的是本层节点核心区抗剪验算需要取上层柱轴力。

荷载工况	Axial	Shear-X	Shear-Y	MX-Bottom	MY-Bottom	MX-Top	MY-Top
(1)DL	-4727.21	-124.46	-73.93	47.78	-214.75	-307.08	382.67
(2)LL	-560.57	-39.30	-17.65	43.15	-93.25	-41.59	95.39
(3)EXY	416.13	205.56	4.89	-11.63	479.00	11.85	-508.22
(4)EXP	136.55	220.73	5.98	-14.23	513.65	14.54	-546.33
(5)EXM	141.53	172.70	3.81	-9.09	400.79	9.21	-428.74
(6)EYX	465.15	-93.16	155.39	-368.64	-223.16	377.74	224.04
(7)EYP	433.80	-40.42	153.03	-363.19	-98.85	371.80	95.24
(8)EYM	468.02	-146.47	157.58	-373.70	-348.93	383.26	354.11
(9)WX	138.06	64.73	-3.39	7.98	149.61	-8.27	-161.08
(10)WY	681.98	-49.06	57.43	-135.72	-117.59	139.92	117.90
(11)VX	382.49	-27.45	32.26	-76.29	-65.78	78.56	65.97
(12)VY	121.71	57.45	-3.01	7.09	132.81	-7.35	-142.94
(13)EX	416.13	205.56	4.89	-11.63	479.00	11.85	-508.22
(14)EY	465.15	-93.16	155.39	-368.64	-223.16	377.74	224.04

图 2-117　节点核心区抗剪验算的是上柱单工况内力

2.42　关于短肢剪力墙边缘构件配筋比计算大的问题

Q：短肢剪力墙在 SATWE 边缘构件简图中的配筋为什么比计算结果配筋简图大很多？图 2-118 为 SATWE 计算的短肢剪力墙的配筋结果，输出结果为 0，代表该剪力墙配筋为构造，但是查看边缘构件时，该短肢剪力墙的边缘构件配筋面积如图 2-119 所示，边缘构件配筋率接近 2.55%了。

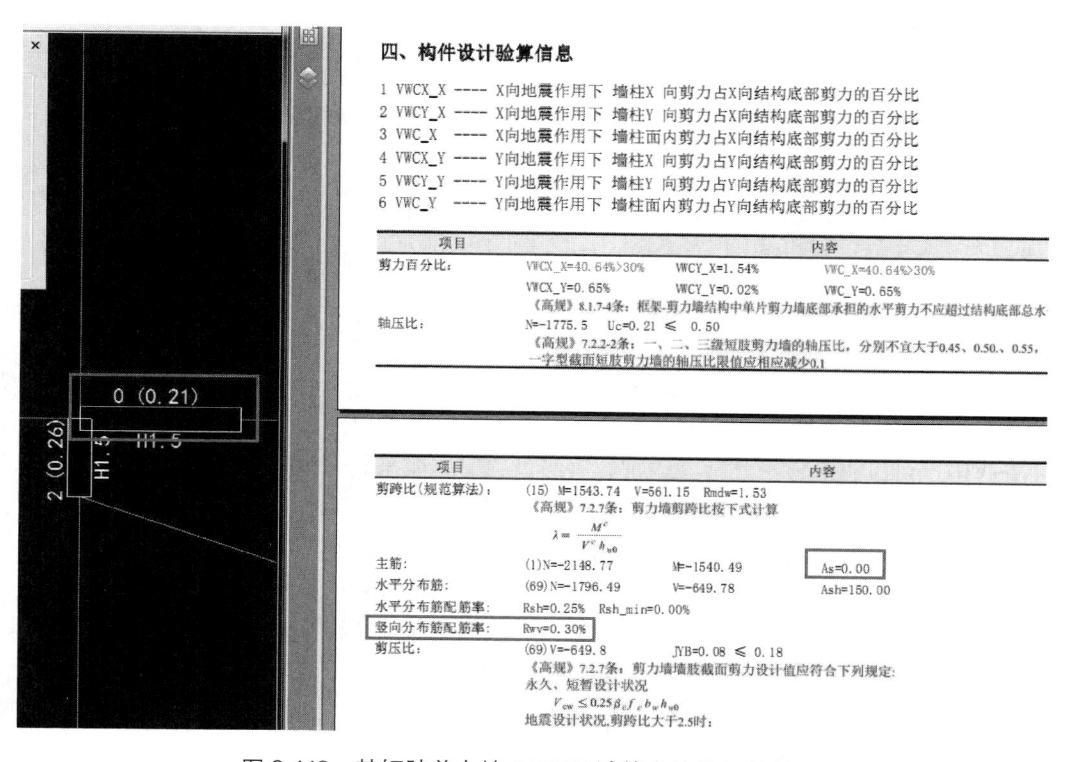

图 2-118　某短肢剪力墙 SATWE 计算完毕的配筋结果

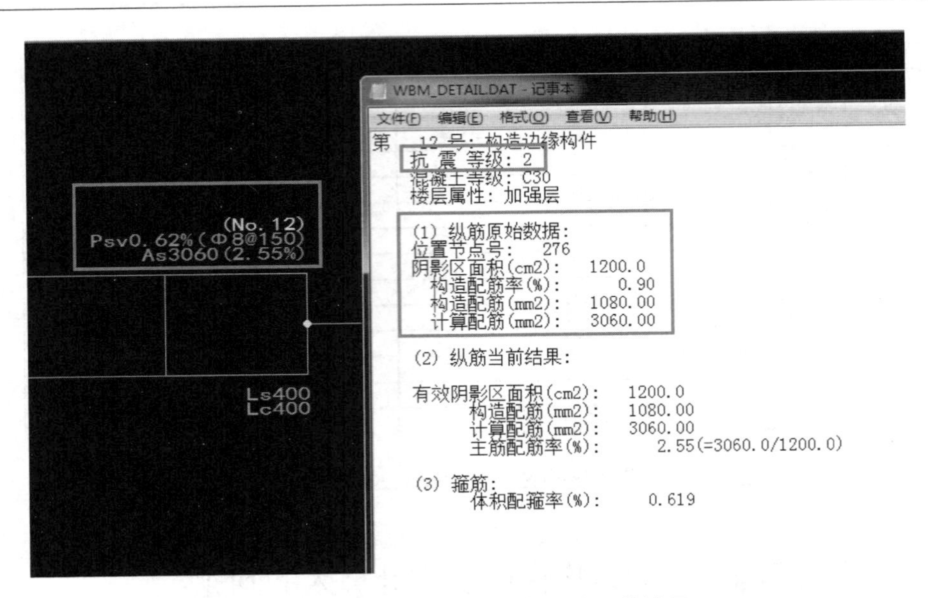

图 2-119 短肢剪力墙边缘构件配筋结果

A：对于短肢剪力墙竖向分布筋配筋率，在计算的配筋结果中并未提及，而规范中是有全截面配筋率要求的，如图 2-120 所示。

7.2.2 抗震设计时，短肢剪力墙的设计应符合下列规定：

1 短肢剪力墙截面厚度除应符合本规程第7.2.1条的要求外，底部加强部位尚不应小于200mm，其他部位尚不应小于180mm。

2 一、二、三级短肢剪力墙的轴压比，分别不宜大于0.45、0.50、0.55，一字形截面短肢剪力墙的轴压比限值应相应减少0.1。

3 短肢剪力墙的底部加强部位应按本节7.2.6条调整剪力设计值，其他各层一、二、三级时剪力设计值应分别乘以增大系数1.4、1.2和1.1。

4 短肢剪力墙边缘构件的设置应符合本规程第7.2.14条的规定。

5 短肢剪力墙的全部竖向钢筋的配筋率，底部加强部位一、二级不宜小于1.2%，三、四级不宜小于1.0%；其他部位一、二级不宜小于1.0%，三、四级不宜小于0.8%。

6 不宜采用一字形短肢剪力墙，不宜在一字形短肢剪力墙上布置平面外与之相交的单侧楼面梁。

图 2-120 规范对短肢剪力墙全截面配筋率的要求

如图 2-118 所示，SATWE 计算结果中显示短肢剪力墙的配筋为 0，代表该短肢剪力墙为构造配筋，SATWE 中并未给出短肢剪力墙的构造配筋面积。在 SATWE 补充验算的边缘构件查改中也可以查到该短肢剪力墙抗震等级为二级，属于底部加强区，按照规范要求，构造全截面配筋率为 1.2%，该墙肢截面为 300mm×2000mm，因此，该墙肢的全截面配筋面积为：300×2000×1.2%=7200mm²，该墙肢竖向分布筋的配筋率为 0.3%，则配置于剪力墙边缘构件中部的竖向分布筋面积为：300×(2000−400−400)×0.3%=1080mm²。

每个边缘构件的配筋面积为短肢剪力墙全截面配筋面积减去中间分布筋面积再除以 2。则边缘构件的面积为：(7200−1080) /2=3060mm²。

边缘构件最后的配筋面积取 3060mm² 与边缘构件构造的大值，因此，该短肢剪力墙边缘构件的配筋面积为 3060mm²，配筋率为 3060/(300×400)=2.55%，软件计算结果与手工校核一致。

2.43　关于异形柱配筋结果输出的问题

Q：如图 2-121 所示为 SATWE 计算的某异形柱的配筋结果输出，配筋中输出的各个数值的含义是什么？

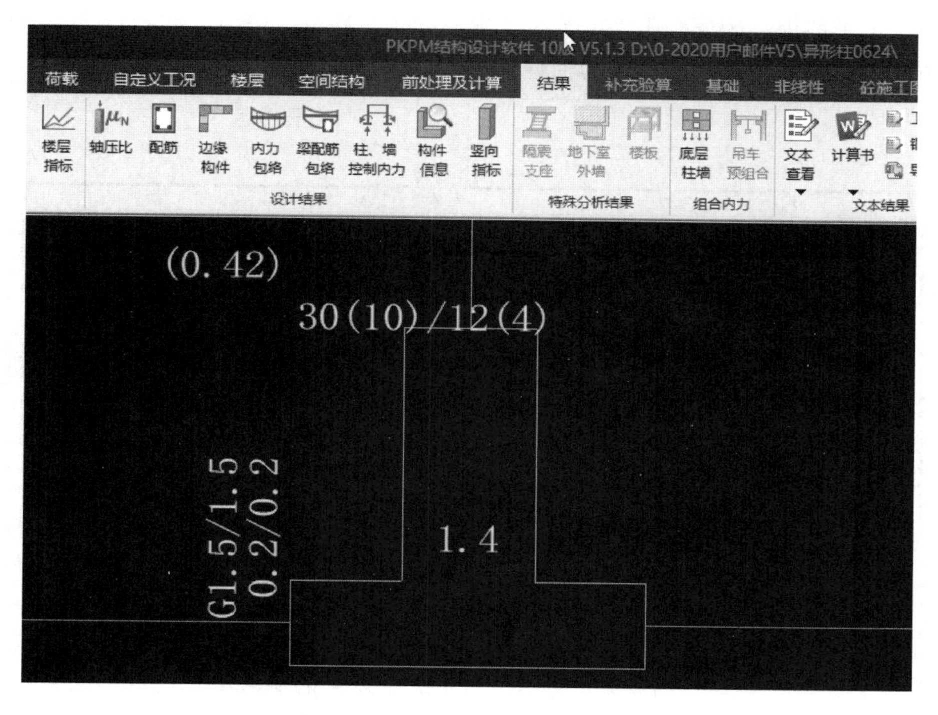

图 2-121　异形柱计算结果输出

A：SATWE 输出的异形柱的计算结果中，各数值代表的含义如下：

0.42：异形柱轴压比，按照异形柱规程需要满足规范限值要求；

30（10）：异形柱固定钢筋位置的配筋面积为 30cm²，根数 10 根；

12（4）：分布钢筋的配筋面积为 12cm²，根数 4 根，间距 200mm；

1.4：柱节点域抗剪箍筋面积 1.4cm²；

G1.5/1.5：异形柱第一肢（加密区）抗剪箍筋面积 1.5cm²；异形柱第二肢（加密区）抗剪箍筋面积 1.5cm²；

0.2/0.2：异形柱第一肢（非加密区）抗剪箍筋面积 0.2cm²；异形柱第二肢（非加密区）抗剪箍筋面积 0.2cm²；

《混凝土异形柱结构技术规程》第 6.2.5 条，异形柱中按柱全截面面积计算的柱肢各肢端纵向受力钢筋的配筋百分率不应小于 0.2。

注意，异形柱肢的各肢端纵向受力钢筋的配筋百分率不应小于 0.2，规程第 6.2.5 条的构造钢筋是不参与计算的，是规程中提到的纵向受力钢筋之外的构造作用的钢筋。而 PKPM 分布钢筋并不是规程第 6.2.5 条中的构造钢筋，钢筋名称的不同表示它们的含义是不同的。

PKPM 软件的分布钢筋和固定钢筋都是计算的结果，所以配筋百分率不应小于 0.2 的规定，对于施工图软件来说，包括分布钢筋和固定位置钢筋的面积。

2.44　关于混凝土强度等级的问题

Q：模型中剪力墙的混凝土强度等级均定义 C60，计算完毕后，查看计算结果中输出的材料统计图，如图 2-122 所示，为何计算书楼层信息会出现强度等级 C35 的墙？

楼层信息

表1　构件材料

层号	梁		柱(含支撑)		墙	
	数量	材料	数量	材料	数量	材料
6	339	C35	106	C60		
5	2120	C35	150	C60	6	C35
5	6	C50			92	C60
4	2064	C35	150	C60	12	C35
4					124	C60
3	2135	C35	150	C60	12	C35
3					132	C60
2	2110	C35	150	C60	12	C35
2					128	C60
1	1906	C35	180	C60	12	C35
1	2	C60			120	C60

图 2-122　计算结果中输出的材料统计图

A：经查询计算结果及构件信息，发现原因是 SATWE 参数定义里勾选了“墙梁转杆单元，当跨高比>＝4”，如图 2-123 所示。满足这个条件的墙梁就会变成框架梁，这些墙梁的混凝土强度等级就会按梁的混凝土强度等级计算，但是这类构件属性归属仍属于墙连梁。

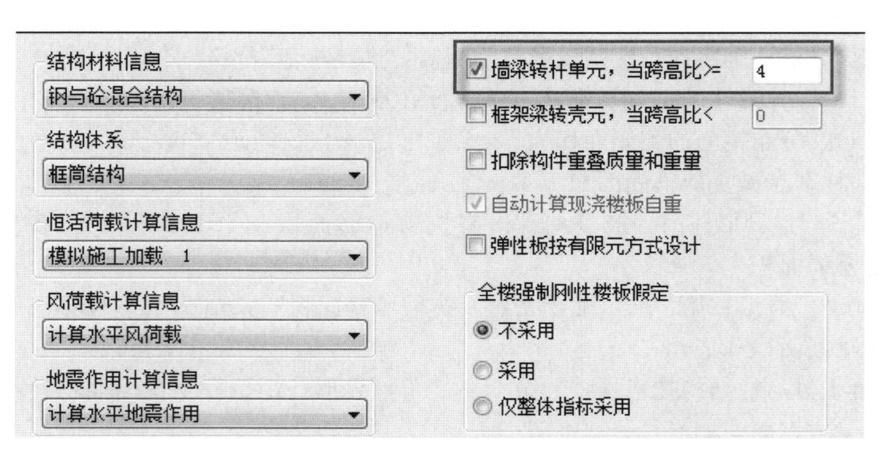

图 2-123　墙梁转杆单元参数指定

如果希望转化为杆单元的连梁和墙的混凝土等级保持一致，可在图 2-124 所示的界面，高级参数中勾选“按框架梁建模的连梁混凝土等级默认同墙”即可。

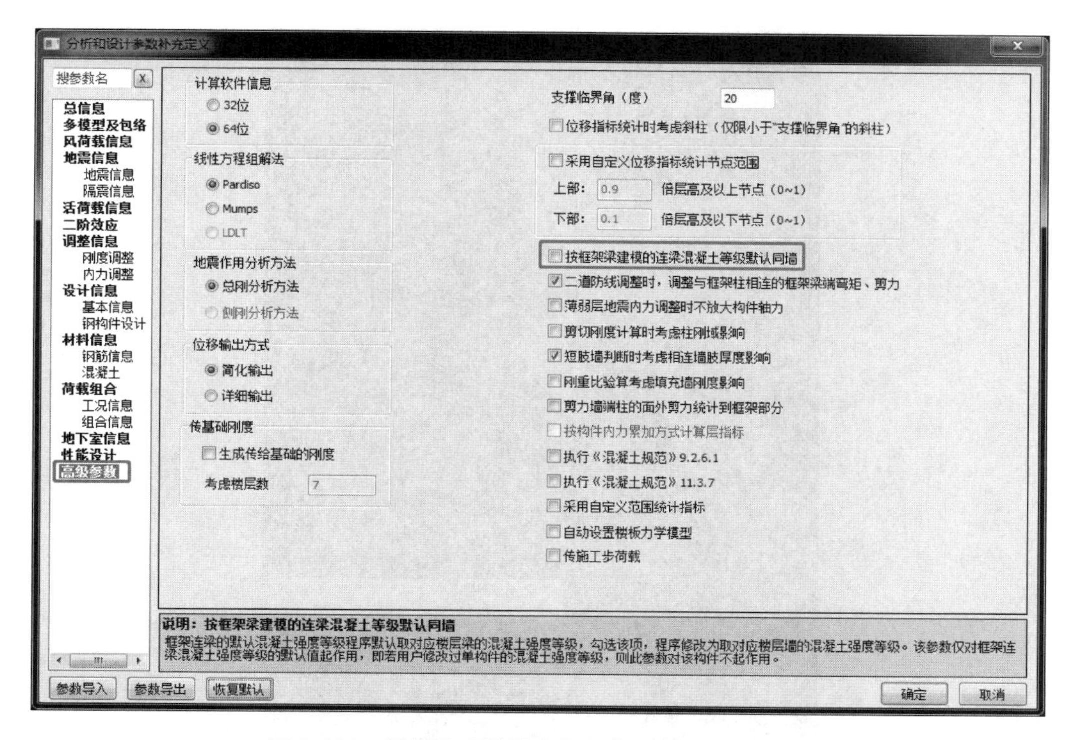

图 2-124　框架梁建模的连梁混凝土等级默认同墙

2.45　关于恒载作用下梁端弯矩的问题

Q：如图 2-125 所示为 SATWE 计算结果中某根连梁（按框架梁建模设计）在恒荷载作用下的弯矩图，这部分的连梁弯矩图和主观判断不符，在右端出现正弯矩，是何原因？

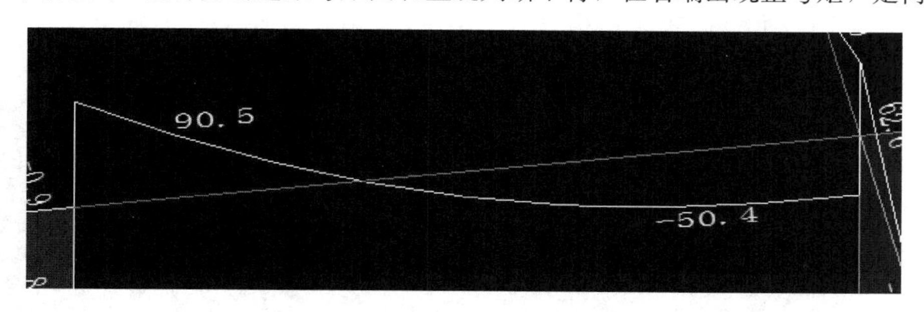

图 2-125　连梁在恒荷载下的弯矩图

A：在结果中查看该部分位移，在单工况恒荷载作用下，位移图所展示的连梁（按框架梁设计）变形如图 2-126 所示。该连梁端出现正弯矩，是结构布置的结果，由于左右墙肢竖向刚度的差异，引起显著的竖向变形差异，梁端与两端的剪力墙是变形协调的，此时梁右端是向下挠曲的，因此出现正弯矩，符合实际变形趋势。

如有特殊需要改善此类情况，可通过修改结构方案，减小连梁两端剪力墙刚度差异来缓解这种趋势。

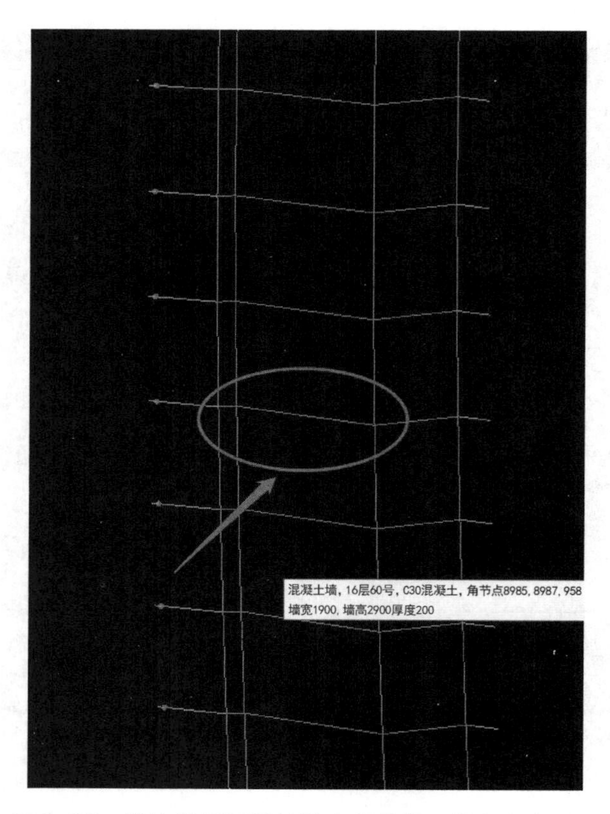

图 2-126　该连梁及两端墙肢在恒荷载下的竖向变形图

2.46　关于框架柱轴压比为 0 的问题

Q：如图 2-127 所示，框架结构计算完毕后，其中某根框架柱的轴压比为 0，是何原因？

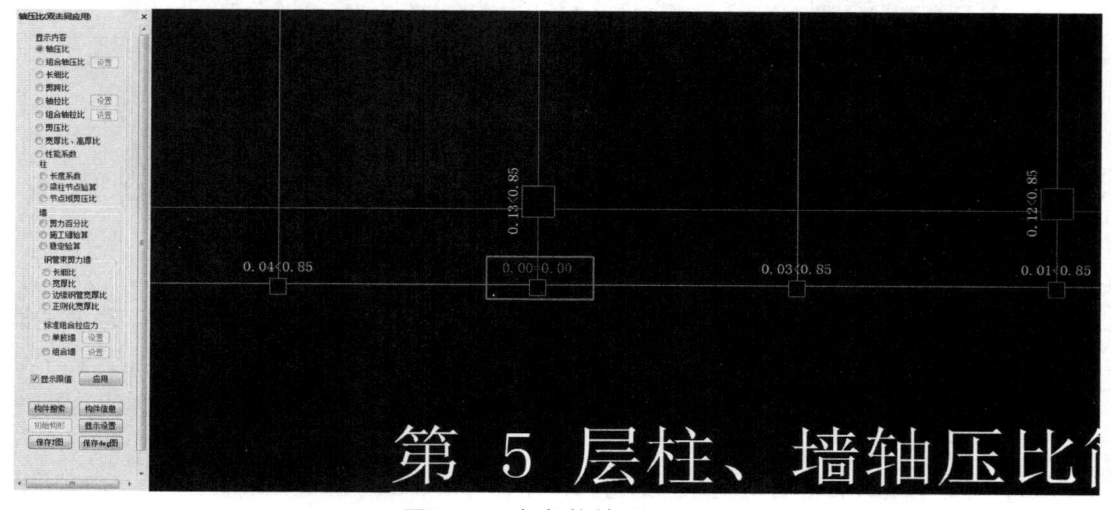

图 2-127　框架柱轴压比为 0

A：查看该柱的构件信息，如图 2-128 所示，发现这根柱在恒荷载作用下就已经出现了明显的轴拉力，恒荷载出现轴拉力与我们一般的常识判断不相符。该柱所有地震参与的组合轴力都为轴拉力，因此，软件只能输出轴压比的值为 0。但还需要考察为什么在恒荷载作用下该柱产生轴拉力。

荷载工况	Axial	Shear-X	Shear-Y	MX-Bottom	MY-Bottom	MX-Top	MY-Top
(1)DL	20.92	0.23	0.04	-0.58	0.50	-0.42	-0.44
(2)LL	-4.01	0.11	-1.17	2.27	0.23	-2.52	-0.23
(3)WX	-0.02	0.67	0.01	-0.02	1.45	0.01	-1.29
(4)WY	-3.88	-0.10	0.47	-0.97	-0.22	0.94	0.20
(5)EXY	-11.07	3.95	-0.14	0.29	8.55	-0.29	-7.63
(6)EXP	1.36	4.20	-0.15	0.30	9.10	-0.29	-8.13
(7)EXM	-1.31	3.65	0.15	-0.30	7.90	0.30	-7.04
(8)EYX	-12.98	-0.51	1.53	-3.18	-1.10	3.09	1.00
(9)EYP	-12.30	0.56	1.45	-3.01	1.22	2.93	-1.08
(10)EYM	-13.56	-0.95	1.60	-3.34	-2.04	3.24	1.87
(11)EX	-11.07	3.95	-0.14	0.29	8.55	-0.29	-7.63
(12)EY	-12.98	-0.51	1.53	-3.18	-1.10	3.09	1.00
(13)EXO	12.98	0.50	-1.53	3.19	1.08	-3.09	-0.99
(14)EYO	-11.06	3.95	0.11	-0.24	8.55	0.23	-7.63

图 2-128　该框架柱在各工况下的内力

查看该结构的空间简图，如图 2-129 所示，从空间简图中可以看到该柱为下层梁承托的梁上柱，由于承托这根柱的梁刚度是有限的，因此这根柱的柱底会出现较大的变形，同时该柱柱顶受到框架梁的约束，在恒荷载作用下柱顶端变形趋势小于柱底端变形趋势时，该柱受拉；柱底和柱顶变形很小时，柱的轴力接近于 0，当柱处于受拉状态时，柱轴压比自然是 0。

图 2-129　结构空间简图中轴压比为 0 的柱位置

2.47 关于刚重比计算考虑填充墙刚度影响的问题

Q：请问计算参数里面勾选“刚重比验算考虑填充墙刚度影响”，如图 2-130 所示，程序怎么放大刚度进行刚重比的计算？

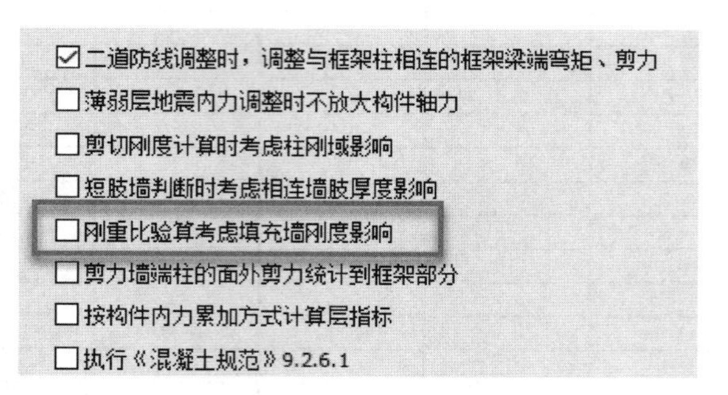

图 2-130　刚重比验算考虑填充墙刚度影响

A：填充墙刚度对结构整体刚度有一定的影响，当勾选此参数时，根据用户填入的小于 1.0 的周期折减系数来考虑填充墙刚度对刚重比的影响。

$T=2\pi\sqrt{\frac{m}{k}}$ 这是单质点自由振动体系的周期的概念计算公式，对周期进行折减，则可看作结构刚度 k 的放大。

假如指定了周期折减 0.9，并勾选此参数，意味着结构刚度增加 1/(0.9×0.9)=1.23 倍，进而影响结构刚重比的计算。

如某框架结构，计算时周期折减系数为 0.8，不选择该参数，计算完毕输出的结构刚重比结果如图 2-131 所示。

整体稳定刚重比验算

刚度单位： kN/m
层高单位： m
上部重量单位： kN

表1 整层屈曲模式的刚重比验算[高规5.4.1-2，一般用于剪切型结构]

层号	X向刚度	Y向刚度	层高	上部重量	X刚重比	Y刚重比
5	93179.76	1.35e+5	3.00	1605.89	174.07	251.82
4	2.18e+5	2.13e+5	3.90	8509.03	99.75	97.68
3	2.68e+5	2.40e+5	4.50	23378.03	51.55	46.28
2	3.25e+5	2.83e+5	4.50	41380.90	35.35	30.77
1	2.39e+5	2.19e+5	8.70	73318.23	28.34	25.93

该结构最小刚重比Di*Hi/Gi（25.93，第1层）不小于20，可以不考虑重力二阶效应
该结构最小刚重比Di*Hi/Gi不小于10，能够通过高规(5.4.4)的整体稳定验算

图 2-131　不选择该参数输出的结构的刚重比

如果选择了“刚重比验算考虑填充墙刚度影响”参数，计算的结构刚重比结果如图 2-132 所示。

以结构首层 X 方向刚重比为例，考虑填充墙刚度影响的刚重比校核如下：28.34/

整体稳定刚重比验算

刚度单位： kN/m
层高单位： m
上部重量单位： kN

表1 整层屈曲模式的刚重比验算[高规5.4.1-2, 一般用于剪切型结构]

层号	X向刚度	Y向刚度	层高	上部重量	X刚重比	Y刚重比
5	1.46e+5	2.11e+5	3.00	1605.89	271.99	393.47
4	3.40e+5	3.33e+5	3.90	8509.03	155.86	152.63
3	4.18e+5	3.76e+5	4.50	23378.03	80.54	72.32
2	5.08e+5	4.42e+5	4.50	41380.90	55.23	48.08
1	3.73e+5	3.41e+5	8.70	73318.23	44.29	40.52

该结构最小刚重比Di*Hi/Gi（40.52,第1层）不小于20,可以不考虑重力二阶效应
该结构最小刚重比Di*Hi/Gi不小于10,能够通过高规(5.4.4)的整体稳定验算

图 2-132　选择该参数输出的结构的刚重比

(0.8×0.8)＝44.29，与软件计算结果一致。

2.48　关于混凝土梁压弯、拉弯验算的问题

Q：混凝土梁中出现轴力，SATWE 程序是如何考虑的？

A：混凝土梁中轴力分为轴拉力和轴压力，轴力是否参与梁设计是有参数可以控制的，参数位置如图 2-133 所示。

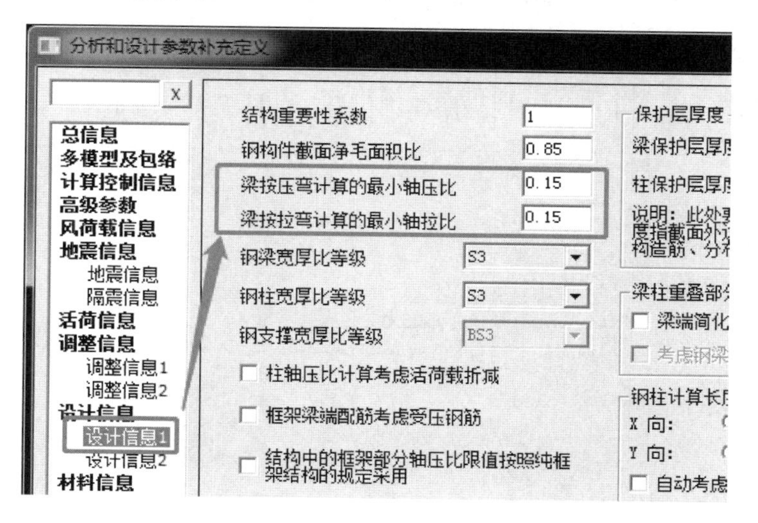

图 2-133　梁按照拉弯、压弯设计的设置

梁的拉弯设计：梁中出现轴拉力时，程序会按照拉弯构件配筋，并和纯弯配筋取包络设计。当梁中轴拉力比较小，选择默认参数，轴拉比小于 0.15 时，正截面设计会忽略轴拉力，斜截面设计默认会考虑轴拉力，用户可以根据需求，修改此参数，来控制轴拉力是否参与正截面计算。

梁的压弯设计：梁中出现轴压力时，程序会按照压弯构件配筋，并和拉弯和纯弯配筋取包络设计。当梁中轴压力比较小，轴压比小于 0.15 时，轴力就不参与设计了。

2.49　关于柱配筋与手工校核不符的问题

Q：SATWE 计算结果中，某工程中第一层梁、柱、墙配筋如图 2-134 所示，标注的柱子根据读取的计算控制内力，手工校核配筋只需要 1700mm²，但是 SATWE 计算结果显示需要 4000mm²，是什么原因？为什么柱子的配筋比手算大很多？

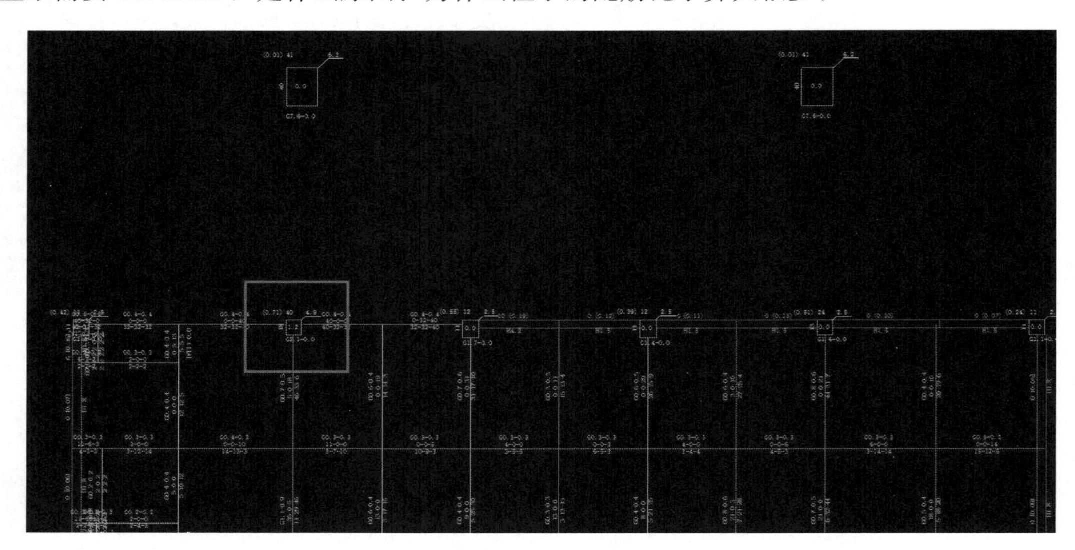

图 2-134　第一层梁、柱、墙配筋

A：经查询图 2-133 中标识的柱配筋详细信息，如图 2-135 所示。

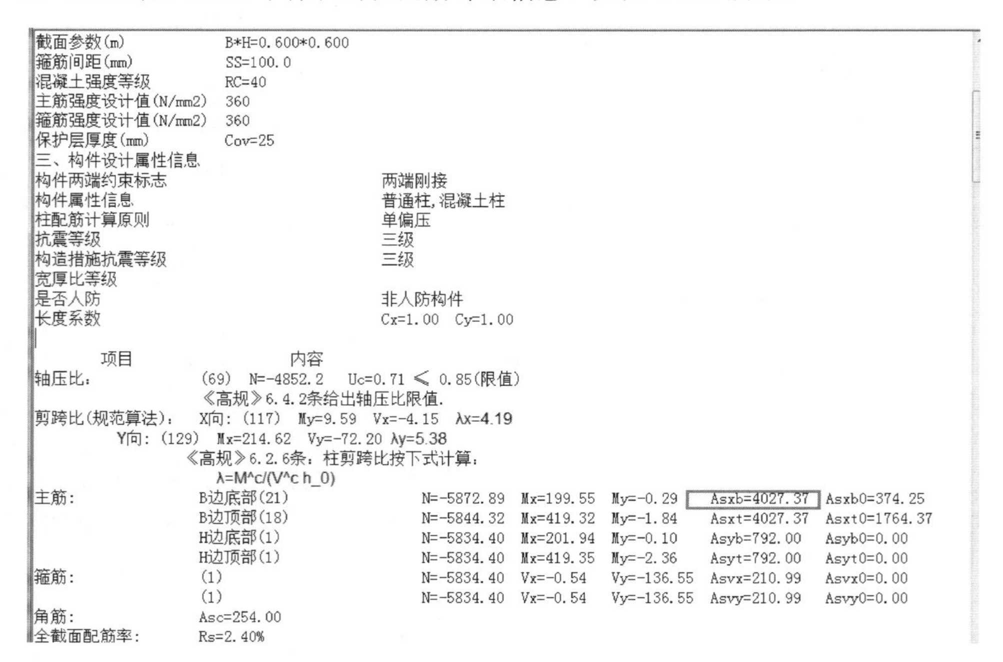

截面参数(m)　B*H=0.600*0.600
箍筋间距(mm)　SS=100.0
混凝土强度等级　RC=40
主筋强度设计值(N/mm2)　360
箍筋强度设计值(N/mm2)　360
保护层厚度(mm)　Cov=25
三、构件设计属性信息
构件两端约束标志　两端刚接
构件属性信息　普通柱,混凝土柱
柱配筋计算原则　单偏压
抗震等级　三级
构造措施抗震等级　三级
宽厚比等级
是否人防　非人防构件
长度系数　Cx=1.00　Cy=1.00

项目　内容
轴压比：　(69)　N=-4852.2　Uc=0.71 ≤ 0.85(限值)
《高规》6.4.2条给出轴压比限值.
剪跨比(规范算法)：　X向：(117)　My=9.59　Vx=-4.15　λx=4.19
Y向：(129)　Mx=214.62　Vy=-72.20　λy=5.38
《高规》6.2.6条：柱剪跨比按下式计算：
λ=M^c/(V^c h_0)

主筋：	B边底部(21)	N=-5872.89	Mx=199.55	My=-0.29	Asxb=4027.37	Asxb0=374.25
	B边顶部(18)	N=-5844.32	Mx=419.32	My=-1.84	Asxt=4027.37	Asxt0=1764.37
	H边底部(1)	N=-5834.40	Mx=201.94	My=-0.10	Asyb=792.00	Asyb0=0.00
	H边顶部(1)	N=-5834.40	Mx=419.35	My=-2.36	Asyt=792.00	Asyt0=0.00
箍筋：	(1)	N=-5834.40	Vx=-0.54	Vy=-136.55	Asvx=210.99	Asvx0=0.00
	(1)	N=-5834.40	Vx=-0.54	Vy=-136.55	Asvy=210.99	Asvy0=0.00

角筋：　Asc=254.00
全截面配筋率：　Rs=2.40%

图 2-135　首层标识的柱配筋结果

该工程有一层地下室，本层属于该结构的最底层，地上一层这个部位的柱子配筋是 $37cm^2$，如图 2-136 所示。

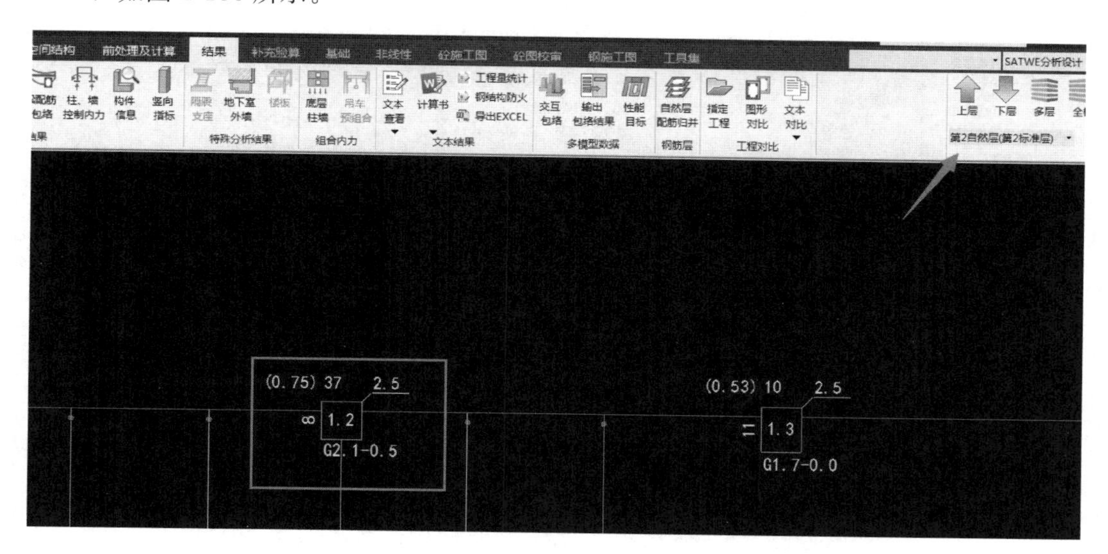

图 2-136　地上一层（第二层）柱配筋结果

程序对底层（首层）标识的柱配筋执行了《建筑抗震设计规范》第 6.1.14 条第 3 款的要求："地下一层柱截面每侧纵向钢筋不应小于地上一层柱对应纵向钢筋的 1.1 倍"，所以地下一层该柱单侧配筋为 $37\times1.1=40cm^2$，图 2-133 中标记出的柱配筋并不是通过本身计算配筋控制的。

这也是很多设计人员容易忽略的地方，需要引起注意。

2.50　关于梁板顶面平齐中梁刚度放大系数的问题

Q：设计中"考虑梁板顶面对齐"选项对楼板厚度有要求吗？100mm 厚的楼面可以选这个选项，同时不再考虑梁刚度放大系数，然后弹性板按照有限元方法计算吗？

A：通常在设计中，对于内力计算及配筋设计中，假定楼板为分块刚性板，实际楼板并没有参与计算，计算时采用的是梁与板中对中的模型，为了反映楼板对梁的约束作用，设计中按《照混凝土结构设计规范》考虑楼板有效翼缘对梁的约束，因此需要对梁的刚度进行放大，就引入了混凝土梁的刚度放大系数，同时考虑刚性板和梁的协调，梁与刚性板不产生平面内的相对变形，因此，刚性板下梁也不会存在轴力。

为了在计算阶段模拟梁与板真实的顶对顶的协调关系，软件中提供了参数"考虑梁板顶面平齐"，如图 2-137 所示，该参数的选择与否与楼板厚度没有关系。但是需要注意的是，如果选择了该参数，就代表该楼板必须要按照弹性板进行考虑，这样梁板才能一起参与协调变形，并且此时楼板是按照正常的弹性板构件参与结构整体分析的，相当于考虑梁板共同承担荷载。因此，如果在设计中勾选了该参数，程序自动会将梁、板向下偏移至上表面与柱顶平齐，但是需要注意的是：

（1）此时由于是真实的模型，就不再有梁的刚度放大系数了，软件会默认梁刚度放大

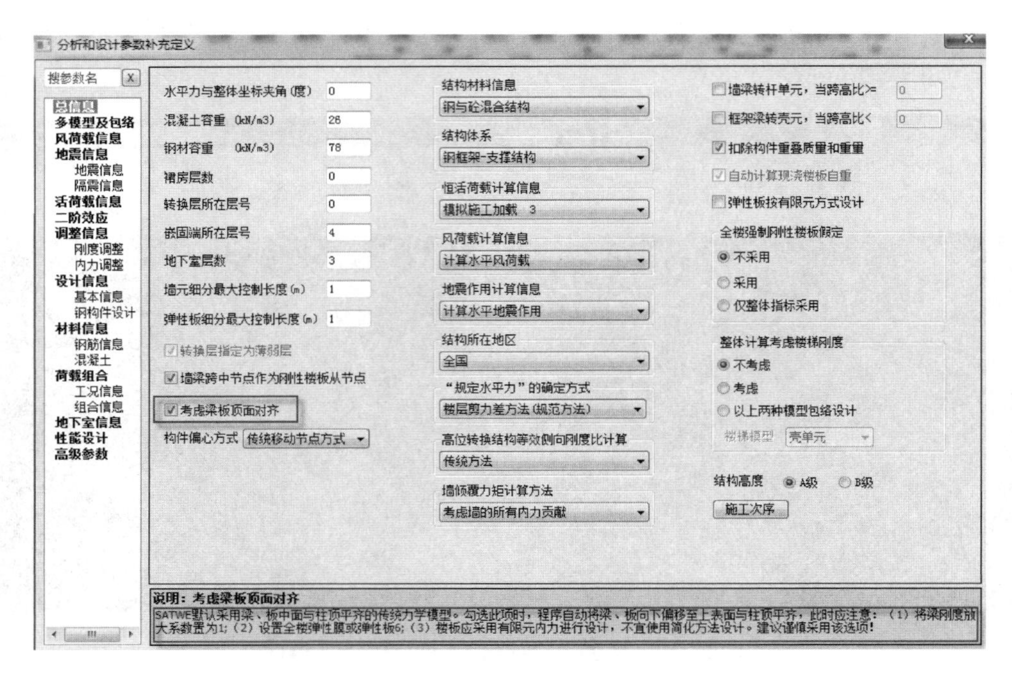

图 2-137　选择“考虑梁板顶面平齐”

系数为 1；

（2）需要设置全楼为弹性膜或者弹性板 6。

（3）如果对于该楼板要进行设计，就应采用有限元进行设计，考虑板中的拉压变形，板应该按照有限元计算的弯矩及轴力按拉弯构件进行配筋设计。

（4）由于已经考虑梁板顶面平齐，板已经按照正常构件参与了整体分析，需要人为地将梁的扭矩折减系数修改为 1。

考虑梁板顶面对齐前后的模型对比如图 2-138 所示，图 2-139 为考虑梁板顶面对齐的计算模型。

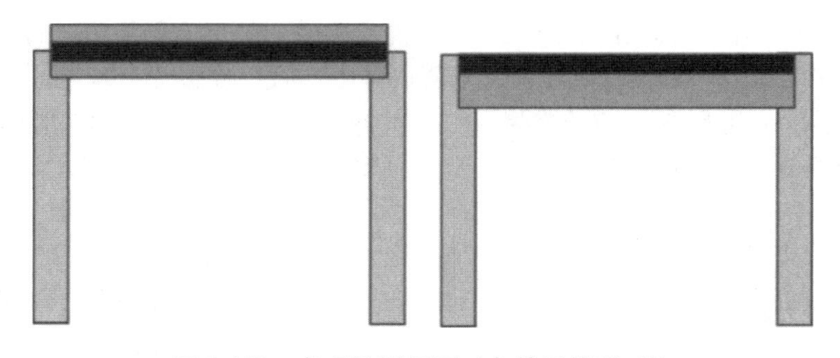

图 2-138　考虑梁板顶面对齐前后模型对比

同时需要注意：如果仅仅定义了弹性板 6 或者弹性膜，此时不应该画蛇添足地将混凝土梁刚度放大系数修改为 1.0，修改刚度系数为 1.0 是错误的。

混凝土梁的刚度放大系数不仅仅考虑有效翼缘的惯性矩，更重要的是要考虑由于中性轴移动后，由有效翼缘产生的附加惯性矩，示意图如图 2-140 所示。

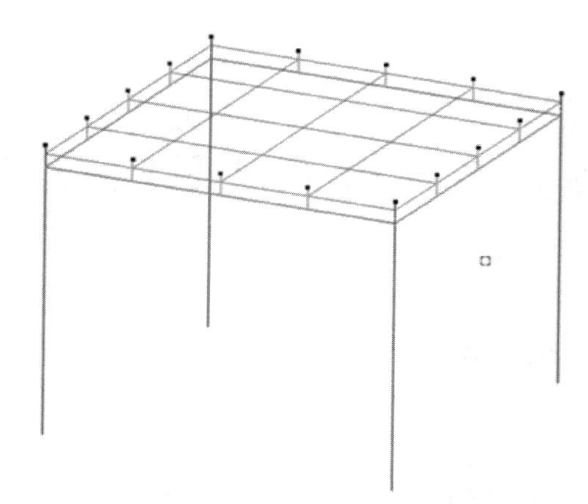

图 2-139　考虑梁板顶面对齐的计算模型

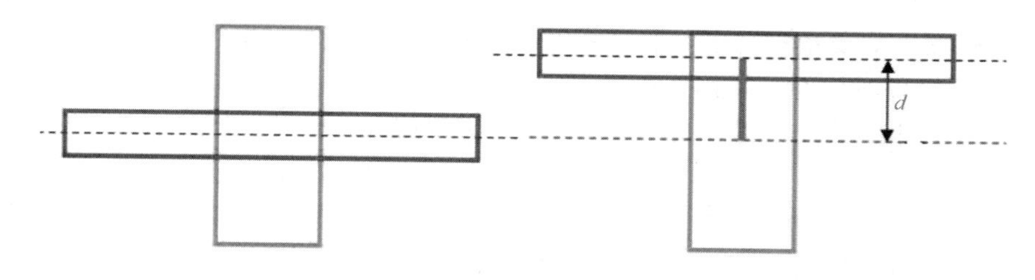

图 2-140　梁板中对中截面示意与 T 形截面惯性矩示意图

第 3 章　计算结果接入施工图相关问题剖析

3.1　关于梁剪扭配筋的问题

Q：SATWE 计算结果中，梁输出的剪扭配筋结果，如何使用?

A：在弯矩、剪力和扭矩共同作用下的矩形、T 形、I 形和箱形截面的弯剪扭构件，需要验算剪扭配筋。剪扭配筋分为两类：受扭纵筋以及箍筋。受扭纵筋的配置不同于普通的纵向受力钢筋，需要单独配筋，受扭纵筋应配置于结构的四周，并需满足构造要求。剪扭箍筋 SATWE 程序分别计算出箍筋的构造结果、纯扭作用下单肢面积、剪扭力下箍筋面积，根据以上几项计算结果取最大值作为最终箍筋面积。

PKPM 程序根据有限元结果得出每根梁的剪力和扭矩，根据剪力和扭矩的结果进行剪扭配筋验算。对构件进行剪扭配筋计算时，当计算出梁的抗扭纵筋或抗扭单肢箍筋面积不为 0 时，程序会在配筋结果中输出剪扭配筋计算结果，如图 3-1 所示。在 SATWE 模块，剪扭配筋不会和普通纵筋、箍筋叠加显示。

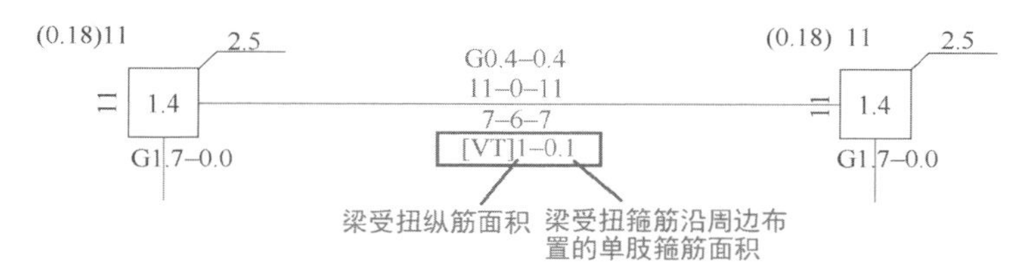

图 3-1　SATWE 输出的某根梁的配筋结果

1. 受扭纵筋

《混凝土结构设计规范》第 9.2.5 条规定：沿截面周边布置受扭纵向钢筋的间距不应大于 200mm 及梁截面短边长度；除应在梁截面四角设置受扭纵向钢筋外，其余受扭纵向钢筋宜沿截面周边均匀对称布置。

《混凝土结构设计规范》第 9.2.13 条规定：梁的腹板高度 h_w 不小于 450mm 时，在梁的两个侧面应沿高度配置纵向构造钢筋。每侧纵向构造钢筋（不包括梁上、下部受力钢筋及架立钢筋）的间距不宜大于 200mm，截面面积不应小于腹板截面面积（bh_w）的 0.1%，但当梁宽较大时可以适当放松。

根据规范条文可知，腰筋的配置有抗扭及构造的要求，腰筋分构造腰筋与抗扭腰筋两种，根据图集表示方法，标注 N 的腰筋指的是抗扭腰筋，标注 G 的腰筋指的是构造腰筋。SATWE 模块中计算 A_{stt}（受扭纵筋面积）大于 0，则在混凝土结构施工图模块需要选配抗扭纵筋。若腹板高度 h_w 不小于 450mm，则需按构造配置腰筋，需要注意的是，在存在楼板的情况下，腹板高度指的是梁截面总高减楼板厚度。

抗扭纵筋可以选择布置在构造腰筋位置和上下纵筋位置。设计人员可以选择将抗扭钢筋是否全部配置到上下筋，如图 3-2 所示。

纵筋选筋参数	
主筋选筋库	14,16,18,20,22,25,28,32
优选直径影响系数	0.05
下筋优选直径	25
上筋优选直径	14
至少两根通长上筋	所有梁
选主筋允许两种直径	是
架立筋直径是否与通长筋相同	否
抗扭腰筋全部计算到上下筋(保证腰筋不出筋)	否
主筋直径不宜超过柱尺寸的1/20	不考虑
不入支座下筋	不允许截断

图 3-2　梁抗扭腰筋的分布

（1）不将抗扭纵筋全部计算到上下筋，即无论 $h_w \geqslant 450$mm，程序至少会配 2 根腰筋。如果根据构造选出的腰筋面积小于抗扭纵筋面积 A_{stt}，软件不会增加腰筋根数或直径，而是直接将多出来的抗扭纵筋面积分配到顶筋和底筋上，如图 3-3 所示。

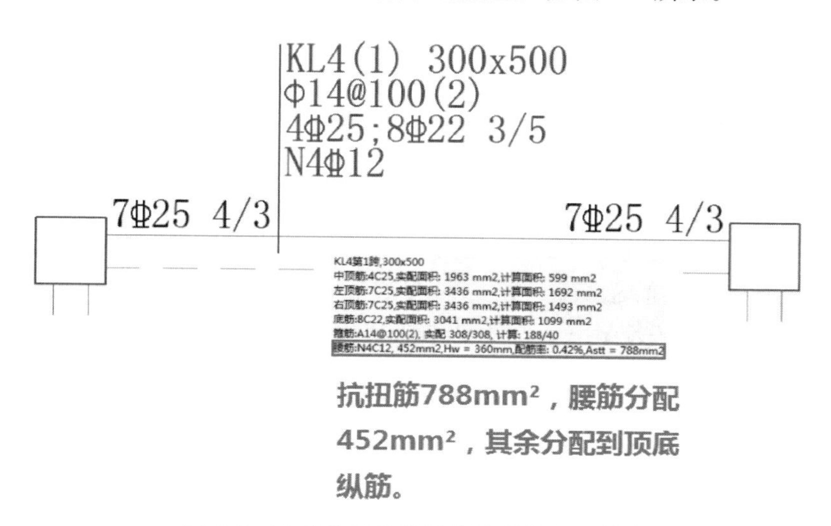

图 3-3　不将抗扭纵筋计算到梁的上下筋中

（2）将抗扭纵筋全部计算到上下筋。程序将抗扭纵筋面积全部分配到顶筋和底筋上，与普通拉压纵筋面积叠加，如图 3-4 所示。关于构造腰筋，程序根据腹板高度 h_w 是否大于 450mm 进行判断，选择是否配置。

2. 剪扭箍筋

箍筋的配置，除需满足构造要求外，尚需满足计算要求。以矩形截面为例，计算公式如下：

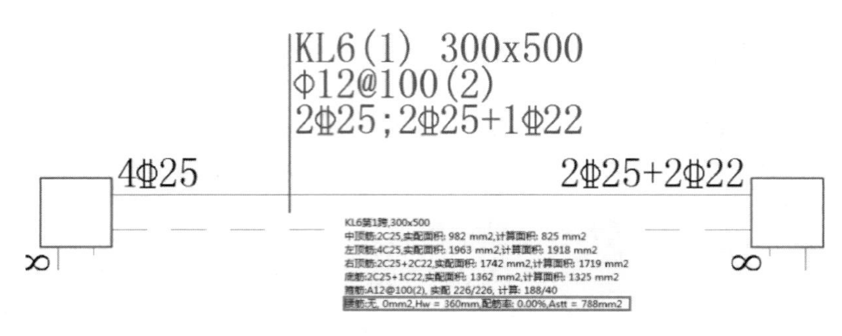

图 3-4　将抗扭纵筋全部计算到上下筋

$$V \leqslant (1.5-\beta_t)(0.7f_t bh_0+0.05N_{p0})+f_{yv}\frac{A_{sv}}{s}h_0$$

《混凝土结构设计规范》式(6.4.8-1)

$$T \leqslant \beta_t(0.35f_t+0.05\frac{N_{p0}}{A_0})W_t+1.2\sqrt{\zeta}f_{yv}\frac{A_{st1}A_{cor}}{s}$$

《混凝土结构设计规范》式(6.4.8-3)

程序根据上述公式计算，取 A_{sv}/s 、nA_{st1}/s 中最大值作为最终箍筋配筋总面积。在程序输出剪扭配筋结果时，SATWE 模块与混凝土结构施工图模块稍有区别。在 SATWE 模块，剪扭控制箍筋面积 A_{sv}/s（以 GA_{sv}/s - A_{sv}/s 表示）及单肢箍筋截面积 A_{st1}/s（以 [VT] ×- A_{st1}/s 表示）会分别输出在配筋简图结果中。在混凝土结构施工图模块，箍筋配筋结果以剪力控制箍筋总面积 A_{sv}/s 和单肢箍筋面积乘以肢数 nA_{st1}/s 取大值，以 max $\{A_{sv}/s, nA_{st1}/s\}$ 确定最终实配箍筋结果。图 3-5 所示为 SATWE 及混凝土结构施工图箍筋结果，单肢箍筋面积对配箍起控制作用。

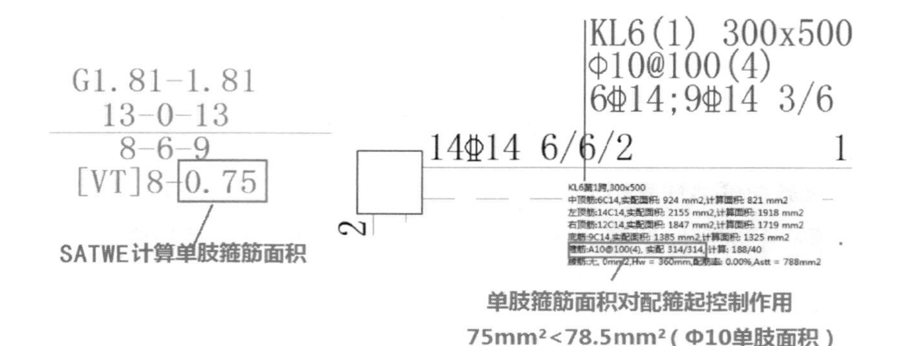

图 3-5　施工图及 SATWE 结果配梁箍筋

3.2　主次梁附加箍筋的问题

Q：在梁施工图中，主次梁连接处附加钢筋，PKPM 软件是如何计算得到的，该值用主次梁剪力差计算为什么得不出软件计算结果？

A：规范规定位于梁下部或梁截面高度范围内的集中荷载，应全部由附加横向钢筋（箍筋、吊筋）承担。梁施工图中 PKPM 程序会在主次梁相交处的主梁上配置附加钢筋来承担次梁传来的集中荷载。

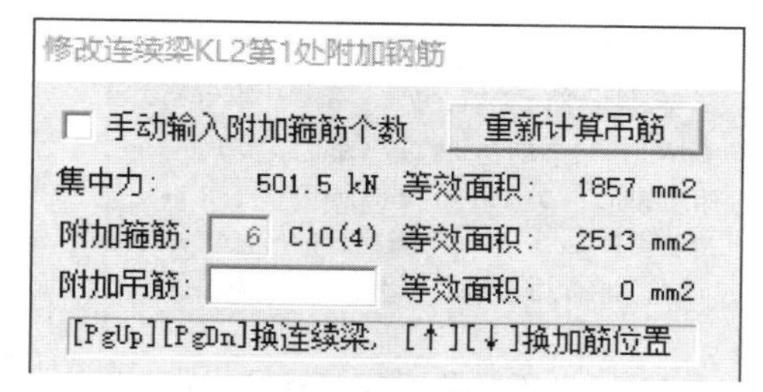

图 3-6　主次梁交叉处配筋信息

下面通过一个实际算例来说明程序对附加钢筋的计算方法。在施工图中查到的主次梁相交处相关数据如图 3-6 所示。

按《混凝土结构设计规范》公式（9.2.11），可以计算出承受集中荷载所需的附加横向钢筋总截面面积。

$$A_{sv} \geqslant \frac{F}{f_{yv}\sin\alpha} \tag{9.2.11}$$

式中：A_{sv}——承受集中荷载所需的附加横向钢筋总截面面积；当采用附加吊筋时，A_{sv} 应为左、右弯起段截面面积之和；

F——作用在梁的下部或梁截面高度范围内的集中荷载设计值；

α——附加横向钢筋与梁轴线间的夹角。

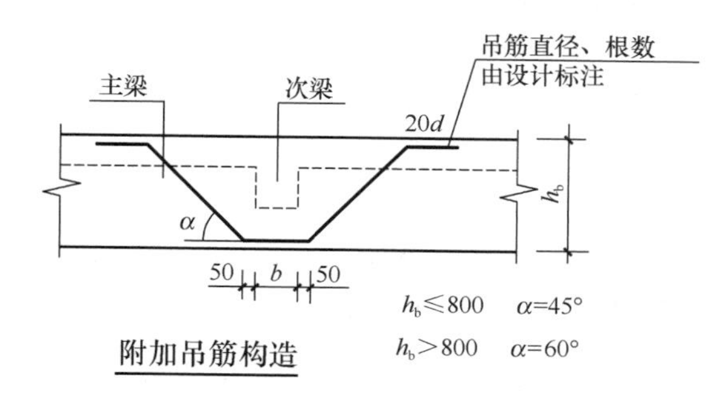

图 3-7　附加吊筋的取值

公式中附加横向钢筋与梁轴线间的夹角 α，对附加箍筋 α 取 90°；对附加吊筋，按图集 16G101-1 的要求取值，具体如图 3-7 所示。

根据《混凝土结构设计规范》公式和图集的取值要求，根据程序给出的相应数据，可以计算出承受集中荷载所需的附加横向钢筋总截面面积。

需要注意的是，程序在计算时箍筋的抗剪强度均采用 HPB300 级钢筋，即 $f_{yv}=270\text{N/mm}^2$。并且计算的 A_{sv} 均为竖直方向，所以此处不需要考虑夹角 α 的影响。所以附加横向钢筋总截面面积为：

$$A_{sv} = \frac{501.5 \times 10^3}{270} = 1857.4074\text{mm}^2$$

由图 3-6 中数据可见，此处配置了附加箍筋，实配钢筋 6C10（4），实配面积为 471×4=1884mm²。但是附加箍筋采用的是 HRB400 级钢筋，而附加横向钢筋总截面面积是按 HPB300 级钢筋的强度计算的。为了比较，附加箍筋的结果还需要进行等强度代换。所以最终结果为：

$$\frac{1884}{A_{s等效}}=\frac{270}{360}\Rightarrow A_{s等效}=2512\text{mm}^2$$

附加箍筋的等效面积大于需要的横向钢筋总面积，所以配置的附加箍筋可以满足要求。

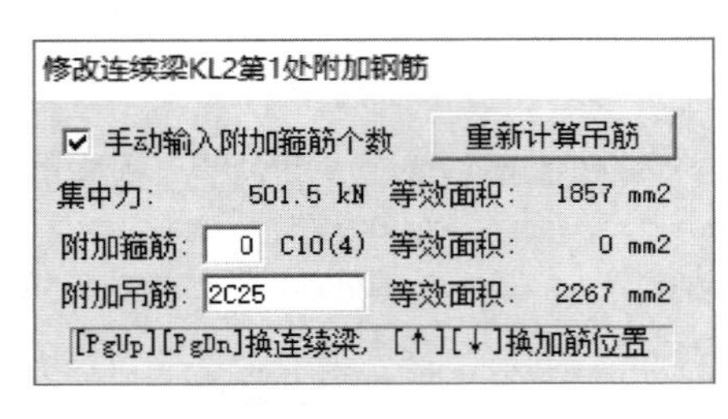
修改连续梁KL2第1处附加钢筋

☑ 手动输入附加箍筋个数		重新计算吊筋	
集中力：	501.5 kN	等效面积：	1857 mm2
附加箍筋：	0 C10(4)	等效面积：	0 mm2
附加吊筋：	2C25	等效面积：	2267 mm2

[PgUp][PgDn]换连续梁，[↑][↓]换加筋位置

图 3-8　不配置附加箍筋只配置附加吊筋输出结果

若此处不配置附加箍筋只配置附加吊筋，程序计算结果如图 3-8 所示。

由图中数据可见，此处配置的附加吊筋为 2C25，吊筋一般是两根，所以实配面积为 982×2＝1964mm^2。但是附加吊筋采用的是 HRB400 级钢筋，而附加横向钢筋总截面面积是按 HPB300 级钢筋的强度计算的。为了比较，附加吊筋的结果还需要进行等强度代换。代换后的结果为：

$$\frac{1964}{A_{s等效}}=\frac{270}{360}\Rightarrow A_{s等效}=2618.6667\text{mm}^2$$

在计算承受集中荷载所需的附加横向钢筋总截面面积时，A_{sv}为竖直方向，未考虑夹角 α 的影响。为了比较，附加吊筋的结果也需要转换到竖直方向。此根梁截面为 300mm×900mm，按图集的要求，α 取 60°。所以最终结果为：

$$2618.6667\times\sin60^\circ=2267.832\text{mm}^2$$

附加吊筋的等效面积大于需要的横向钢筋总面积，所以配置的附加吊筋可以满足要求。

在梁施工图中输出的等效面积均是按 HPB300 级钢筋的抗剪强度计算，并且均为竖直方向的面积。所以只要附加箍筋和吊筋的等效面积之和大于集中力对应的等效面积，即可满足要求。

3.3　关于柱箍筋全高加密的问题

Q：抗震等级为三级的 6 层框架结构，绘制混凝土柱施工图时，发现剪跨比大于 2 的中柱的箍筋竟然全高加密了，这种情况可能是什么原因？该工程为框架结构，三级抗震等级，层高 3000mm，KZ-4 和 KZ-3 之间的框架梁截面 350mm×750mm，图 3-9 为该结构中输出的框架柱配筋信息。图中左侧的 KZ-4 的箍筋 G1.7-0.0；图中右侧的 KZ-3 的箍筋 G1.2-0.0。剪跨比从构件信息中查到 KZ-4 为 2.7 和 KZ-3 为 4.2。

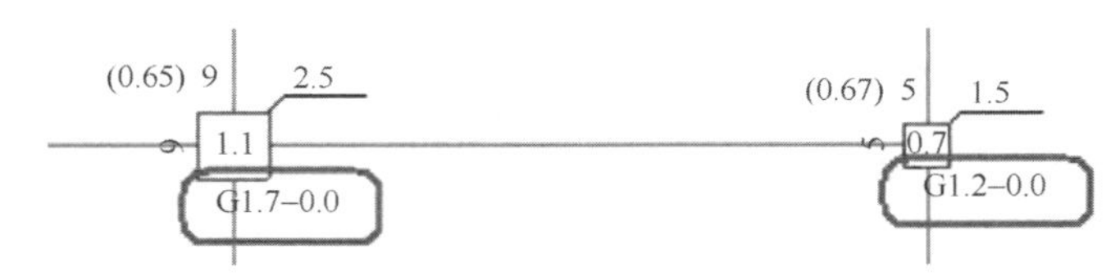

图 3-9　某结构中框架柱输出的配筋信息

A：柱施工图接力 SATWE 数据，配筋结果如图 3-10 所示，按照 SATWE 设计结果

非加密区箍筋计算值为0，剪跨比也都大于2，如果考虑这两个条件，两个柱子的箍筋应该都有非加密区，但施工图KZ-4的箍筋Φ8@100是全高加密的，而KZ-3的箍筋有非加密区，说明KZ-4的箍筋全高加密不只是由满足剪跨比规定的，还要同时满足其他相关规定。

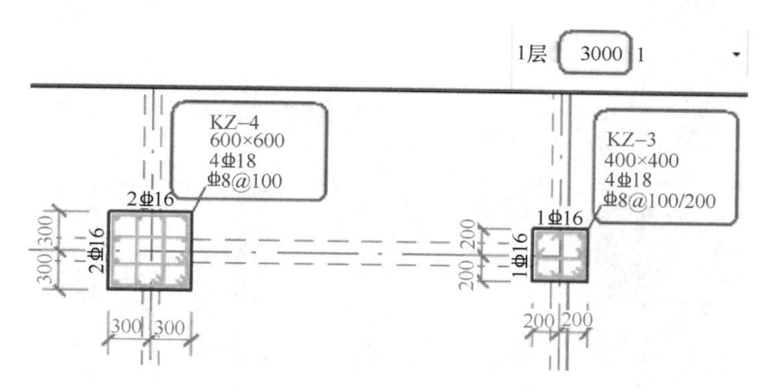

图3-10　柱施工图中柱实配箍筋

再查看一下柱净高与柱截面高度的比值：KZ-4的柱净高/柱截面＝(3000－750)/600＝3＜4；KZ-3的柱净高/柱截面＝(3000－750)/400＝5.625＞4。

关于柱箍筋的加密范围，《混凝土结构设计规范》第11.4.14条、《建筑抗震设计规范》第6.3.9条第1款都有规定。PKPM软件遵照规范规定处理如下：（1）柱端，取截面高度（圆柱直径）、柱净高的1/6和500mm三者的最大值；（2）底层柱根箍筋加密区长度取不小于该层柱净高的1/3；（3）刚性地面上下各500mm；（4）剪跨比不大于2的柱，取全高；（5）因设置填充墙等形成的柱净高与柱截面高度之比不大于4的柱，取全高；（6）框支柱，取全高；（7）一级和二级框架的角柱，取全高。

按照以上处理原则，发现本例题的KZ-4的箍筋加密区，在剪跨比大于2的情况下，还要同时满足第5条“柱净高与柱截面高度之比不大于4的柱，取全高”的规定，因此，KZ-4在施工图绘制的时候做了全高箍筋加密。

3.4　关于附加吊筋计算的问题

Q：混凝土梁施工图软件中，梁附加吊筋的面积是怎么等效的？

A：混凝土梁施工图中，按照《混凝土结构设计规范》第9.2.11条的规定，位于梁下部或梁截面高度范围内的集中荷载，应全部由附加横向钢筋承担，附加横向钢筋宜采用箍筋，也可采用吊筋。

梁施工图软件是按下列步骤处理的：

第一步，根据集中力的大小，软件按照HPB300级钢筋计算需要的附加横向钢筋的面积，如图3-11中的数据，集中力的等效面积为2887mm^2，也就是集中力需要HPB300级钢筋的面积为2887mm^2。

第二步，按照规范，软件先配集中力的附加箍筋，按照常规方式（附加箍筋的直径和肢数与本跨的梁箍筋相同，本跨箍筋为C10@100，4肢箍）选配了附加箍筋6C10（4），

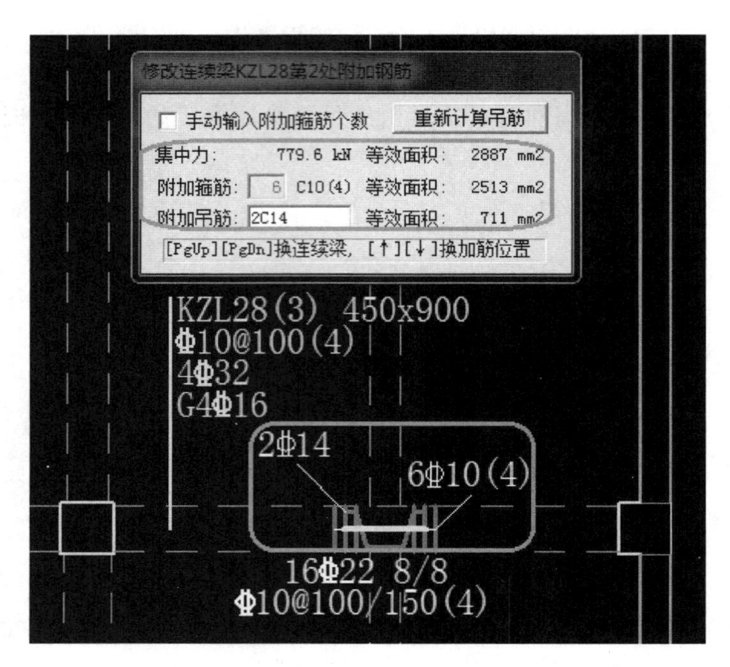

图 3-11　施工图输出的集中力及附加吊筋的面积

等效面积为 2513mm²（直径 10 的箍筋单肢面积 78.53 mm²，等效面积为 78.53×6×4×360/270=2513mm²）。

施工图软件以字母 A 代表 HPB300 级别钢筋，钢筋强度设计值为 270N/mm²；C 代表 HRB400（HRBF400/RRB400）级别钢筋，钢筋强度设计值为 360N/mm²，这个数据取值于“结构建模-设计参数-钢筋信息”中的数值，如图 3-12 所示。

楼层组装—设计参数：(点取要修改的页、项，[确定]返回)

总信息　材料信息　地震信息　风荷载信息　钢筋信息

钢筋级别	钢筋强度设计值 (N/mm2)
HPB300	270
HRB335/HRBF335	300
HRB400/HRBF400/RRB400	360
HRB500/HRBF500	435

图 3-12　结构建模中的钢筋强度设计值

第三步，判断附加箍筋面积不足，需要附加吊筋的面积为 2887－2513＝374mm²。软件根据参数中的主筋选筋库以及规范对最小钢筋直径的要求，附加吊筋实配了 2C14，实配的等效面积为 711mm²（直径 14 的钢筋单肢面积 153.9mm²，等效面积为 153.9×2×2×sin60°×360/270＝711mm²），图中 KZL28（3）截面为 450mm×900mm，附加吊筋与梁轴线的夹角取 60°（梁高大于 800mm，夹角取 60°；梁高不大于 800mm，夹角取 45°）。

最终，附加箍筋和附加吊筋的总面积为 2513＋711 ＞ 2887mm²，满足集中力需要的配筋。

3.5　关于简支梁支座配筋大的问题

Q：在 SATWE 计算中，第 1 自然层某次梁是简支梁，但为何支座上部配筋很大？如图 3-13 所示。

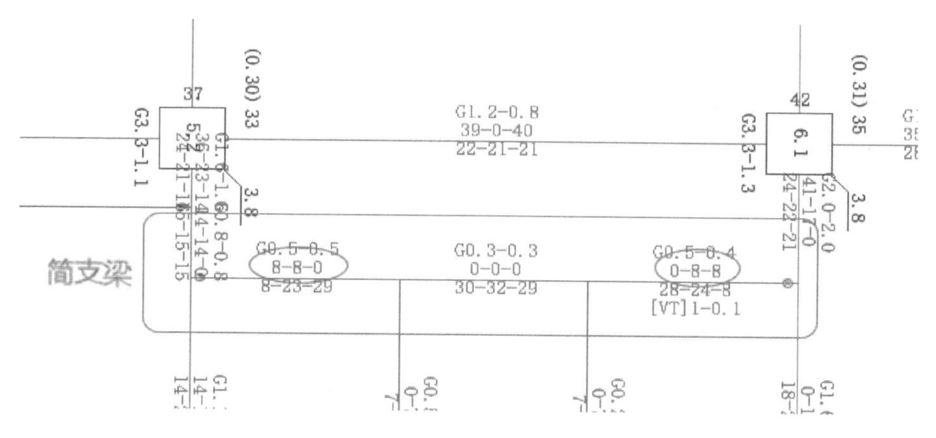

图 3-13　简支梁支座配筋达到了 8cm²

A：软件对于梁的配筋除了考虑计算要求，还考虑了构造要求。

《混凝土结构设计规范》第 9.2.6 条第 1 款规定，“当简支梁实际受到部分约束时，应在端部 $L_0/5$ 范围内，设置上部钢筋，其截面面积不应小于跨中下部钢筋的 1/4”。

本工程中，由于在 SATWE 前处理-“设计信息 1”中，勾选“执行《混凝土规范》GB 50010—2010 第 9.2.6.1 条有关规定”一项，如图 3-14 所示，所以支座上部会有配筋，即跨中配筋是 3200mm²，支座配筋 800mm²。

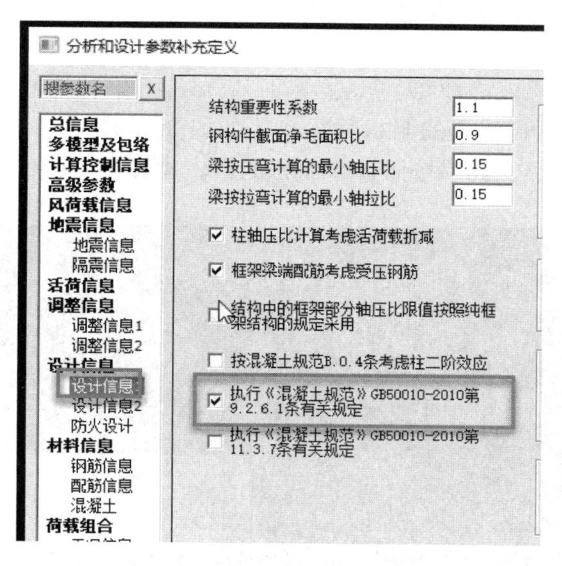

图 3-14　选择执行《混凝土结构设计规范》第 9.2.6.1 条

该选项勾选与不勾选结果对比如图 3-15 所示。

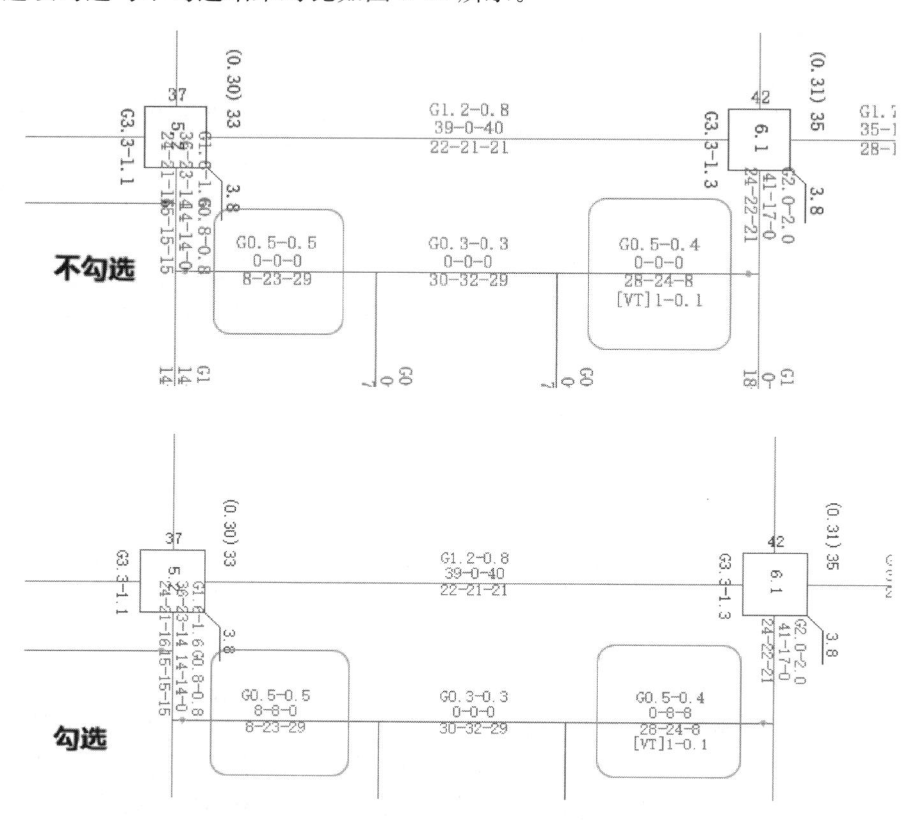

图 3-15　选择执行《混凝土结构设计规范》第 9.2.6.1 条与否配筋结果对比图

3.6　关于梁全长加密的问题

Q：7 度 0.1g，框架核心筒结构，总高度 129m，框架和核心筒抗震等级均为二级。在梁施工图里，以第 13 自然层的某根梁为例，如图 3-16 所示。箍筋的计算面积为 346/132，实配 Φ12@100（4）。如果按照计算面积的话，Φ12@100/200（4）也是没问题的，

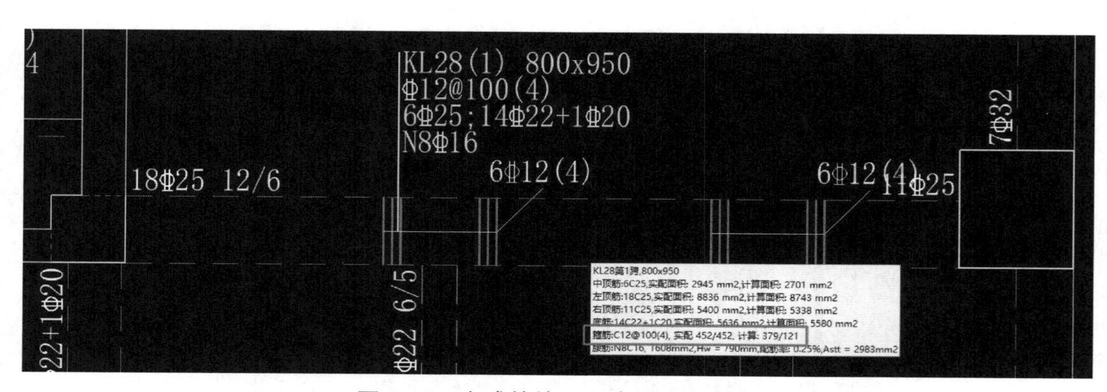

图 3-16　生成的施工图中梁全长加密

为什么程序要全长加密？

A：从SATWE计算配筋结果中可见，如图3-17所示，该梁的箍筋计算值取379mm²并没有问题，但是需要注意这根梁有比较大的纯扭箍筋的单根箍筋面积。

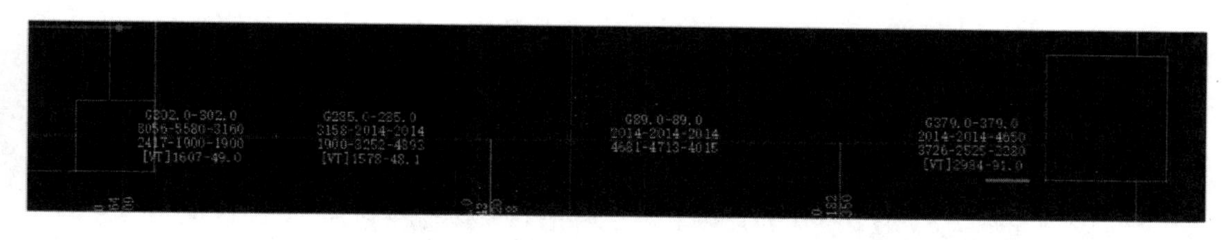

图3-17 SATWE计算输出的该梁的配筋结果

程序根据《混凝土结构设计规范》公式（6.4.8-3）来计算梁纯扭箍筋的单根箍筋面积。由规范公式看，纯扭箍筋的单根箍筋面积 A_{st1} 和箍筋间距 s 相关。

> 2）受扭承载力
>
> $$T \leqslant \beta_t\left(0.35 f_t + 0.05 \frac{N_{p0}}{A_0}\right)W_t + 1.2\sqrt{\zeta} f_{yv} \frac{A_{st1}A_{cor}}{s} \qquad (6.4.8\text{-}3)$$
>
> 式中：ζ——同本规范第6.4.4条。

程序默认梁斜截面计算取用的箍筋间距 s 为100mm。用GJ工具箱校核该梁的计算结果，得到单肢抗扭箍筋面积为91.46mm²，和构件信息中输出的数值基本接近。

> 剪扭配筋（17）$T=373.13$　$V=-1008.22$　$A_{stt}=2983.15$　$A_{stv}=379.06$　$A_{st1}=90.95$
>
> 根据混凝土规范可知单肢抗扭箍筋面积（取 $\zeta=1$）
>
> $$\begin{aligned} A_{st1} &= (T-\beta_t T_c)s/1.2/f_{yv}/b_{cor}/h_{cor} \\ &= (373130016-110869952)\times 100/1.2/360/750/885 \\ &= 91.46\text{mm}^2 \end{aligned}$$

需要注意的是，由于 $A_{st1}=91.46\text{mm}^2$ 是在箍筋间距 $s=100\text{mm}$ 的情况下得到的。那么如果对于梁的非加密区，假设箍筋间距 $s=200\text{mm}$，其余条件均不变，那么相应的单肢抗扭箍筋面积 A_{st1} 应该为 $91.46\times 2=182.93\text{mm}^2$。

> 根据混凝土规范可知单肢抗扭箍筋面积（取 $\zeta=1$）
>
> $$\begin{aligned} A_{st1} &= (T-\beta_t T_c)s/1.2/f_{yv}/b_{cor}/h_{cor} \\ &= (373130016-110869952)\times 200/1.2/360/750/885 \\ &= 182.93\text{mm}^2 \end{aligned}$$

对梁的加密区选用Φ12@100，实配面积为452mm²，可以满足箍筋的计算面积379mm²。单根直径12的钢筋面积为113.1mm²，也可以满足按 $s=100\text{mm}$ 计算得到的纯扭箍筋的单根箍筋面积。但是对于梁的非加密区，如果选用Φ12@200，实配面积为452/2=226mm²，虽然可以满足箍筋的计算面积121mm²，但是单根钢筋面积不能满足按 $s=200\text{mm}$ 计算得到的纯扭箍筋的单根箍筋面积。同样的道理，如果选用Φ12@150，箍筋计算面积可以满足，但是仍然不能满足按 s=150mm 计算的纯扭单根箍筋面积。所以程序按照 Φ12@100 的箍筋来配置非加密区。

通过修改箍筋的选筋库，只保留直径为 14 的钢筋。单根直径 14 的钢筋面积为 153.9mm^2，按 s=150mm 计算的纯扭单根箍筋面积为 91.46×1.5=137.19mm^2，可以满足。所以如图 3-18 所示，该梁箍筋实配为Φ 14@100/150。

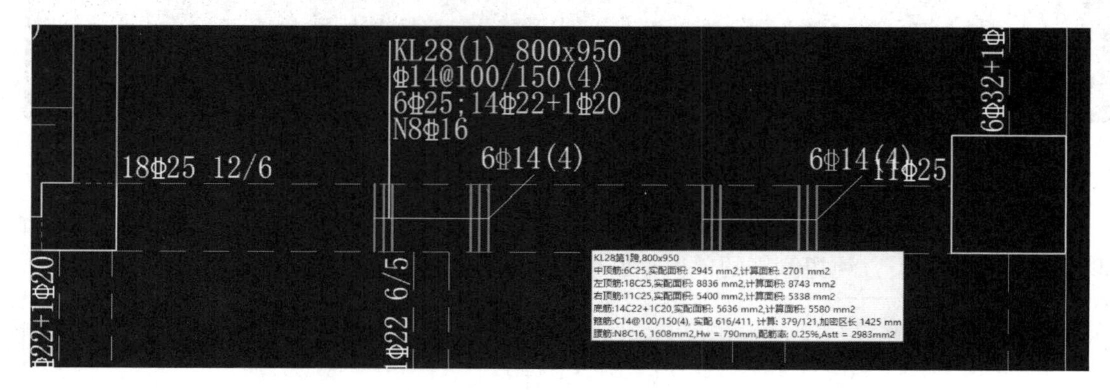

图 3-18　修改直径 14 后生成的梁施工图

综上所述，在选择梁的箍筋时，不能只关注箍筋的计算结果，也要关注纯扭箍筋的单根箍筋面积结果。

3.7　关于施工图中梁实配钢筋配筋率计算的问题

Q：混凝土梁施工图中，纵向受力钢筋的“实配筋率”是如何计算的?

A：混凝土梁施工图软件中，“配筋面积”校核时，“实配筋率”用于梁实配纵向受力钢筋的配筋率计算，我们按照图 3-19 所示的 KL5（3）的左顶筋为例说明一下钢筋的实际配筋率的计算。

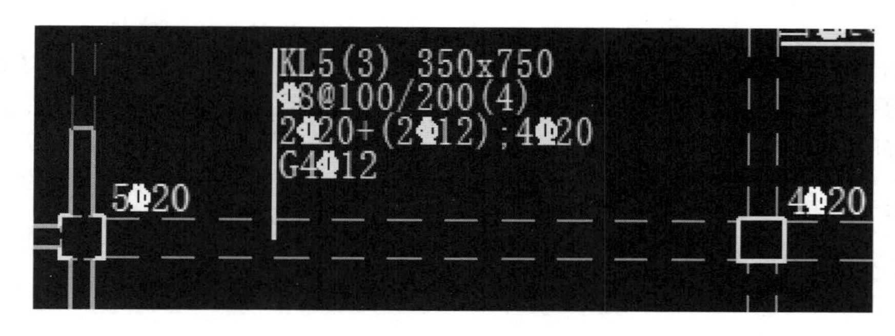

图 3-19　KL5 的实配钢筋

软件中该 KL5（3）梁的基本信息，截面为 350mm×750mm，混凝土保护层为 20mm，箍筋Φ 8@100/200（4），左顶筋实际配筋为 5 Φ 20，实配钢筋面积为 1571 mm^2，软件计算的实配筋率为 0.63，梁实配钢筋面积及实配筋率分别如图 3-20 及图 3-21 所示。

手工计算过程如下：

图 3-20　KL5 的实配钢筋面积

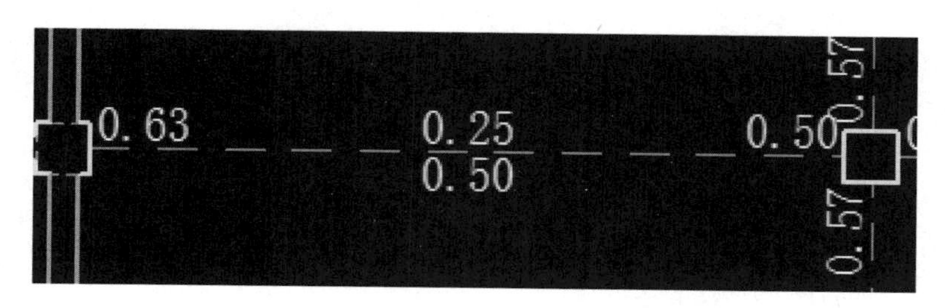

图 3-21　KL5 的实配筋率

实配筋率＝ 实配面积/[梁宽×(梁高－保护层厚度－箍筋直径－半个纵筋直径)]

实配筋率＝1571/[350×(750－20－8－20/2)] ＝1571/[350×712]＝0.63%

注意：实配筋率计算时不同于在 SATWE 计算阶段的处理，SATWE 计算阶段取箍筋直径默认为 10mm，取纵筋直径默认为 25mm。

如上所述，对于梁纵向受力钢筋实配筋率的计算，手工与软件的计算结果是相同的。

3.8　关于柱角筋选择问题

Q：SATWE 计算完毕查看柱角筋计算面积 $4.9cm^2$，如图 3-22 所示，施工图中选筋结果为 22mm，如图 3-23 所示，是什么原因？钢筋库中也添加了 25mm 的钢筋？

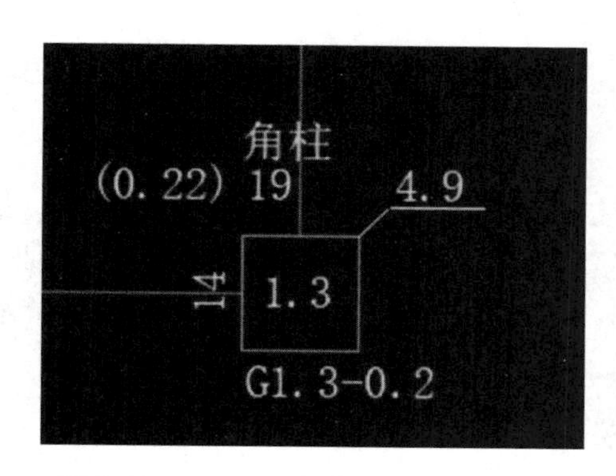

图 3-22　SATWE 中输出的柱配筋面积

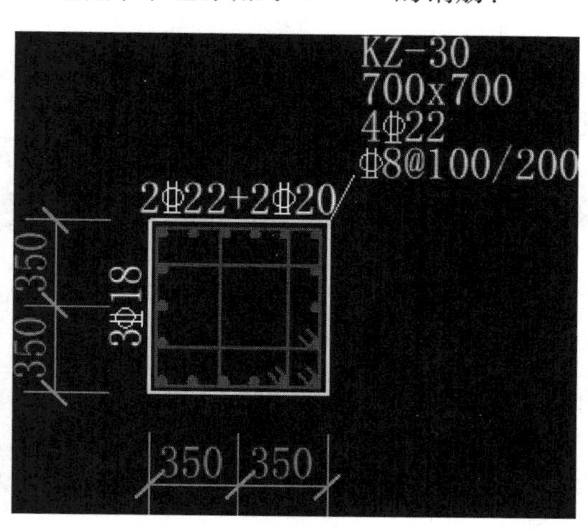

图 3-23　施工图中柱的配筋

A：压弯混凝土柱的设计有两种方式：单偏压和双偏压。

软件中对于单偏压设计流程：

程序分别计算柱上下侧钢筋 A_{sx} 和左右两侧钢筋 A_{sy} 的配筋。计算 A_{sx} 时，程序用轴力及柱顶底的 M_x 弯矩按《混凝土结构设计规范》6.2.17 条计算出 A_{sx}，与 0.2%构造配筋取大输出。分别计算出 A_{sx} 和 A_{sy} 后，全截面配筋面积＝($A_{sx}+A_{sy}$)×2－4×角筋面积 A_{sc}，与按规范规定的全截面配筋率算出的配筋面积取大输出。A_{sc} 由柱截面确定：

柱截面长边≤0.41m：$A_{sc}=153mm^2$（直径 14）

0.41m＜柱截面长边≤0.56m：$A_{sc}=201mm^2$（直径 16）

0.56m＜柱截面长边≤0.71m：$A_{sc}=254mm^2$（直径 18）

0.71m＜柱截面长边≤0.86m：$A_{sc}=314mm^2$（直径 20）

0.86m＜柱截面长边≤1.01m：$A_{sc}=380mm^2$（直径 22）

1.01m＜柱截面长边：$A_{sc}=490mm^2$（直径 25）

此外，对于矩形柱，程序还用柱截面面积修正了 A_{sc}。

软件中对于双偏压设计流程：

程序按《混凝土结构设计规范》附录 E 进行设计。首先按照对称布筋方式将钢筋分为角部钢筋 A_{sc}、上下侧面钢筋 A_{sx} 和左右两侧钢筋 A_{sy} 三个部分。首先根据截面尺寸和柱纵向钢筋最大间距布置角筋和侧面钢筋，然后针对柱所有组合内力进行承载力验算，如有某一组内力不满足要求，分别增加钢筋 A_{sc}、A_{sx} 和 A_{sy} 的面积直到钢筋面积达到最大直径。如果此时仍有某一组内力不满足要求，则分别调整钢筋 A_{sx} 和 A_{sy} 的直径和根数，重新进行上述计算，直到满足所有内力组合的承载力要求。

从上述的配筋流程可知，对于单偏压设计的柱，只需满足单边计算配筋以及全截面配筋，即使实配角筋小于计算，也是满足规范要求的。需注意，当角筋实配面积比计算值大时，有可能造成全截面配筋不足，应注意验算。

对于双偏压设计的柱，由于双偏压是多解的，SATWE 给出的是其中一个结果。施工图在进行实配时，优先考虑此角筋值，但同时也要考虑其他构造要求，如纵筋最大间距不宜大于 300mm 等。

综合考虑计算与构造要求后，施工图程序可能给出小于计算角筋值的实配结果，如果按此时实配进行双偏压验算通过，则此结果也是满足双偏压设计要求的。

3.9 关于框架梁非加密区箍筋问题

Q：框架梁非加密区箍筋结果，施工图中的实配结果比 SATWE 计算的结果还小，是什么原因？是否程序处理有误？如图 3-24 所示为某二级抗震等级的框架梁配筋计算结果，SATWE 配筋简图箍筋非加密区计算值 104 mm²。图 3-25 为在施工图中实际配置的箍筋

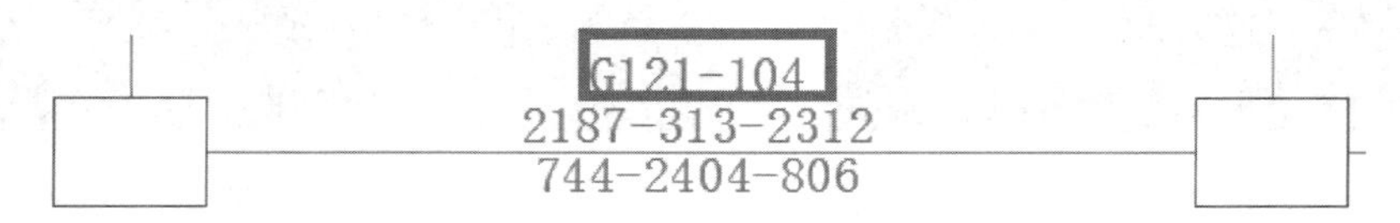

图 3-24 SATWE 配筋简图箍筋非加密区计算值

面积，施工图构件信息箍筋非加密区取计算值 97 mm²。

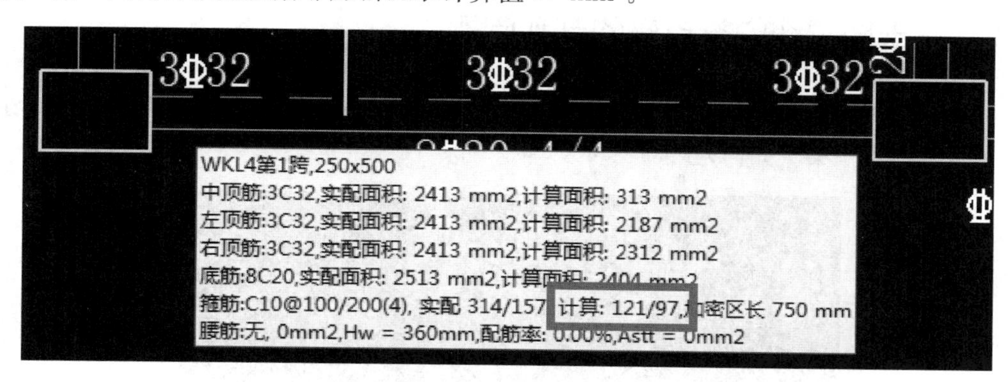

图 3-25　施工图构件信息箍筋非加密区值

A：混凝土结构梁施工图配筋读取的是 SATWE 配筋结果。一般来说，框架梁的剪力最大部位出现在梁支座，箍筋的计算值从支座到跨中逐渐减小，箍筋加密区的边缘处箍筋的计算值，也就是非加密区箍筋最大计算值。

根据《混凝土结构设计规范》第 6.3.3 条，如图 3-26 所示，框架梁二级抗震，$1.5h_b=750mm>500mm$。非加密区箍筋的值应取从梁端向跨中延伸 750mm 处的箍筋值。

表 6.3.3　梁端箍筋加密区的长度、箍筋的最大间距和最小直径

抗震等级	加密区长度（采用较大值）(mm)	箍筋最大间距（采用最小值）(mm)	箍筋最小直径 (mm)
一	$2h_b$,500	$h_b/4$,$6d$,100	10
二	$1.5h_b$,500	$h_b/4$,$8d$,100	8
三	$1.5h_b$,500	$h_b/4$,$8d$,150	8
四	$1.5h_b$,500	$h_b/4$,$8d$,150	6

图 3-26　混凝土梁端加密区长度及箍筋的要求

SATWE 计算中与混凝土结构梁施工图对于箍筋加密区的取值范围略有不同。SATWE箍筋加密区范围从柱中心向跨中延长 750mm。混凝土结构梁施工图箍筋加密区从柱边向跨中延伸 750mm。如图 3-27 所示，可以看出，混凝土结构施工图结果更精确。实际工程中，应以混凝土结构施工图结果做最终配筋。

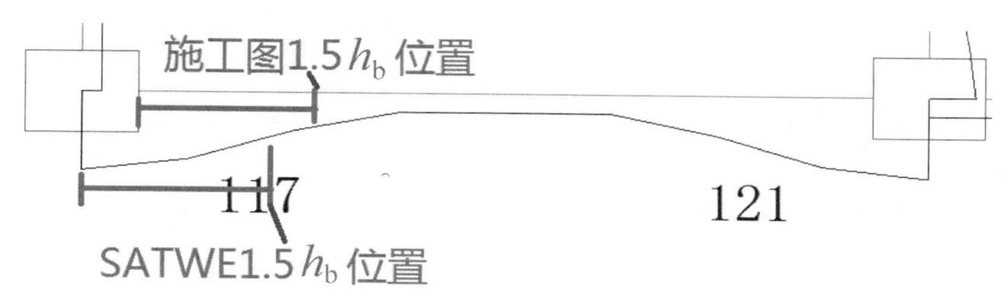

图 3-27　SATWE 与施工图中对于箍筋加密区范围开始位置不同

3.10 关于施工图中梁支座的判断问题

Q：如图 3-28 所示的某框架梁一端和竖向构件相连，一端和梁相连的梁，为何在施工图中标注为悬挑梁？如何处理？

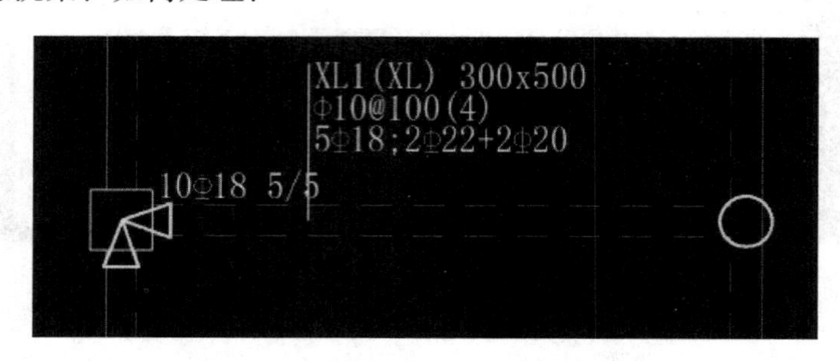

图 3-28 施工图中标识为 XL 的梁

A：框架梁的端部节点没有竖向构件且恒载弯矩为正值时，程序会将端跨自动判断为 XL。自动判断的结果可能跟设计意图不符，特别是端跨放在其他框架主梁上时，如图 3-29 所示。遇到此情况，可以人工调整支座，将“○”改为“△”。修改后不影响配筋的计算结果，但是配筋构造偏于安全。但需要注意，如果将挑梁改成框架梁，修改支座后会出现计算挠度为 0，这是不符合实际的，因此设计人员可以按照框架梁配筋，按照悬挑梁验算挠度。

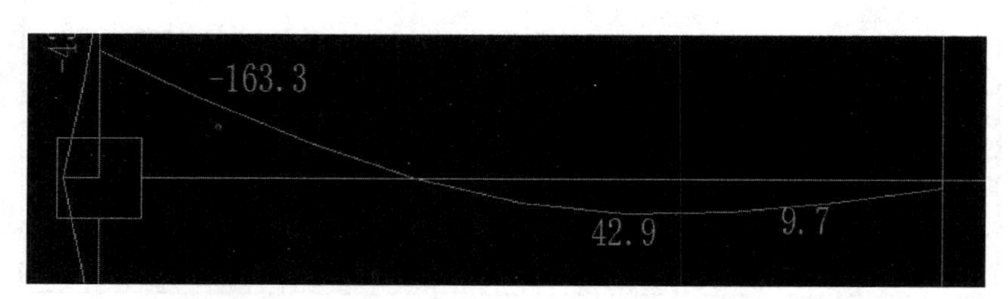

图 3-29 SATWE 中显示的该梁恒载下的弯矩图

3.11 关于施工图中梁的腰筋配置问题

Q：混凝土施工图中梁高 600mm 的混凝土框架梁为什么没有配置腰筋？某工程梁高 600mm，两侧楼板等厚 120mm，梁底部纵向受力钢筋直径 18mm，梁钢筋的混凝土保护层 25mm，箍筋Φ 8@100/200（2），是否需要配置纵向构造钢筋？

A：按照规范的相关规定，梁的腹板高度 h_w 不小于 450mm 时，在梁的两个侧面应沿高度配置纵向构造钢筋。

对于 T 形截面，取有效高度减去翼缘高度；腹板高度 h_w = 有效高度 h_0 − 翼缘高度 =（梁高 h − 保护层 − 箍筋直径 − 纵筋直径/2）− 翼缘高度 =(600−25−8−18/2)−120=438mm。

梁的腹板高度 h_w=438mm<450mm，不需要配置构造钢筋。

本工程中依据的相关规定如下：

《混凝土结构设计规范》第 9.2.13 条，梁的腹板高度 h_w 不小于 450mm 时，在梁的两个侧面应沿高度配置纵向构造钢筋。每侧纵向构造钢筋（不包括梁上、下部受力钢筋及架立钢筋）的间距不宜大于 200mm，截面面积不应小于腹板截面面积（bh_w）的 0.1%，但当梁宽较大时可以适当放松。此处，腹板高度 h_w 按本规范第 6.3.1 条的规定取用。

《混凝土结构设计规范》第 6.3.1 条，h_0——截面的有效高度；h_w——截面的腹板高度：矩形截面，取有效高度；T 形截面，取有效高度减去翼缘高度；I 形截面，取腹板净高。

3.12 关于施工图中箍筋最小配筋率的问题

Q：某框架结构中的次梁截面 200mm×400mm，非抗震，为什么箍筋最小配筋率是 0.09%，好像与规范的要求不符？

A：经查询该次梁，发现该梁的剪力很小。

剪力很小时执行《混凝土结构设计规范》第 6.4.2 条，如图 3-30 所示，判断是否需要进行承载力验算。

6.4.2 在弯矩、剪力和扭矩共同作用下的构件，当符合下列要求时，可不进行构件受剪扭承载力计算，但应按本规范第 9.2.5 条、第 9.2.9 条和第 9.2.10 条的规定配置构造纵向钢筋和箍筋。

$$\frac{V}{bh_0}+\frac{T}{W_t}\leqslant 0.7f_t+0.05\frac{N_{p0}}{bh_0} \qquad (6.4.2\text{-}1)$$

65

或

$$\frac{V}{bh_0}+\frac{T}{W_t}\leqslant 0.7f_t+0.07\frac{N}{bh_0} \qquad (6.4.2\text{-}2)$$

式中：N_{p0}——计算截面上混凝土法向预应力等于零时的预加力，按本规范第 10.1.13 条的规定计算，当 N_{p0} 大于 $0.3f_cA_0$ 时，取 $0.3f_cA_0$，此处，A_0 为构件的换算截面面积；

N——与剪力、扭矩设计值 V、T 相应的轴向压力设计值，当 N 大于 $0.3f_cA$ 时，取 $0.3f_cA$，此处，A 为构件的截面面积。

图 3-30 《混凝土结构设计规范》第 6.4.2 条

不需要执行承载力验算时，执行《混凝土结构设计规范》第 9.2.9 条第 2、3 款，如图 3-31 所示。

对该梁按照上述图 3-31 要求，可取其箍筋直径 6mm、箍筋肢数为两肢箍、箍筋间距 100mm、箍筋最大间距不超过 300mm，可得最小的配筋面积为：

2 截面高度大于 800mm 的梁，箍筋直径不宜小于 8mm；对截面高度不大于 800mm 的梁，不宜小于 6mm。梁中配有计算需要的纵向受压钢筋时，箍筋直径尚不应小于 $d/4$，d 为受压钢筋最大直径。

3 梁中箍筋的最大间距宜符合表 9.2.9 的规定；当 V 大于 $0.7f_tbh_0+0.05N_{p0}$ 时，箍筋的配筋率 ρ_{sv} $[\rho_{sv}=A_{sv}/(bs)]$ 尚不应小于 $0.24f_t/f_{yv}$。

表 9.2.9 梁中箍筋的最大间距（mm）

梁高 h	$V>0.7f_tbh_0+0.05N_{p0}$	$V\leqslant0.7f_tbh_0+0.05N_{p0}$
$150<h\leqslant300$	150	200
$300<h\leqslant500$	200	300
$500<h\leqslant800$	250	350
$h>800$	300	400

图 3-31 《混凝土结构设计规范》第 9.2.9 条

箍筋肢数×箍筋面积×箍筋间距/箍筋最大间距＝2×28.3×100/300＝18.8667mm^2。

对应的该梁的最小配筋率为：

最小配筋率＝最小配筋面积/截面宽/箍筋间距＝18.8667/200/100＝0.00094，与软件输出的箍筋的配筋率是相同的。

3.13 关于梁箍筋肢数的问题

Q：混凝土梁施工图软件中，梁宽 300mm、抗震等级三级的框架梁，可以配 2 肢箍筋就能满足计算及规范相关条文的要求，为何施工图中配了 4 肢箍筋，如图 3-32 所示？

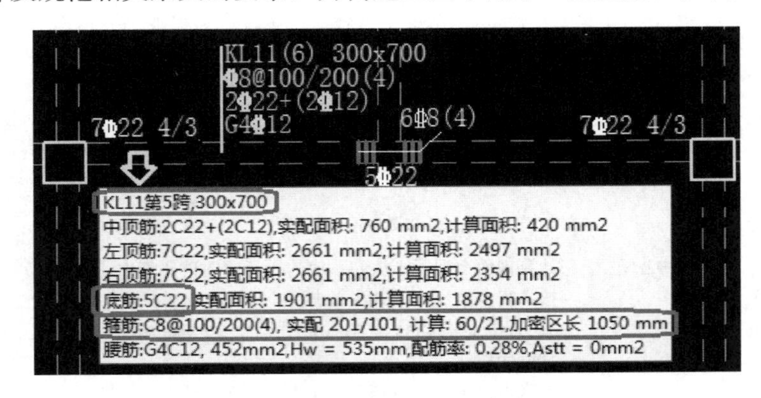

图 3-32 梁配置了 4 肢箍

A：根据《建筑抗震设计规范》第 6.3.4 条第 3 款规定，梁端加密区的箍筋肢距三级不宜大于 250mm 和 20 倍箍筋直径的较大值。

本题箍筋肢距＝梁宽－2 个保护层－箍筋直径＝300－2×25－8＝242mm，小于规范规定的 250mm，所以一般情况 2 肢箍筋可以满足规范的要求，但梁施工图软件配出了 4 肢箍筋，是由以下参数设置决定的："参数设置"中的"梁是否按配有受压钢筋控制复合箍的配置"和"箍筋肢数是否可以为单数"，如图 3-33 所示。

按照《混凝土结构设计规范》第 9.3.9 条，当梁的宽度不大于 400mm，但一层内的纵向受压钢筋多于 4 根时，应设置复合箍筋处理。

本案例中梁施工图因参数的不同会配出以下三种结果：

第一种：如按照图 3-33 所示的“是与否组合”参数设置时，混凝土施工图软件会配出如图 3-31 所示的 4 肢箍筋，C8@100/200（4）。

第二种：如按照图 3-34 所示的“是和是组合”参数设置时，混凝土施工图软件会配出如图 3-35 所示的 3 肢箍筋，C8@100/200（3）。

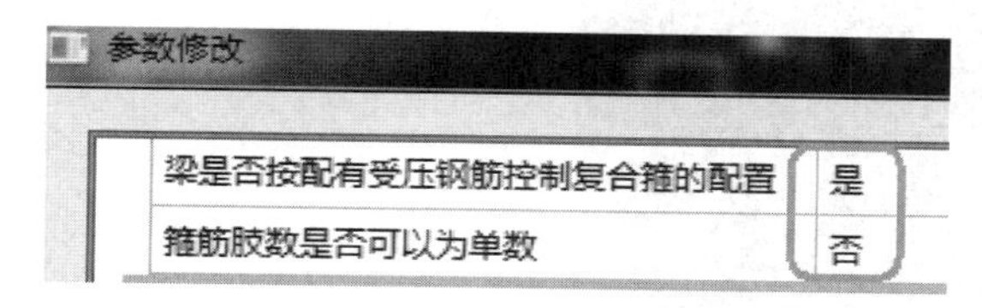

图 3-33　梁箍筋配置控制参数选“是与否”

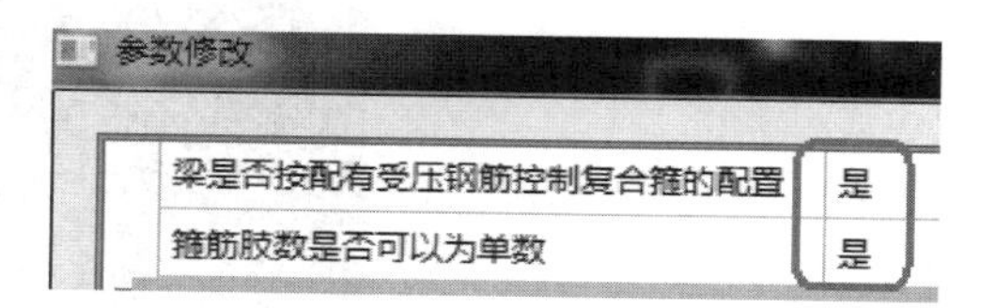

图 3-34　梁箍筋配置控制参数选“是与是”

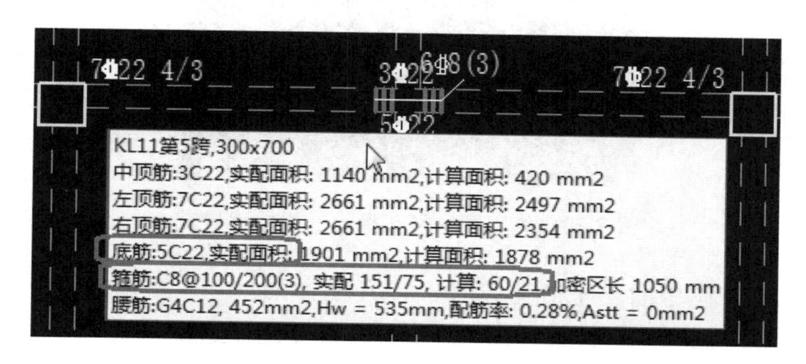

图 3-35　梁配置了三肢箍

第三种：如按照图 3-36 所示“梁是否按配有受压钢筋控制复合箍的配置”设置为“否”时，混凝土施工图软件就会配出如图 3-37 所示的 2 肢箍筋，C8@100/200（2）。此时“箍筋肢数是否可以为单数”不起作用。

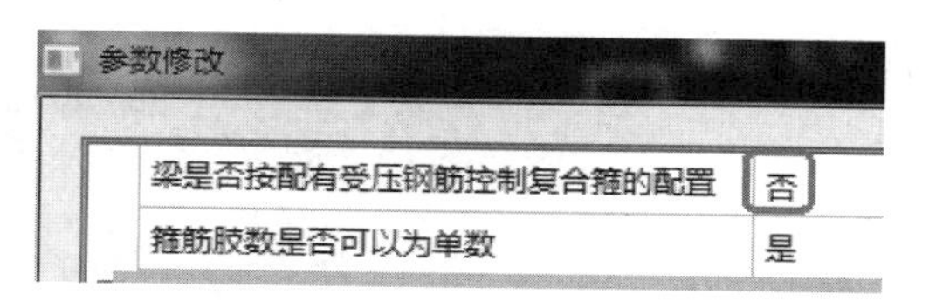

图 3-36　梁箍筋配置控制参数选“否与是”

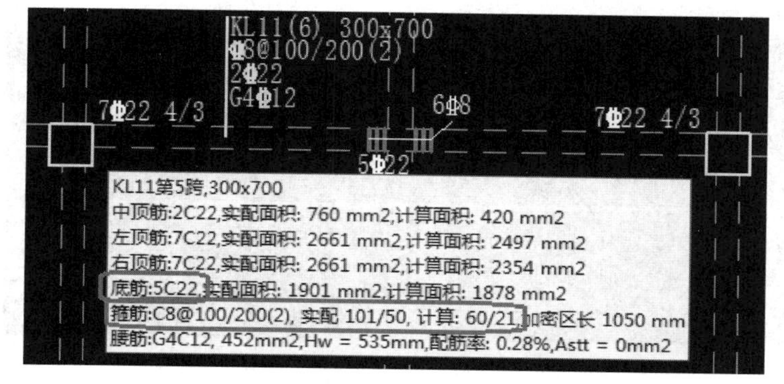

图 3-37　梁配置了 2 肢箍

3.14 关于施工图中梁挠度的问题

Q：混凝土施工图中，如图 3-38 所示，箭头标记的这些次梁挠度图绘制异常，挠度出现了类似悬臂梁的形态？

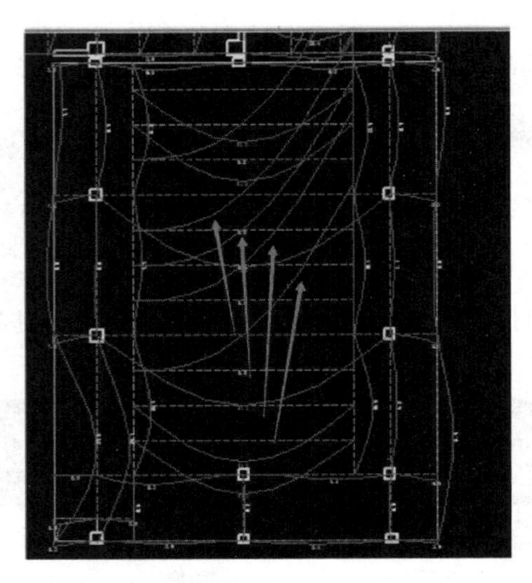

图 3-38 施工图中箭头标识的梁挠度异常

A：检查梁施工图中的支座情况如图 3-39 所示，梁只有一跨，软件生成的次梁支座异常，右侧支座为圆圈“O”情况，在施工图软件中三角形表示梁支座，圆圈表示梁的内部节点。本项目中，对于只有一跨的次梁，如果一端有圆圈会把梁变成悬臂梁。所以，图中程序的自动判断结果为悬臂梁，与实际应该是简支梁的情况不符，所以出现了挠度类似于悬臂梁的异常情况。

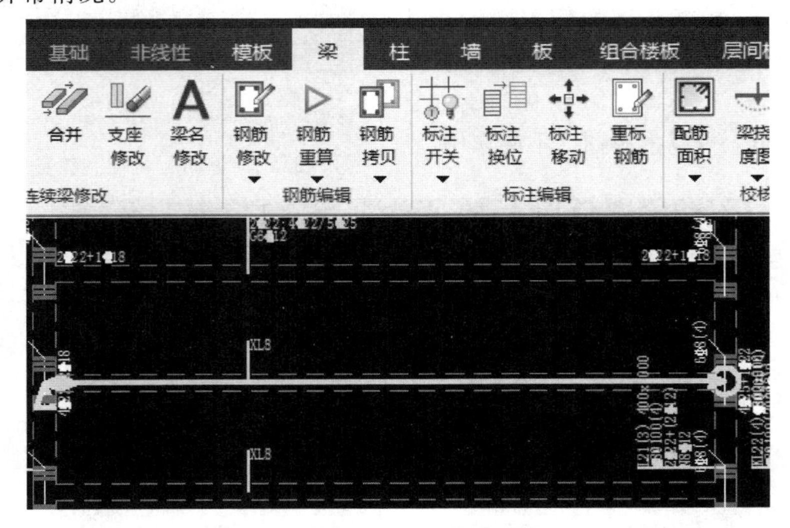

图 3-39 梁支座信息查看及修改

一跨的次梁如果要把两端的主梁定义为支座，则在梁施工图软件中，提供人工修改支座功能，将“O”改为三角支座，修改支座后，重新验算梁的挠度，挠度图正常，如图 3-40所示。

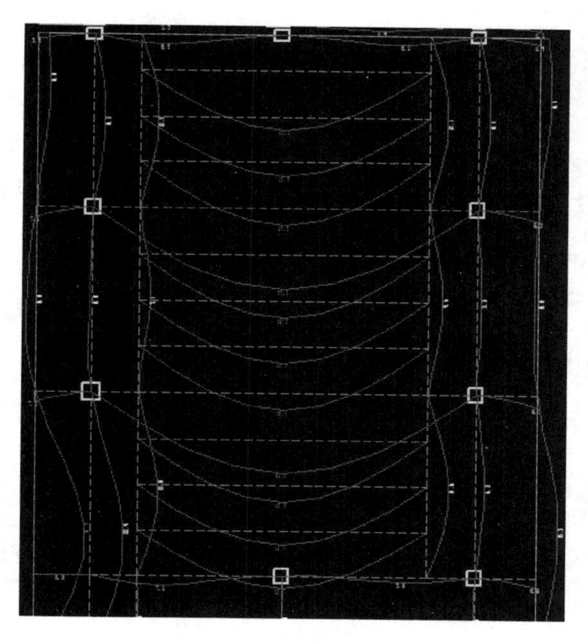

图 3-40　修改梁支座挠度显示正常

3.15　关于梁端点铰与否在施工图中表达的问题

Q：如图 3-41 所示的两根次梁，在 SATWE 中一根次梁两端点铰和另外一根两端不点铰，接入梁平法施工图后，对于次梁名称应该如何表示？

A：SATWE 计算时，对图 3-41 所示的次梁左侧图是没有点铰的结果，右侧是两端点铰的结果。

从 SATWE 的计算结果来看，左侧没有点铰的梁负弯矩对应的配筋为 250，弯矩图类似于框架梁的弯矩图形态，此时梁支座负筋需要充分利用钢筋的抗拉强度，用来满足梁端负弯矩的要求。

右侧两端点铰的梁负弯矩对应的配筋为 87，实质上点铰后按照简支梁来计算，需要考虑构造要求，根据《混凝土结构设计规范》第 9.2.6 条，当梁端按简支计算但实际受到部分约束时，应在支座区上部设置纵向构造钢筋，如图 3-42 所示。其截面面积不应小于梁跨中下部纵向受力钢

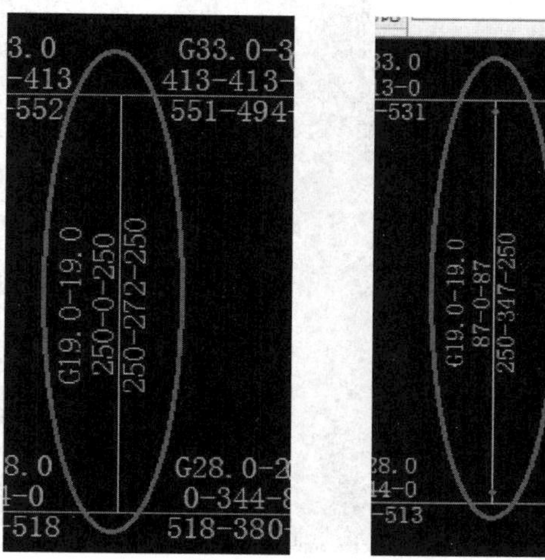

图 3-41　SATWE 中次梁点铰与否结果对比

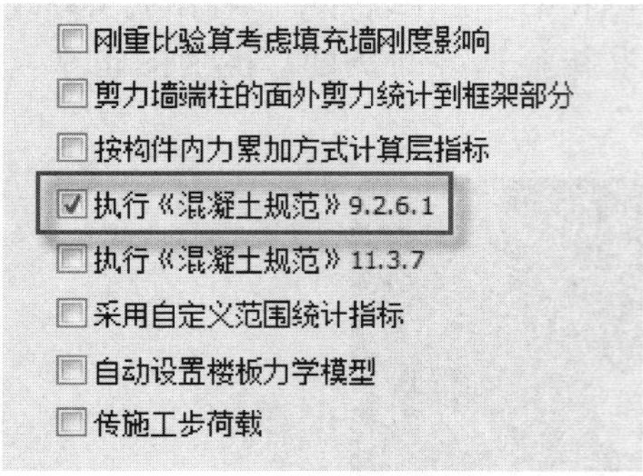

刚重比验算考虑填充墙刚度影响
剪力墙端柱的面外剪力统计到框架部分
按构件内力累加方式计算层指标
☑ 执行《混凝土规范》9.2.6.1
执行《混凝土规范》11.3.7
采用自定义范围统计指标
自动设置楼板力学模型
传施工步荷载

图 3-42　执行《混凝土结构设计规范》第 9.2.6 条第 1 款

筋计算所需截面面积的 1/4，且不应少于 2 根。该纵向构造钢筋自支座边缘向跨内伸出的长度不应小于 $L_0/5$，L_0 为梁的计算跨度。

混凝土梁按照平法绘制施工图，如图 3-43 所示有两种构造情况：第一，充分利用钢筋的抗拉强度；第二，设计铰接。

梁施工图绘图时，对应第一种情况，不点铰处理即充分利用钢筋的抗拉强度，在施工图梁的参数设置中将非框架梁的名称前缀设置为 Lg 来绘图，如图 3-44 左图所示；对应第二种情况，设计按铰接时即点铰处理时，施工图中表示成代号为 L 的非框架梁，如图 3-44 右图所示。

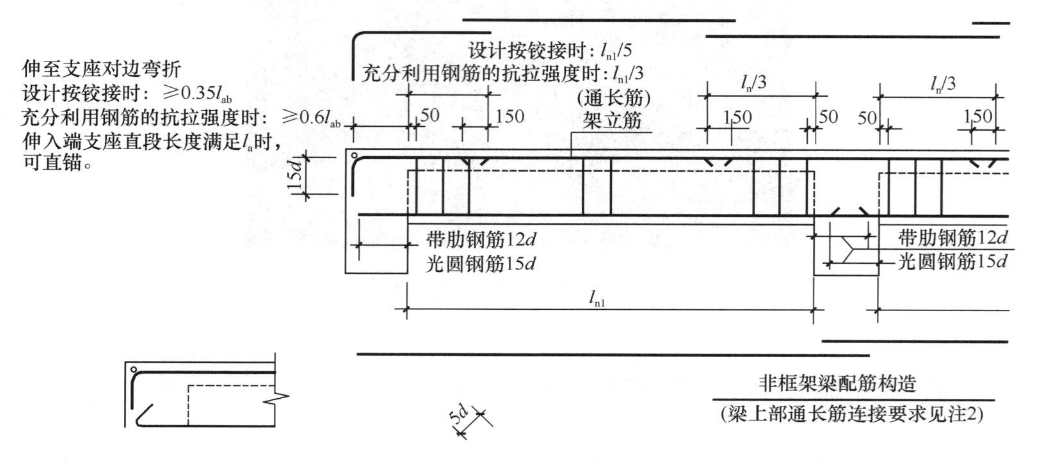

图 3-43　充分利用钢筋抗拉强度与设计按铰接构造

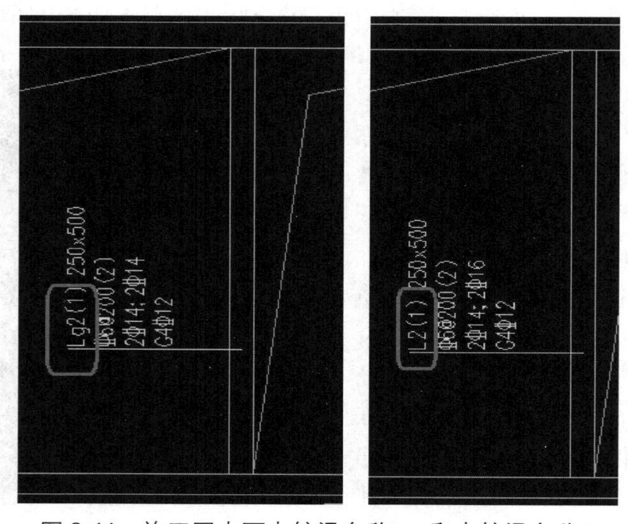

图 3-44　施工图中不点铰梁名称 Lg 和点铰梁名称 L

3.16　关于柱箍筋级别发生变化的问题

Q：本工程框架-剪力墙结构，共 2 层，设防烈度 7 度，剪力墙抗震等级三级，框架抗震等级四级。如图 3-45 所示，在 SATWE 中柱箍筋设置为 HPB300 级钢筋。如图 3-46 所示为 SATWE 的计算配筋结果。图 3-47 为施工图的箍筋参数。柱平法施工图中自动接力 SATWE 设计结果，如图 3-48 所示，柱箍筋配筋的结果为 HRB400 级钢筋。柱施工图自动接力 SATWE 设计结果后，柱箍筋的钢筋级别为什么发生了变化？

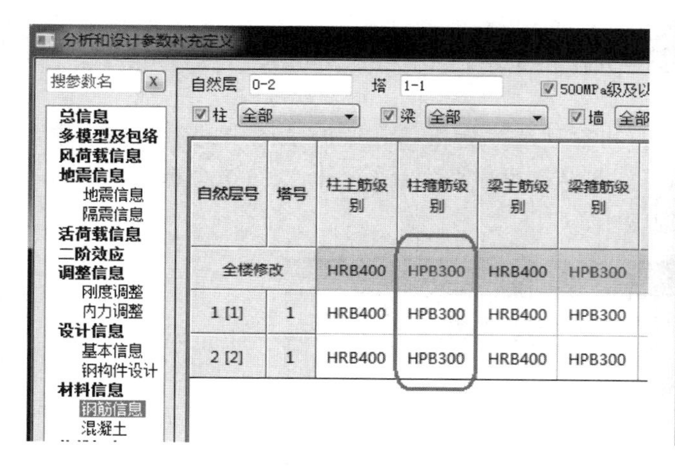

自然层号	塔号	柱主筋级别	柱箍筋级别	梁主筋级别	梁箍筋级别
全楼修改		HRB400	HPB300	HRB400	HPB300
1 [1]	1	HRB400	HPB300	HRB400	HPB300
2 [2]	1	HRB400	HPB300	HRB400	HPB300

图 3-45　SATWE 计算时设置的柱箍筋钢筋级别

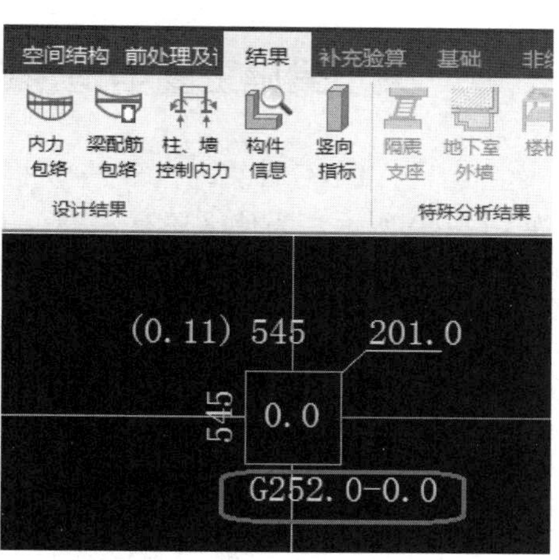

图 3-46　SATWE 计算的柱箍筋面积

选筋库	
是否考虑优选钢筋直径	0-否
优选影响系数	0.20
纵筋库	20,18,25,22,16
箍筋库	8,6

图 3-47　柱施工图参数的箍筋选筋库

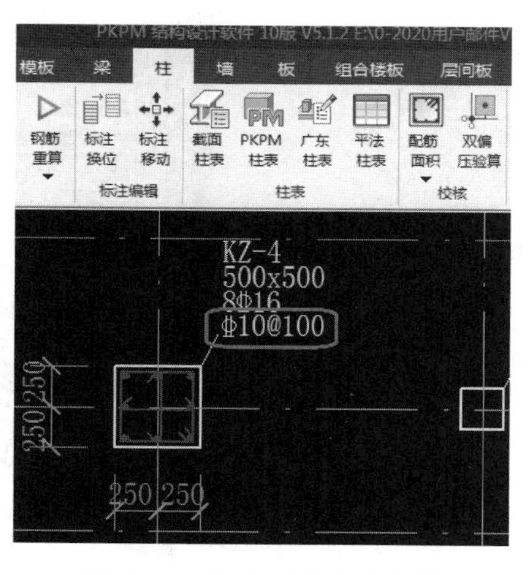

图 3-48　柱施工图自动箍筋级别为 HRB400 级

A：柱箍筋的配筋规则如下：当箍筋库中的最大箍筋不能满足单肢箍面积时，施工图软件按照以下 3 种情况顺序处理：（1）箍筋等级不大于 HRB400 级时，调大箍筋等级，最大调为 HRB400 级，并将箍筋面积等强度换算，再重新到箍筋库中选筋；（2）箍筋等级已经是 3 级时，不再调高箍筋等级，直接从系统内定的箍筋库（6、8、10、12、14、16、18、20、22、24、25、28、30）中选筋；（3）箍筋等级已经是 HRB400 级时且系统内定的箍筋也没有选到箍筋，程序直接选用计算面积的计算直径。

经分析，箍筋库中的最大箍筋直径 8，不能满足单肢箍面积 252/3＝84，施工图软件调大箍筋等级到 3 级，并从系统内定的箍筋库中自动选择直径 10 的箍筋，并进行了等强度换算之后，满足要求，因此，导致实配箍筋钢筋级别与计算的箍筋级别不同。

3.17 关于梁施工图中是否选择执行可靠性标准的问题

Q：SATWE 计算时已经选择了执行可靠性统一标准，在梁施工图中的参数修改中，如图 3-49 所示，为什么还有“是否执行建筑结构可靠性设计统一标准”这个选项？SATWE 中已经考虑了，这个地方还需要勾选吗？

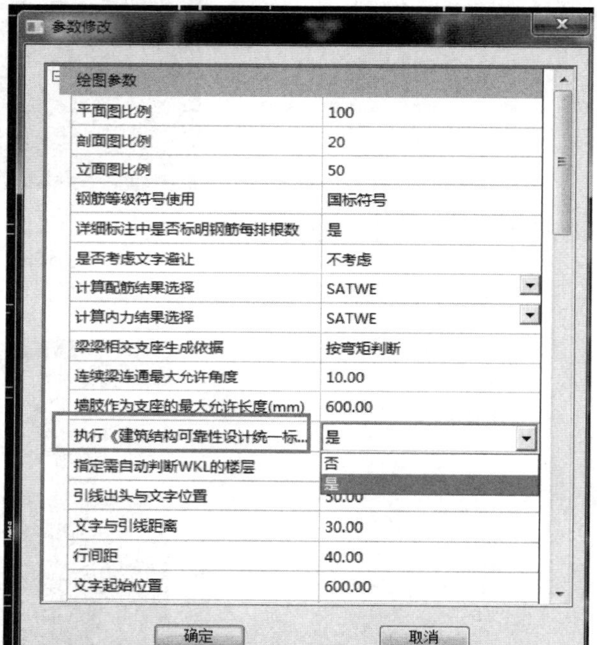

图 3-49　选择是否执行可靠性设计统一标准

A：梁施工图中设置新可靠性设计统一标准的选项是因为在梁施工图中，计算附加箍筋和吊筋次梁传给主梁的集中力是在梁施工图中单独组合并计算的，跟 SATWE 中的勾选可靠性设计统一标准没有关系。

如图 3-50 及图 3-51 所示，梁施工图中选择是否执行新可靠性设计统一标准，次梁集中力是存在差异的。

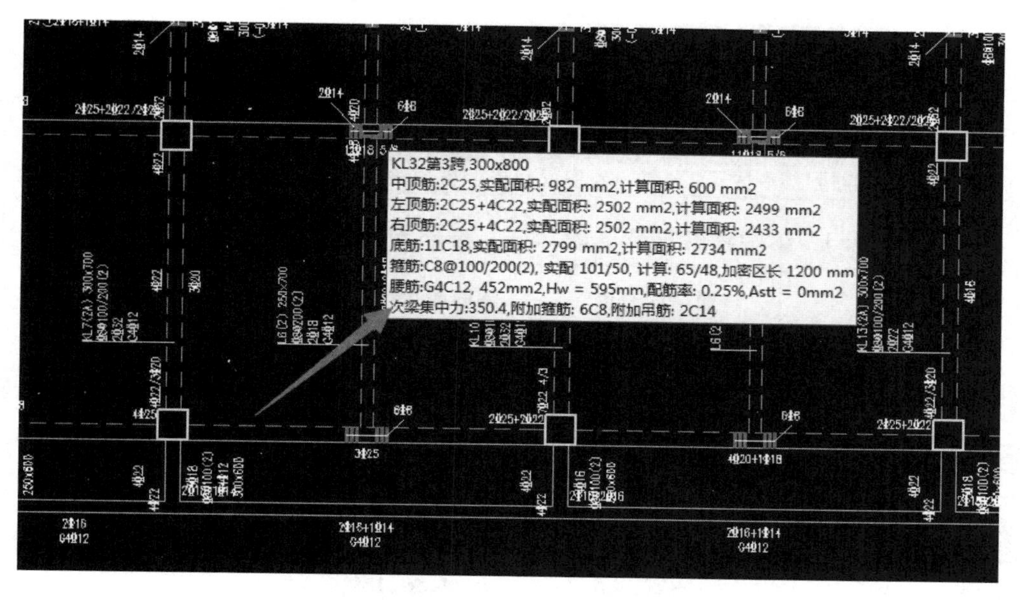

图 3-50　梁施工图中不执行可靠性设计统一标准

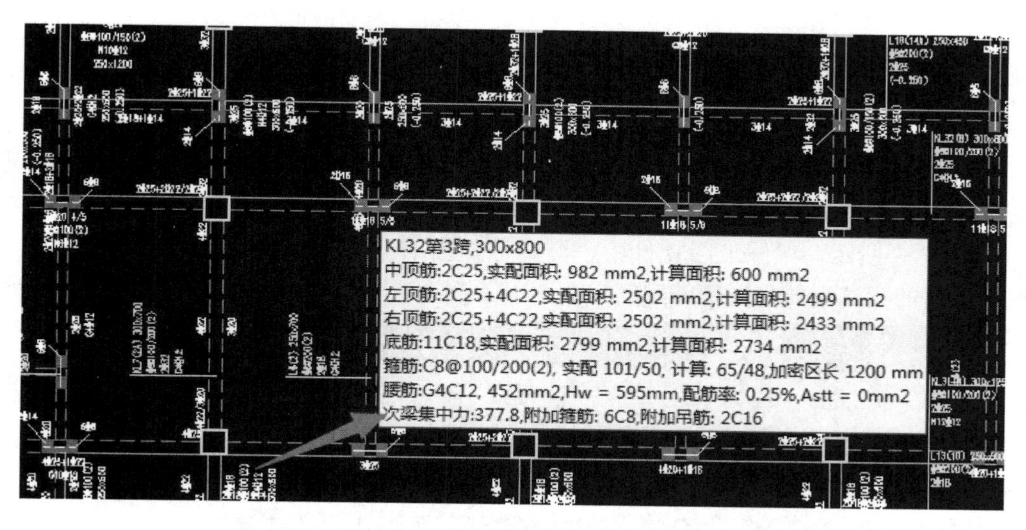

图 3-51　梁施工图中选择执行可靠性设计统一标准

3.18　关于梁施工图中配筋率大于 2%箍筋直径增加 2mm 的问题

Q：按照规范要求，如图 3-52 所示，梁端纵向受拉钢筋配筋率大于 2%时，《建筑抗震设计规范》表 6.3.3 中箍筋最小直径应增大 2mm，施工图软件能实现此条规定吗？

A：《建筑抗震设计规范》第 6.3.3 条规定，梁端箍筋加密区的箍筋最小直径应按表 6.3.3 采用，当梁端纵向受拉钢筋配筋率大于 2%时，表中箍筋最小直径数值应增大 2mm。

6．3．3 梁的钢筋配置，应符合下列各项要求：

1 梁端计入受压钢筋的混凝土受压区高度和有效高度之比，一级不应大于0．25，二、三级不应大于0．35。

2 梁端截面的底面和顶面纵向钢筋配筋量的比值，除按计算确定外，一级不应小于0．5，二、三级不应小于0．3。

3 梁端箍筋加密区的长度、箍筋最大间距和最小直径应按表6．3．3采用，当梁端纵向受拉钢筋配筋率大于2%时，表中箍筋最小直径数值应增大2mm。

表 6.3.3 梁端箍筋加密区的长度、箍筋的最大间距和最小直径

抗震等级	加密区长度（采用较大值）(mm)	箍筋最大间距（采用最小值）(mm)	箍筋最小直径 (mm)
一	$2h_b$,500	$h_b/4,6d,100$	10
二	$1.5h_b$,500	$h_b/4,8d,100$	8
三	$1.5h_b$,500	$h_b/4,8d,150$	8
四	$1.5h_b$,500	$h_b/4,8d,150$	6

图 3-52 《建筑抗震设计规范》对梁配置箍筋的相关要求

施工图软件按照此条规定处理。

现举例如下：

按照图 3-52 的要求，框架梁抗震等级三级，箍筋可以配的最小直径为 8mm，当梁端纵向受拉钢筋配筋率大于 2%时，梁端加密区箍筋最小直径应该配成 10mm。

如图 3-53 所示，梁施工图软件中，椭圆标识出的梁端纵向受拉钢筋配筋率 2.76%，方框标识出的梁端纵向受拉钢筋配筋率 0.52%；另外图 3-54 所示为两处对应的箍筋计算

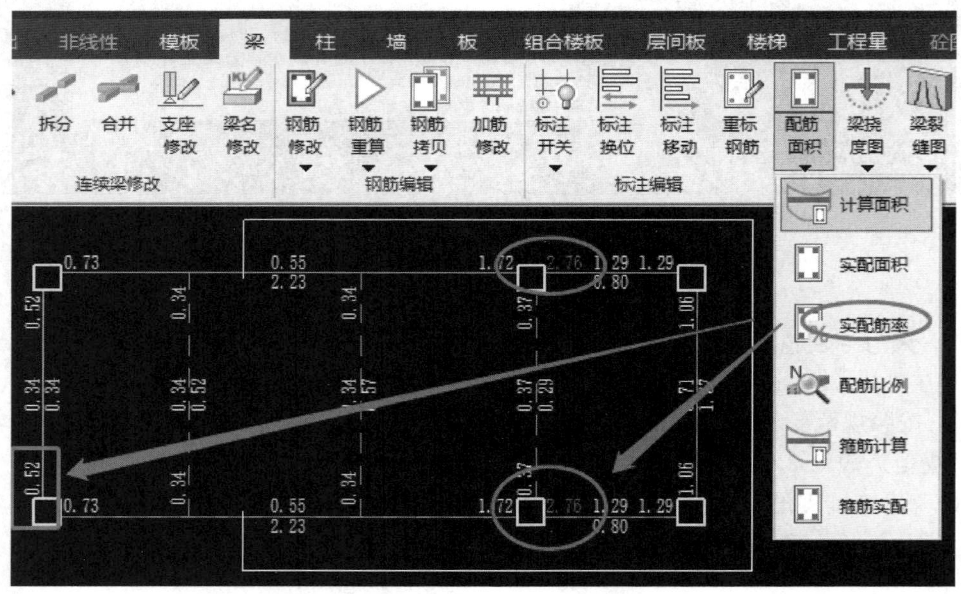

图 3-53 施工图中梁纵筋实配配筋率

面积分别为 84 和 26，那么正常配置箍筋的话，Φ 8@100 足够了。

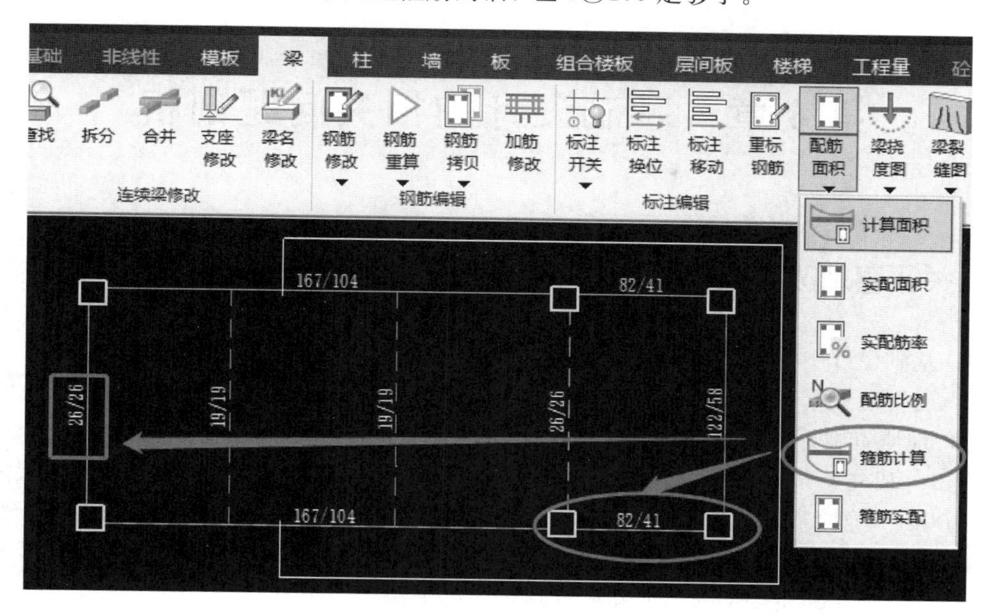

图 3-54　施工图中对应梁箍筋计算配筋面积

查看施工图的实际最终配筋结果，如图 3-55 所示，梁的箍筋配置分别为Φ10@100/200（2）和Φ8@100/200（2），对于配筋率大于 2%的那根梁箍筋直径已经增加了 2mm。

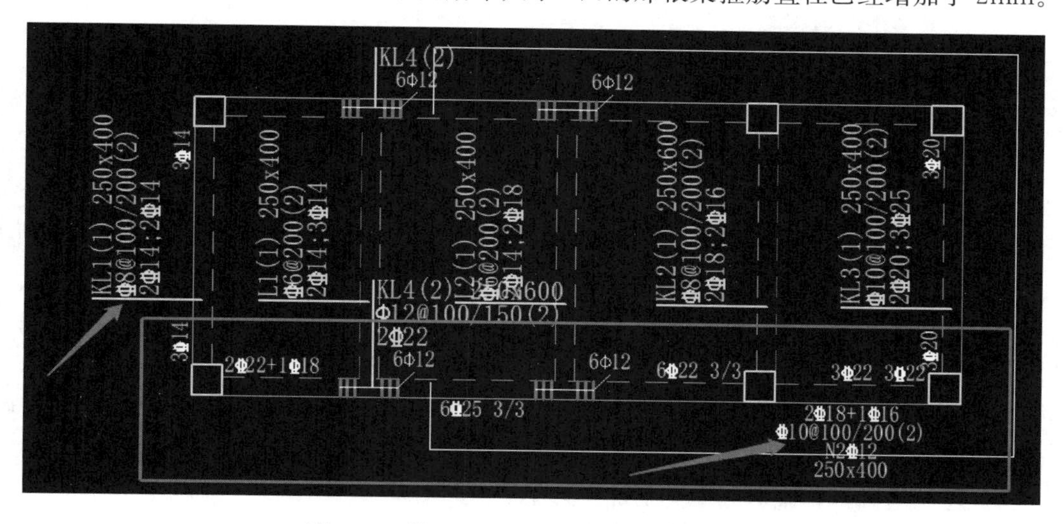

图 3-55　施工图中对应梁箍筋的实配钢筋

从上例中可以看出，施工图软件自动生成的梁箍筋满足《建筑抗震设计规范》第 6.3.3 条规定，梁端箍筋按表 6.3.3 采用，并且当梁端纵向受拉钢筋配筋率大于 2%时，表中箍筋最小直径数值相应地增大了 2mm。

第 4 章　基础设计的相关问题剖析

4.1　关于基础沉降的问题

Q：基础设计中，JCCAD 软件沉降计算值为 0 是什么原因？

A：通常造成基础沉降值为 0 的主要原因可能有以下三点：

（1）地质资料标高输入有误，导致基础底面在土层的上方。

例如：某柱下条形基础，地梁底标高为－1.10m，上部结构楼层组装时的首层底标高为 0.00m。经检查，地质资料中的标准孔点信息，“结构物±0.00 对应的地质资料标高”是 1.10m，孔口标高是 0.00m，如图 4-1 所示。换算成相对标高后，孔口标高为－1.10m，显然基础在土层的上方并没有落在土层中。

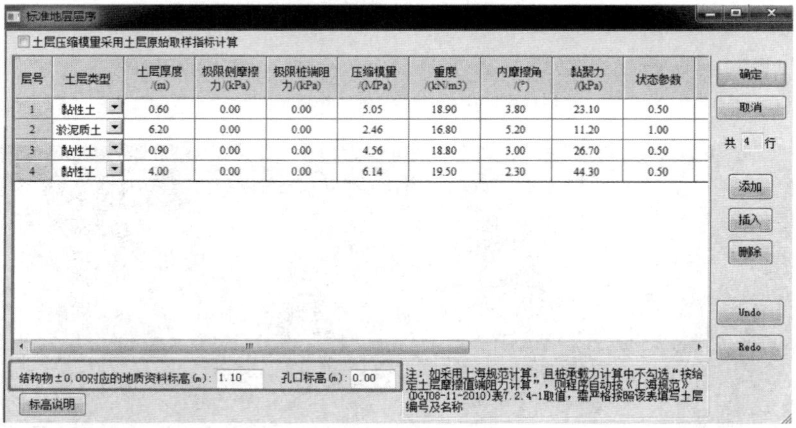

标准地层层序

土层压缩模量采用土层原始取样指标计算

层号	土层类型	土层厚度/(m)	极限侧摩擦力/(kPa)	极限桩端阻力/(kPa)	压缩模量/(MPa)	重度/(kN/m3)	内摩擦角/(°)	黏聚力/(kPa)	状态参数
1	黏性土	0.60	0.00	0.00	5.05	18.90	3.80	23.10	0.50
2	淤泥质土	6.20	0.00	0.00	2.46	16.80	5.20	11.20	1.00
3	黏性土	0.90	0.00	0.00	4.56	18.80	3.00	26.70	0.50
4	黏性土	4.00	0.00	0.00	6.14	19.50	2.30	44.30	0.50

确定　取消　共 4 行　添加　插入　删除　Undo　Redo

结构物±0.00对应的地质资料标高(m)：1.10　孔口标高(m)：0.00

标高说明

注：如采用上海规范计算，且桩承载力计算中不勾选“按给定土层摩擦值端阻力计算”，则程序自动按《上海规范》(DGJ08-11-2010)表7.2.4-1取值，需严格按照该表填写土层编号及名称

图 4-1　地质资料输入土层及标高信息

可以通过“基础模型”-“三维显示”-绘图选项设置“显示地质资料”，从三维图里可以看出基础底面没有落在土层里，而是在土层的上方，如图 4-2 所示。

（2）超挖基础，基础基底平均附加应力小于 0。

可通过基础沉降计算书查看基础附加应力是否小于 0，如图 4-3 所示。

V5 版本沉降结果图增加单元底附加压力的输出，如图 4-4 所示，更加便于查看基础是否为超挖基础。

（3）桩长超出土层范围。

例如，桩承台基础模型，承台底标高设置为－0.55m，桩长定义为 10m，桩底标高则是－10.55m。地质资料查看土的剖面图，如图 4-5 所示，最底层的土层底标高是－9.49m，显然桩超出土层了，沉降是从桩底开始算压缩层的，故沉降值为 0。

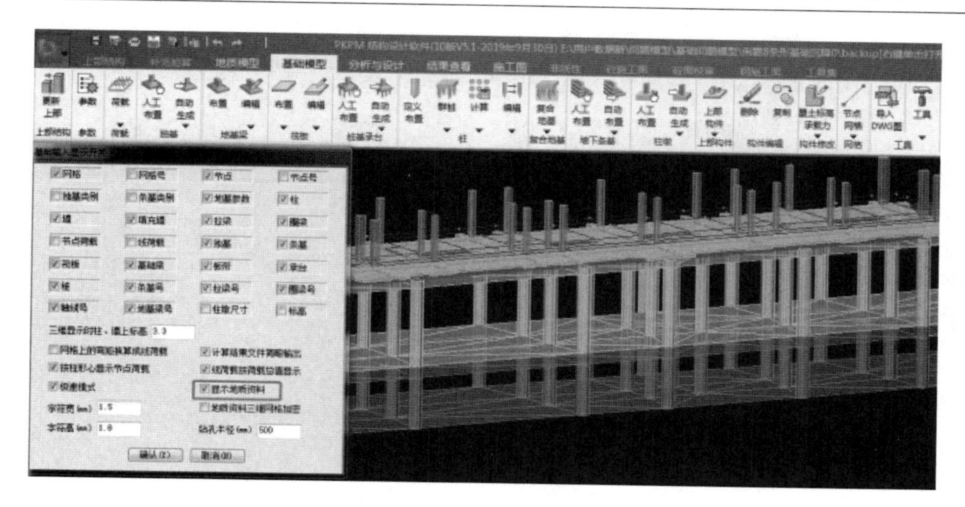

图 4-2　地质资料三维显示

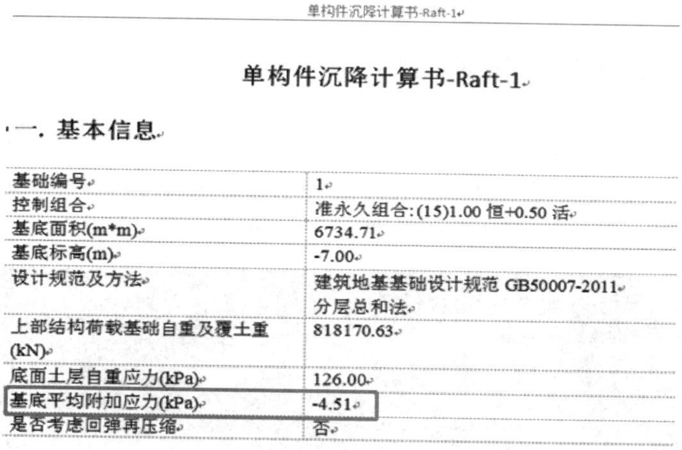

单构件沉降计算书-Raft-1

单构件沉降计算书-Raft-1

一. 基本信息

基础编号	1
控制组合	准永久组合:(15)1.00 恒+0.50 活
基底面积(m*m)	6734.71
基底标高(m)	-7.00
设计规范及方法	建筑地基基础设计规范 GB50007-2011 分层总和法
上部结构荷载基础自重及覆土重(kN)	818170.63
底面土层自重应力(kPa)	126.00
基底平均附加应力(kPa)	-4.51
是否考虑回弹再压缩	否

图 4-3　基础沉降计算书

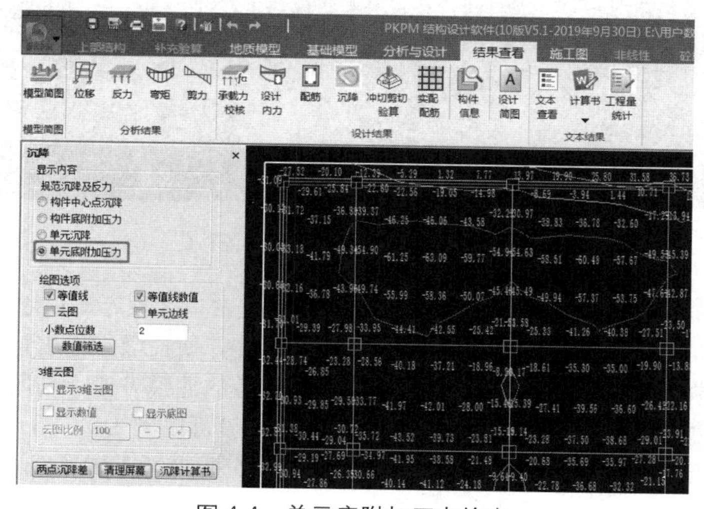

图 4-4　单元底附加压力输出

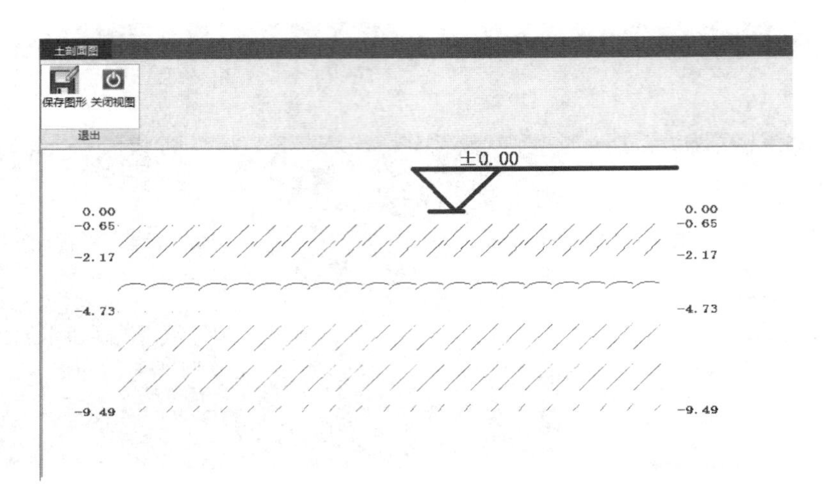

图 4-5　土层剖面图

4.2　关于柱墩的布置及计算问题

Q：基础设计中，两个相邻的柱墩如果出现了部分重叠应该如何处理？图 4-6 所示两个相邻的柱墩在框线处发生了重叠，重叠后两个位置的冲切各自考虑，很可能会导致冲切结果偏于不安全。此时需要设计人员如何处理，才能避免柱墩重叠？

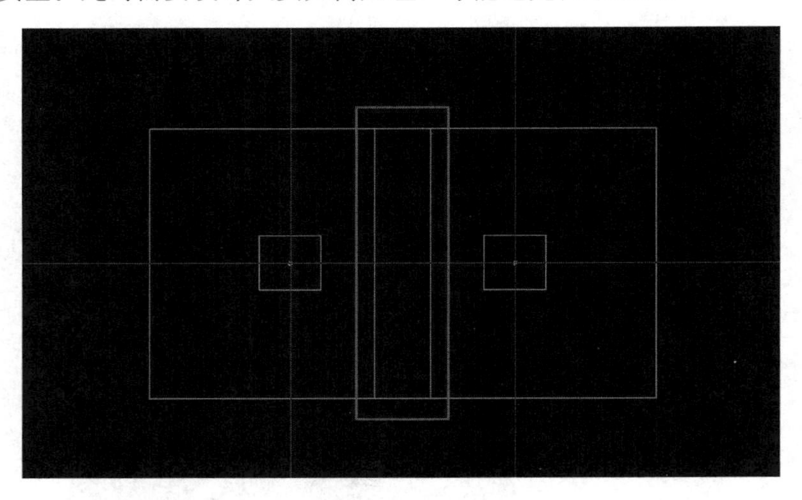

图 4-6　两柱墩距离很近导致重叠

A：如果在布置柱墩时，导致相邻比较近的柱墩重叠，处理方法可以归纳为三种：

一是在满足冲切验算的前提下，直接调整柱墩尺寸，使柱墩不发生重叠。

二是在不能调整柱墩尺寸时，需要改变重叠的柱墩的建模方式，采用子筏板或布置筏板加厚来进行考虑。在布置子筏板或筏板加厚时，一般可以到 PMCAD 建模中或基础中根据柱墩的轮廓尺寸布置网格线，然后以网格线作为依据围区布置子筏板或筏板加厚区，如图 4-7 所示。

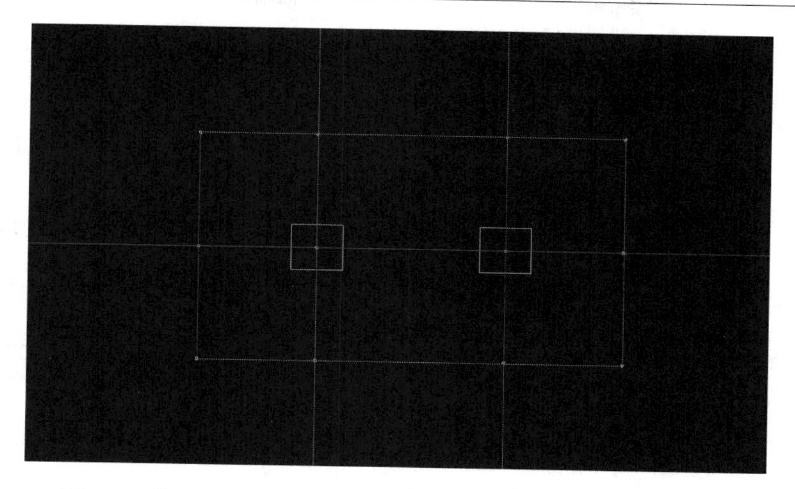

图 4-7　布置柱墩轮廓尺寸网格线，再布置子筏板或局部加厚

三是可以通过“柱墩”-“自动布置”-“双柱柱墩”，直接完成双柱柱墩的自动布置，如图 4-8 所示。

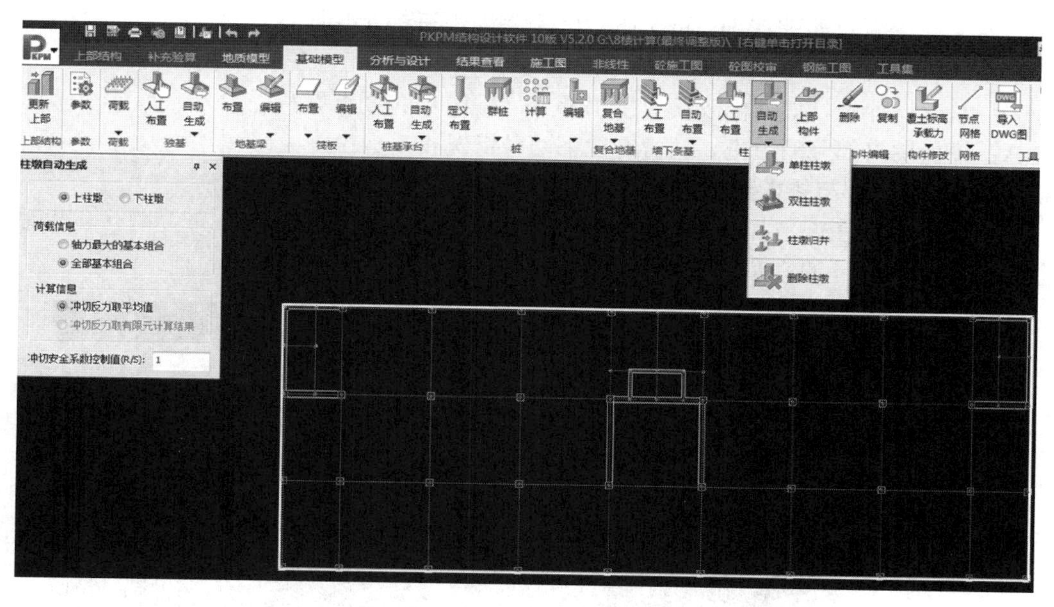

图 4-8　双柱柱墩自动布置

4.3　关于地基承载力修正的问题

Q：为什么地基承载力调整已经把宽度和深度调整的系数都写为 0 了，程序出来的承载力 f_a 不等于承载力特征值 f_{ak}？该承载力考虑了什么因素？

A：因为《建筑抗震设计规范》对地基承载力也有相应的调整要求：

《建筑抗震设计规范》第 4.2.2 条，天然地基基础抗震验算时，应采用地震作用效应标准组合，且地基抗震承载力应取地基承载力特征值乘以地基抗震承载力调整系数计算。

《建筑抗震设计规范》第 4.2.3 条，地基抗震承载力应按下式计算：

$$f_{aE} = \zeta_a f_a \tag{4.2.3}$$

式中：f_{aE}——调整后的地基抗震承载力；

ζ_a——地基抗震承载力调整系数，应按表 4.2.3 采用；

f_a——深宽修正后的地基承载力特征值，应按现行国家标准《建筑地基基础设计规范》GB 50007 采用。

表 4.2.3 地基抗震承载力调整系数

岩土名称和性状	ζ_a
岩石，密实的碎石土，密实的砾、粗、中砂，$f_{ak} \geqslant 300$ 的黏性土和粉土	1.5
中密、稍密的碎石土，中密和稍密的砾、粗、中砂，密实和中密的细、粉砂，$150\text{kPa} \leqslant f_{ak} < 300\text{kPa}$ 的黏性土和粉土，坚硬黄土	1.3
稍密的细、粉砂，$100\text{kPa} \leqslant f_{ak} < 150\text{kPa}$ 的黏性土和粉土，可塑黄土	1.1
淤泥，淤泥质土，松散的砂，杂填土，新近堆积黄土及流塑黄土	1.0

4.4 关于筏板基础挑出部分覆土荷载的布置问题

Q：基础设计中，如何修改筏板挑出部分（挑檐）的覆土重？

A：筏板挑出部分的覆土，通常有以下两种情况：

1. 当筏板内部与挑檐部分的覆土重相同时

在筏板荷载中工况选择覆土荷载，然后定义并选择点选筏板满布，布置荷载，此时整块筏板包括挑出部分的满布荷载就实现了，如图 4-9 所示。

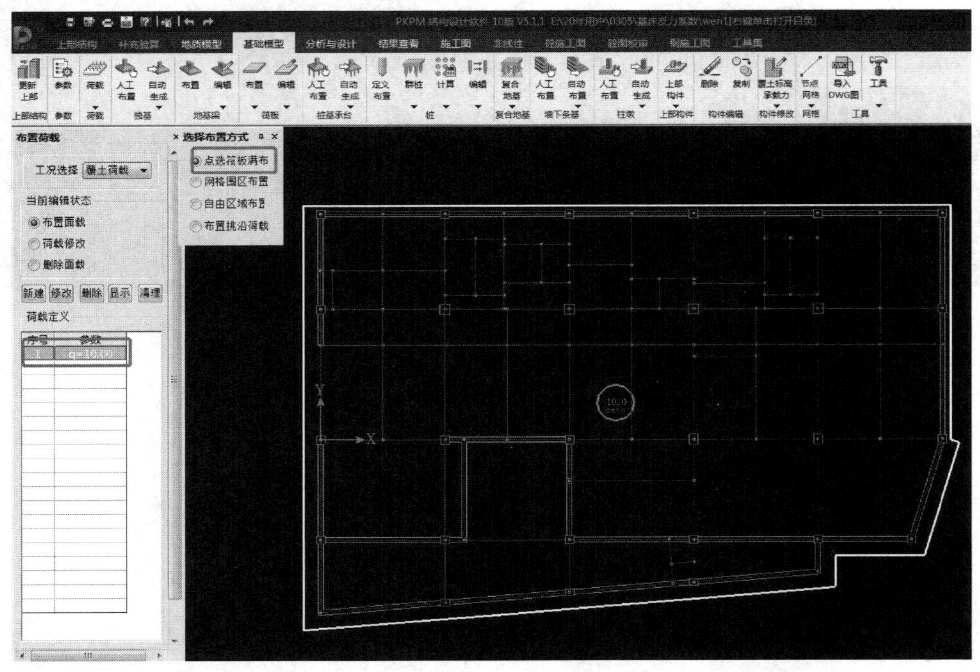

图 4-9 筏板挑出部分与筏板内部覆土重相同时直接布置覆土荷载

2. 当筏板内部与挑檐部分的覆土重不同时

如果筏板内部存在覆土重，可先按照图 4-9 中的步骤布置筏板满布荷载，由于满布覆土荷载和挑檐覆土荷载是叠加的关系，因此在荷载定义列表里定义覆土荷载值，该荷载值为挑檐部分总覆土重一满布覆土荷载，例如筏板满布覆土荷载为 10kN/m²，挑檐覆土荷载为 30kN/m²时，定义覆土荷载为 20kN/m²，选择“布置挑檐荷载”布置到板边，效果如图 4-10 所示。

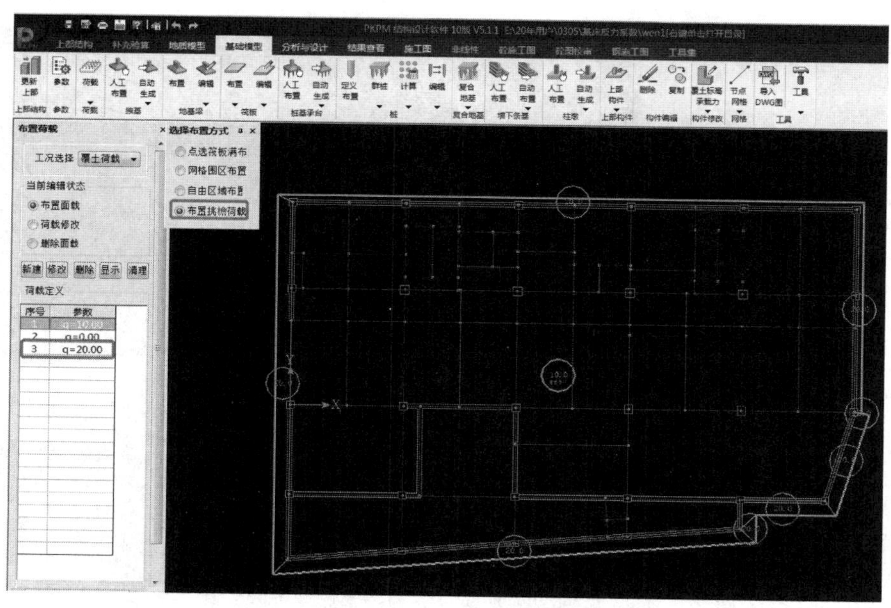

图 4-10　筏板挑出部分与筏板内部覆土重不同时布置覆土荷载

如果有些挑檐覆土重和其他挑檐不同时，可以选择荷载修改，然后在荷载定义对话框中填入相应的荷载值即可，如图 4-11 所示。

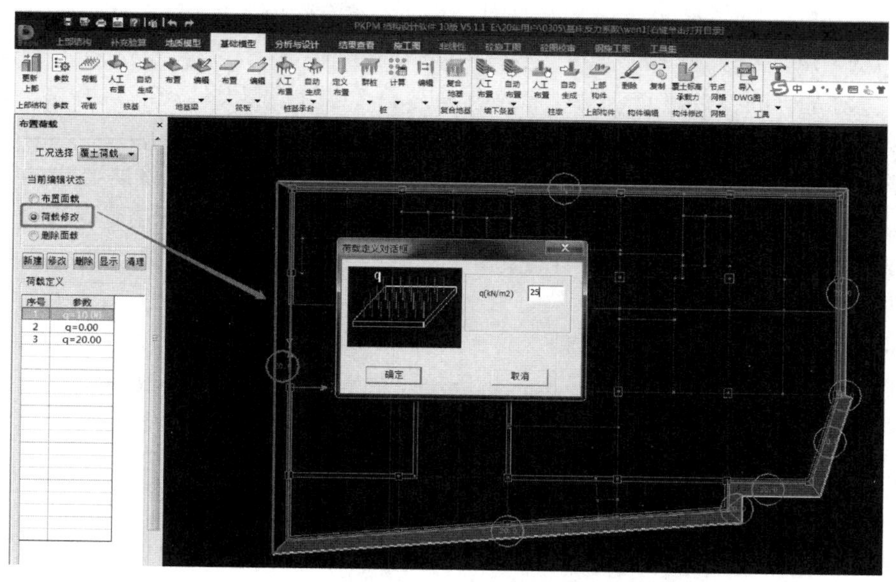

图 4-11　单独修改筏板某挑出边的荷载

4.5 关于基础中柱底弯矩组合的问题

Q：为何 JCCAD 中上部荷载显示校核的柱底弯矩设计值，按照单工况弯矩进行组合，校核不出来？图 4-12 所示为该结构基础中某柱柱底标准组合 20 号组合对应的柱底内力。

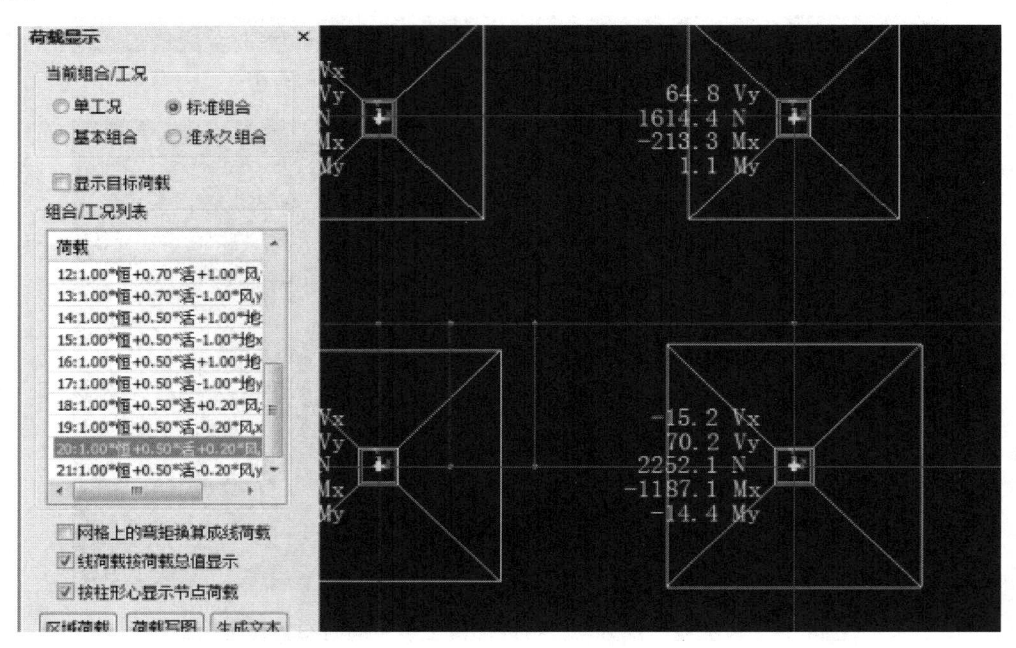

图 4-12　柱底 20 号标准组合的内力

A：按照某柱单工况内力加和得到 20 号标准组合 X 向弯矩为：

M_x＝－465.5－75.3×0.5－0.2×222.4－441.6＝－989.23kN·m，与软件输出值－1187.1kN·m 不符。

此时查看基础的参数定义，发现参数中考虑了《建筑抗震设计规范》第 6.2.3 条的柱底弯矩放大调整系数，如图 4-13 所示。

根据《建筑地基基础设计规范》第 8.4.17 条的要求：对有抗震设防要求的结构，当地下一层结构顶板作为上部结构嵌固端时，嵌固端处的底层框架柱下端截面组合弯矩设计值应按现行国家标准《建筑抗震设计规范》GB 50011 的规定乘以与其抗震等级相对应的增大系数。

此时校核弯矩，M_x＝－989.23×1.2＝－1187.076kN·m 与程序显示一致。

由于《建筑抗震设计规范》第 6.2.3 条是针对框架结构的强柱根调整，基础模块没有结构体系，基础的柱底内力都是调整前单工况值，因此，如果考虑了此条要求，需要用户在满足《建筑地基基础设计规范》第 8.4.17 条件时通过参数填写进行柱底内力的放大。

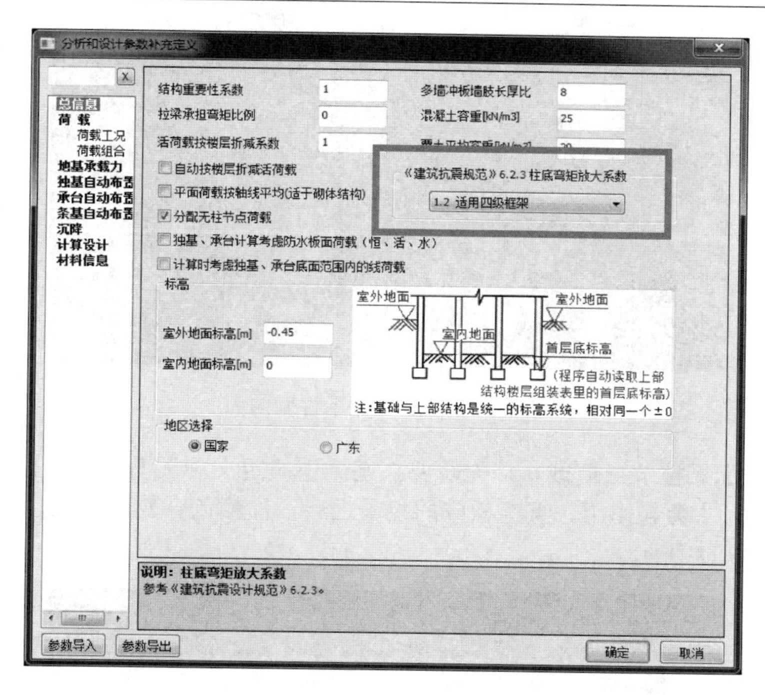

图 4-13　柱底考虑弯矩放大系数

4.6　关于分配无柱节点荷载的问题

Q：为什么在基础参数中，如图 4-14 所示设置了“分配无柱节点荷载”之后，查看荷载校核还会显示柱的内力？如图 4-15 所示。

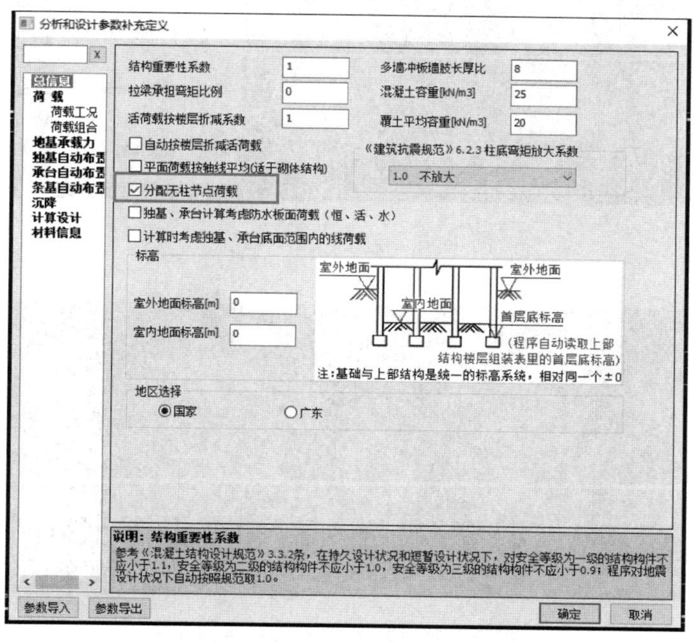

图 4-14　基础参数中设置分配无柱节点荷载

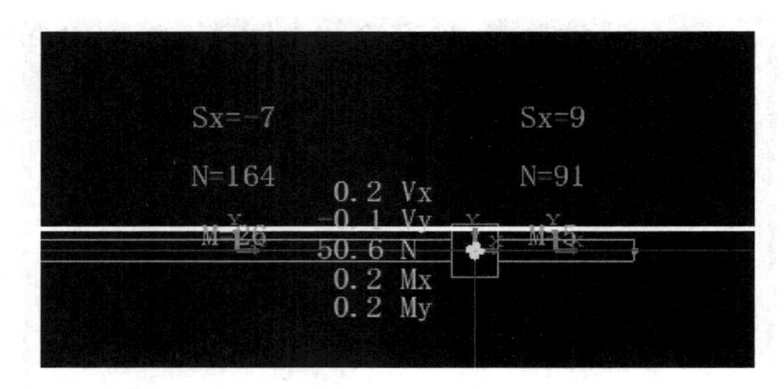

图 4-15　柱底还显示柱底内力

A：考虑分配无柱节点荷载，首先需要在基础模块定义为无基础柱，然后勾选“分配无柱节点荷载”，才会起作用，点选相应的柱子之后，柱颜色会变成白色，表示设置成功。如图 4-16 及图 4-17 所示。

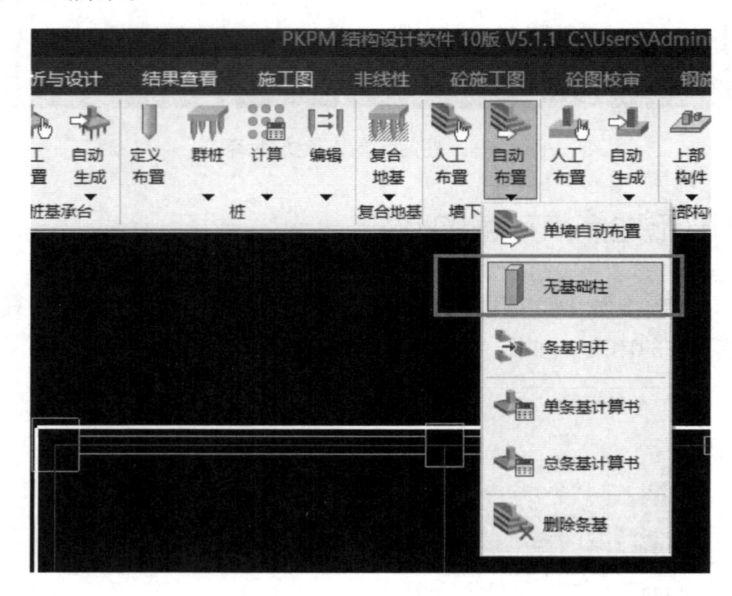

图 4-16　定义“无基础柱”

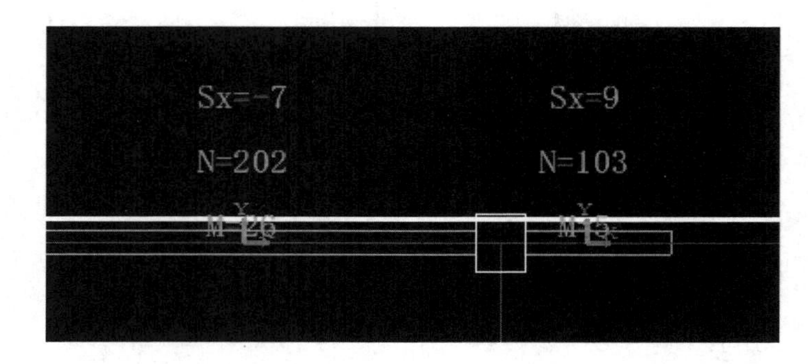

图 4-17　无基础柱的节点荷载进行了分配

4.7　关于桩承载力的问题

Q：桩基础设计中，桩的抗压承载力定义的是 1000kPa，为什么桩基承台承载力校核结果里面显示四桩承台和五桩承台承载力变大了，变成了 1034.98kPa 和 1061.37kPa，而两桩和三桩承台没有变？如图 4-18 所示。

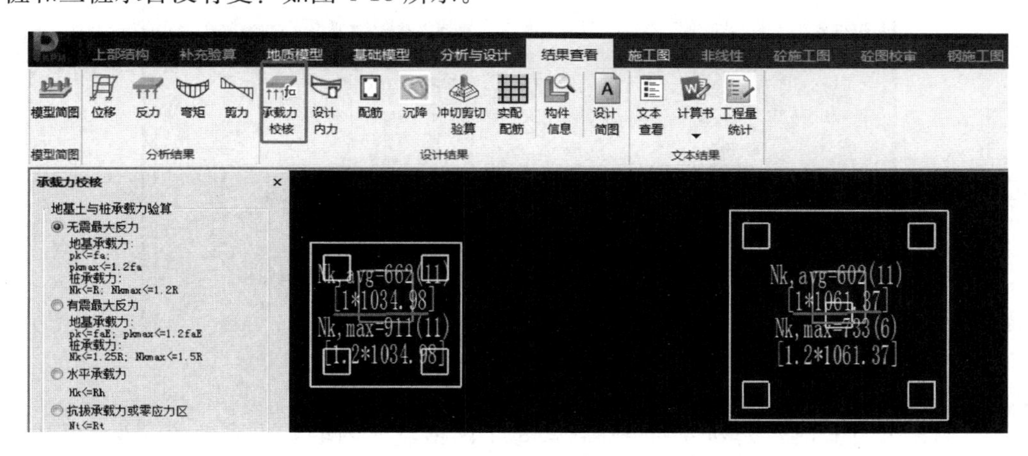

图 4-18　桩承载力校核中显示的单桩承载力值

A：由于设计师在基础设计中，参数定义中勾选了“桩承载力按共同作用调整”，如图 4-19 所示。勾选该项后软件会按照《建筑桩基技术规范》第 5.2.3 条，对桩数大于等于 4 的承台的单桩竖向承载力特征值进行调整，调整方法按照《建筑桩基技术规范》第 5.2.5 条。所以四桩承台和五桩承台承载力变大，两桩和三桩承台没有变。

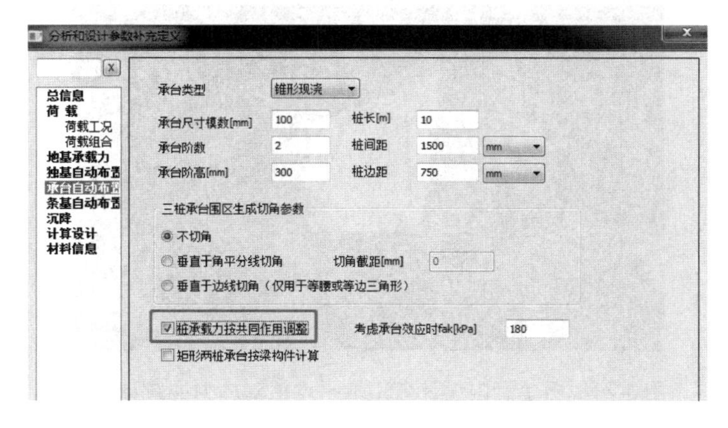

图 4-19　桩承载力按共同作用调整

4.8　关于筏板计算中板单元弯矩取值的问题

Q：筏板计算时考虑板单元设计弯矩取平均值和最大值有何区别？如图 4-20 所示。

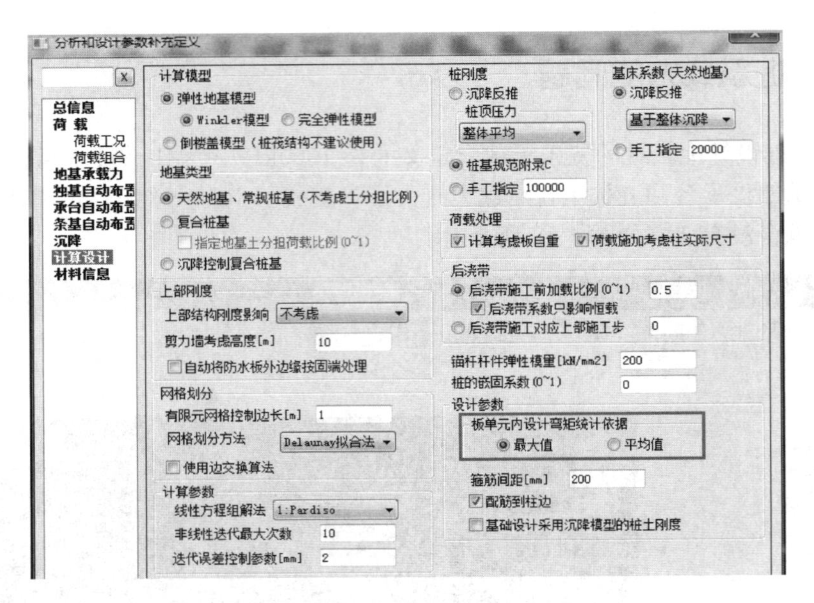

图 4-20　板单元内设计弯矩的取值

A：有限元计算时，先划分网格单元，每个网格单元内取若干高斯点（V5 版基础程序每个单元是 4 个高斯点）为计算节点，程序计算的时候默认每个单元取最大的内力计算配筋，如果勾选单元内力平均值，则先将 4 个高斯点的内力作平均处理，然后取平均后的内力计算该单元的配筋（图 4-21）。一般来说，网格尺寸不大，且同一单元内的高斯点内力离散性不是很大的情况下，可以勾选单元内力平均。

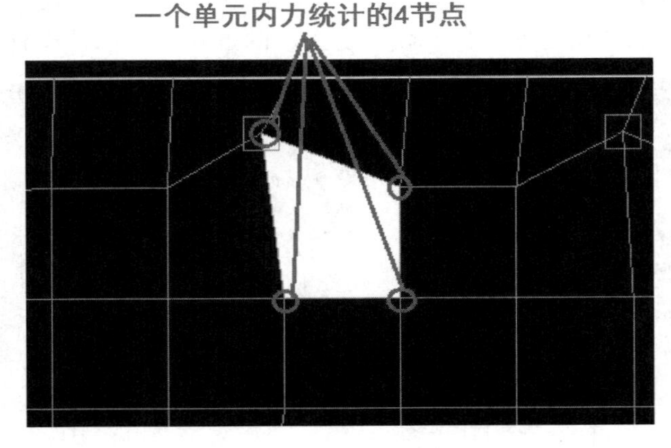

图 4-21　板单元内设计弯矩取平均值对内力的统计原则

4.9　关于柱墩冲切的问题

Q：基础模型里面有筏板，同时布置了柱墩，从哪里能看到柱墩对筏板的冲切结果?

A：柱冲切输出的就是柱和柱墩对筏板的冲切系数较小的结果，单独点击柱冲切板，查看冲切计算书，可以区分开冲切厚度 h_0，文本中输出了柱墩和柱分别冲切的结果可以查看，如图 4-22 所示。

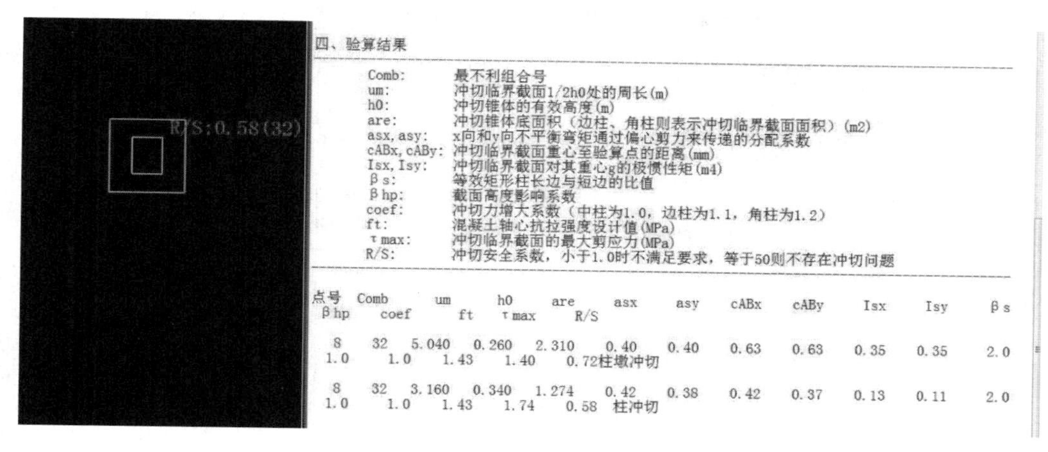

图 4-22　柱冲切文本中输出柱墩冲切板的结果

4.10　关于筏板地基承载力修正的问题

Q：基础设计中，JCCD 对筏板的地基承载力是如何修正的？与哪些参数有关？

A：筏板地基承载力的修正参考《建筑地基基础设计规范》第 5.2.4 条，需要注意的是修正深度的取值，程序取室外地面与筏板底标高的高差（独基需手动填写）。确定地基承载力所用的基础埋置深度对于筏板不起作用，如图 4-23 所示。

5.2.4　当基础宽度大于 3m 或埋置深度大于 0.5m 时，从载荷试验或其他原位测试、经验值等方法确定的地基承载力特征值，尚应按下式修正：

$$f_a = f_{ak} + \eta_b \gamma (b-3) + \eta_d \gamma_m (d-0.5) \qquad (5.2.4)$$

式中：f_a——修正后的地基承载力特征值（kPa）；

f_{ak}——地基承载力特征值（kPa），按本规范第 5.2.3 条的原则确定；

η_b、η_d——基础宽度和埋置深度的地基承载力修正系数，按基底下土的类别查表 5.2.4 取值；

γ——基础底面以下土的重度（kN/m^3），地下水位以下取浮重度；

b——基础底面宽度（m），当基础底面宽度小于 3m 时按 3m 取值，大于 6m 时按 6m 取值；

γ_m——基础底面以上土的加权平均重度（kN/m^3），位于地下水位以下的土层取有效重度；

d——基础埋置深度（m），宜自室外地面标高算起。在填方整平地区，可自填土地面标高算起，但填土在上部结构施工后完成时，应从天然地面标高算起。对于地下室，当采用箱形基础或筏基时，基础埋置深度自室外地面标高算起；当采用独立基础或条形基础时，应从室内地面标高算起。

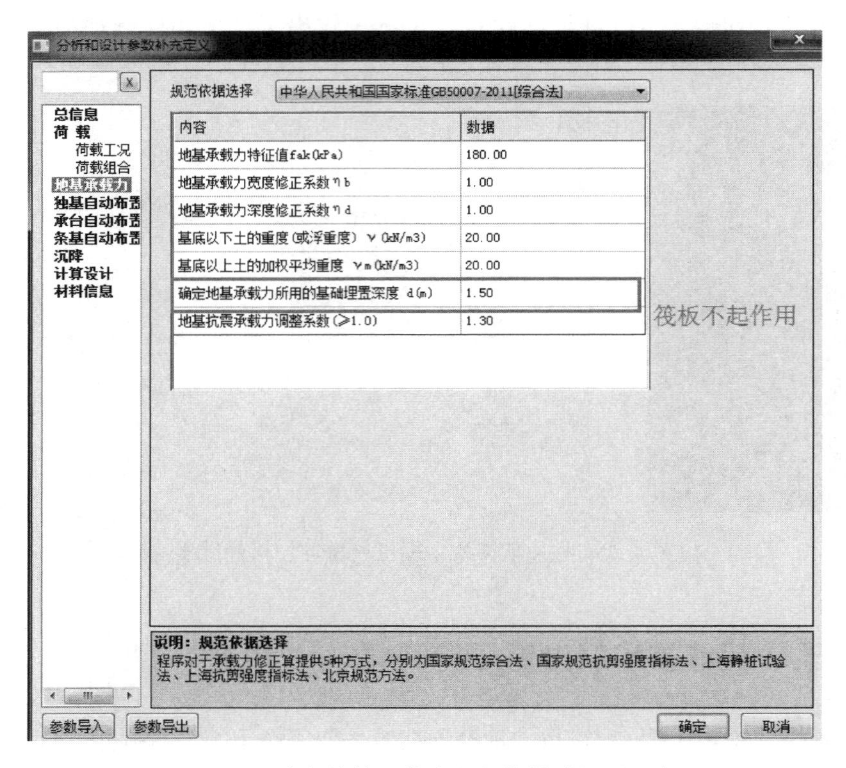

图 4-23 确定地基承载力所用的基础埋置深度

以图 4-24 所示简单工程为例，轴网尺寸为 5m×5m，筏板挑出宽度 200mm，筏板底标高－1.5m，室外地面标高 1m，参数设置如图 4-25 所示。

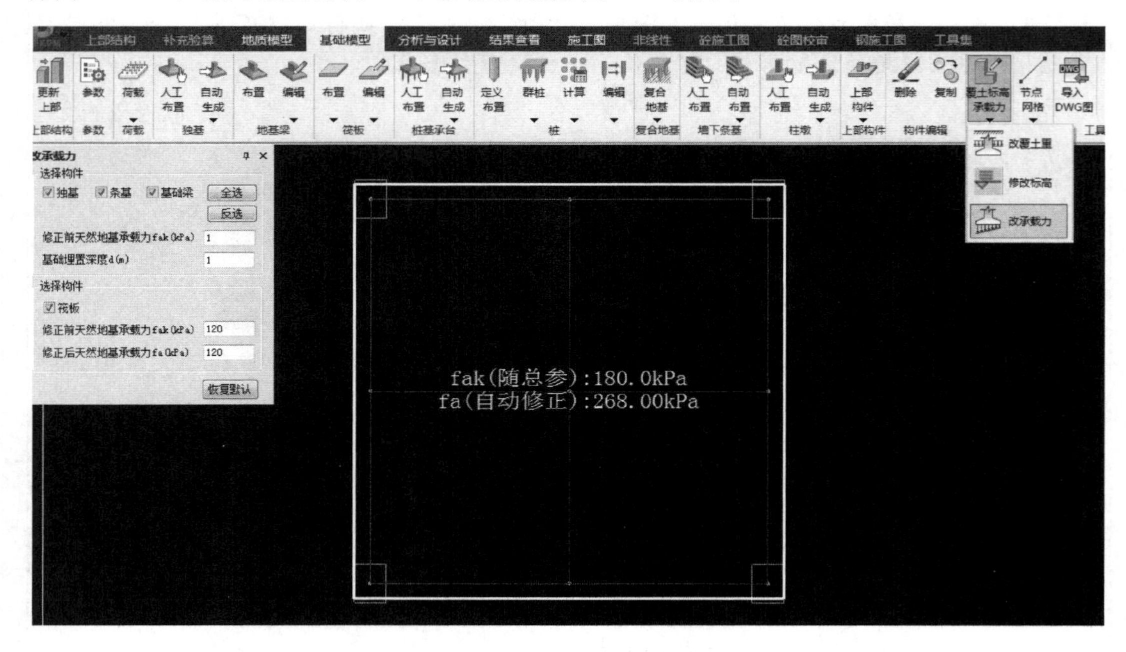

图 4-24 基础中布置了筏板

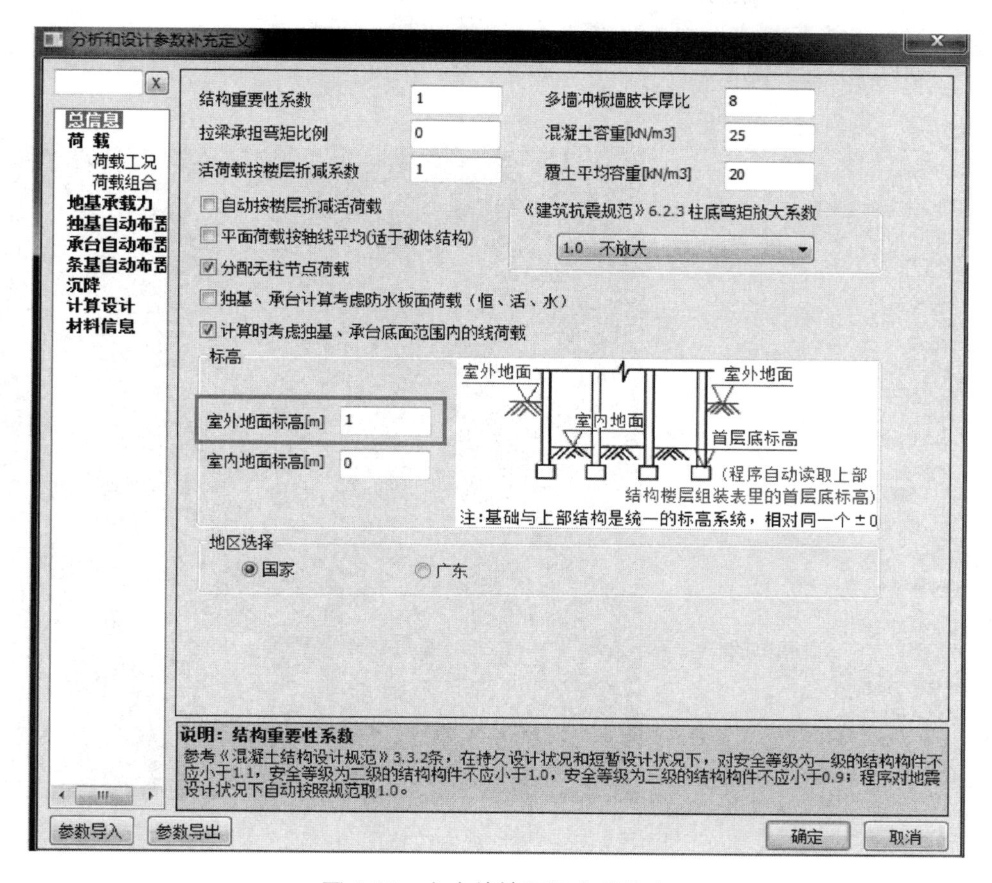

图 4-25　室内外地面标高的指定

按照规范，则修正后承载力为：

$$f_a = f_{ak} + \eta_b \gamma (b-3) + \eta_d \gamma_m (d-0.5)$$

$$= 180.00 + 1.00 \times 20.00 \times (5.4-3) + 1.00 \times 20.00 \times (2.5-0.5) = 268.00\text{kPa}$$

软件中输出的筏板修正后的承载力与手工校核结果一致。

4.11　关于桩反力的输出问题

Q：基础中计算完毕后查看桩身承载力验算结果，输出如图 4-26 所示的桩反力图及图 4-27 所示的桩无震下的反力图，对比两图发现，桩在地震作用下的反力比无震最大反力大，是什么原因？

A：桩的受压承载力验算用的是标准组合，即《建筑桩基技术规范》第 5.2.1 条，而桩身承载力验算用的是基本组合，即《建筑桩基技术规范》第 5.8.2 条，概念不完全一样，所以输出的反力不一样。

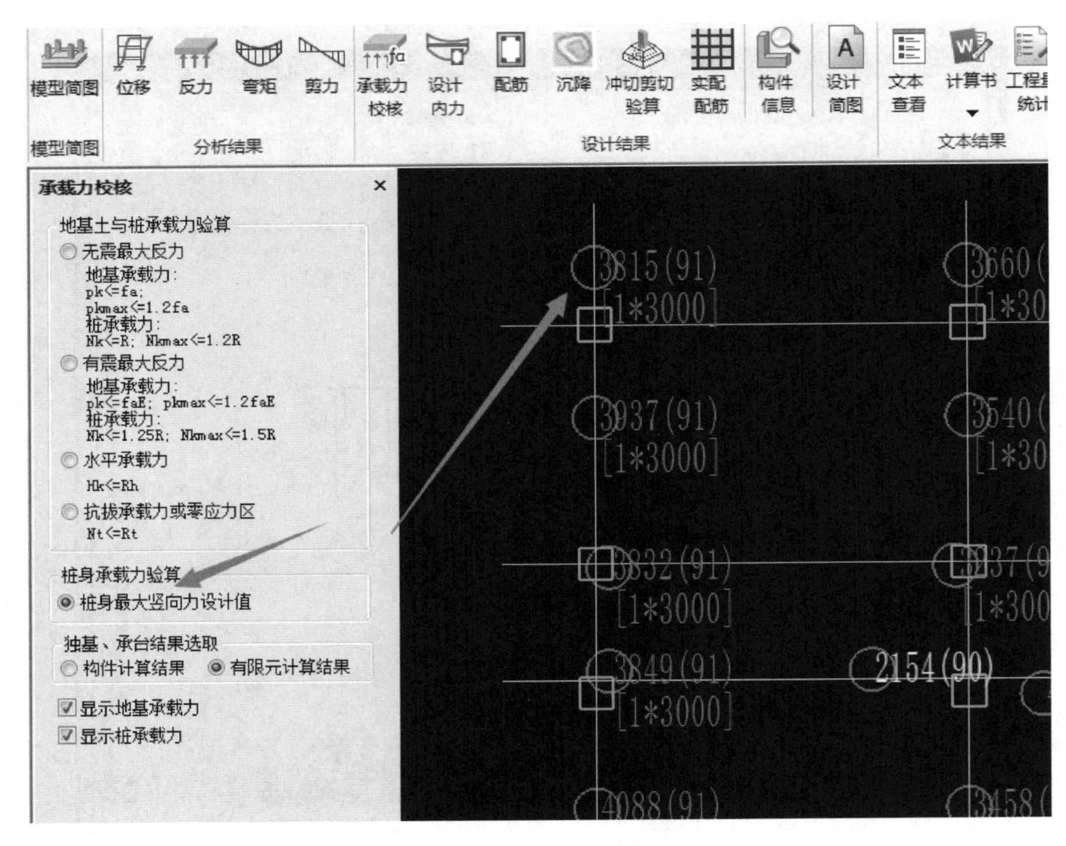

图 4-26　桩承载力校核图

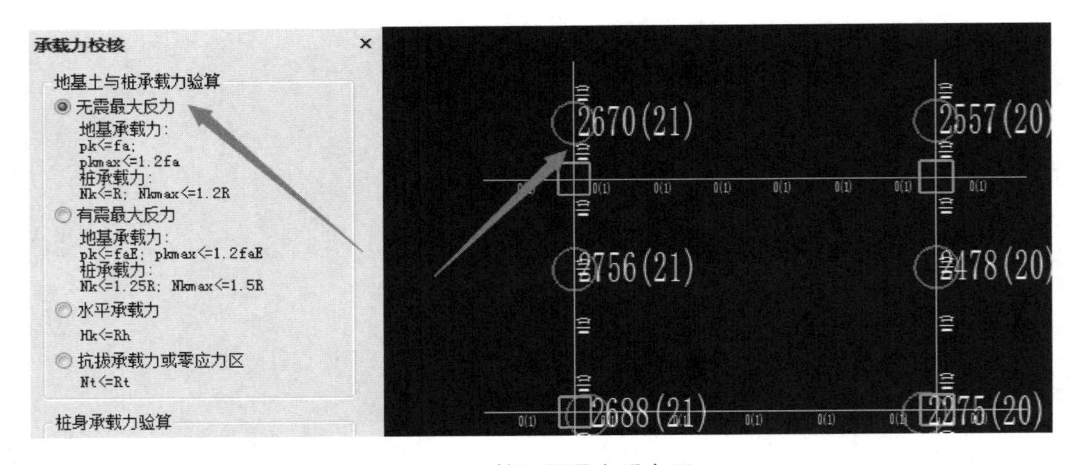

图 4-27　桩无震最大反力图

4.12　关于基础设计中活荷载折减的问题

Q：某框架工程，在进行基础设计时，JCCAD 参数定义里勾选了如图 4-28 所示的

"自动按楼层折减活荷载"，为何部分活荷载值无变化？

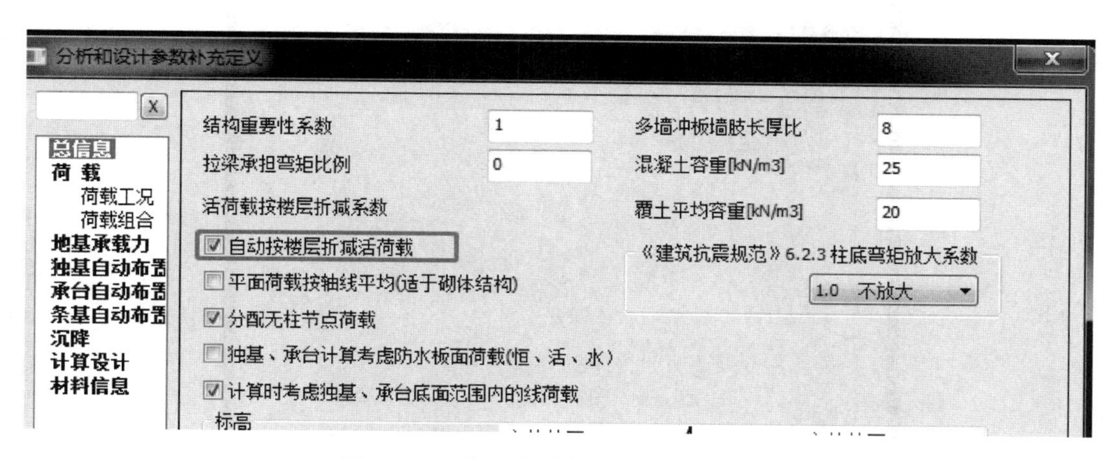

图 4-28　选择"自动按楼层折减活荷载"

A：按楼层数折减是需要判断底层柱、墙截面以上层数，该工程模型三维图如图 4-29 所示，经查该结构底层柱截面以上的楼层数是 0 和 1，根据《建筑结构荷载规范》表 5.1.2，确定该部分活荷载折减系数为 1，所以基础是否勾选"自动按楼层折减活荷载"，该部分活荷载值是无变化的。

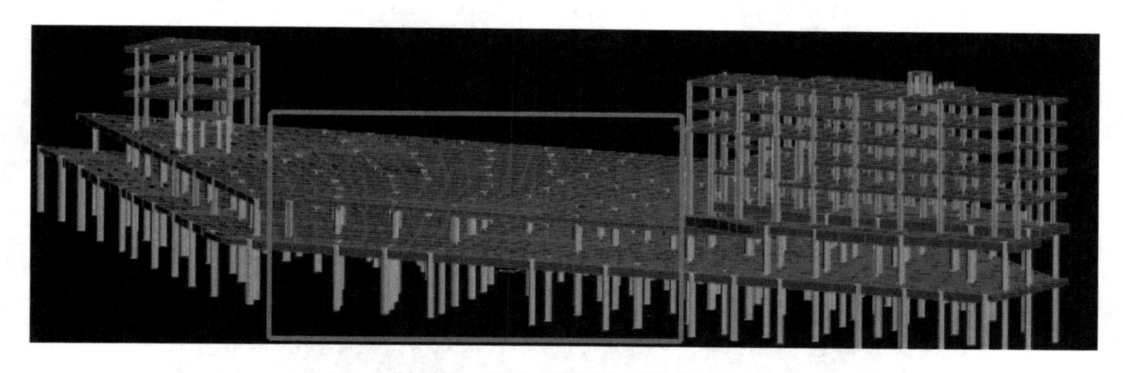

图 4-29　某框架工程三维模型图

4.13　关于桩承台计算的问题

Q：桩承台加筏板模型，分析与设计时一直停在如图 4-30 所示的"网格划分"是什么原因？

A：通过基础模型-工具-模型检查，可以看到模型承台顶低于筏板顶，如图 4-31 所示。此时提示设计师需要修改承台顶标高。只有满足"承台底低于筏板底或承台顶高于筏板顶或承台高度大于筏板厚"的条件时才能正常计算。

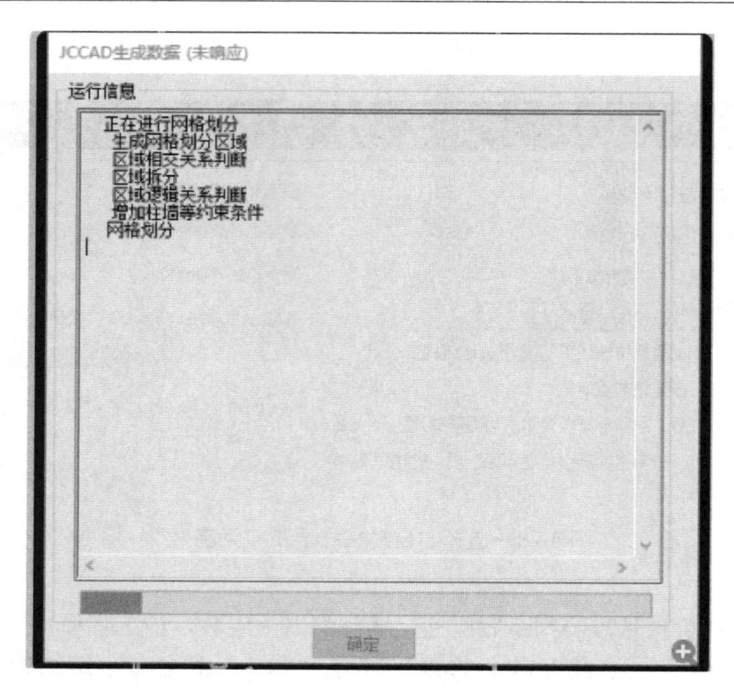

图 4-30　设计与分析时一直停留在“网格划分”界面

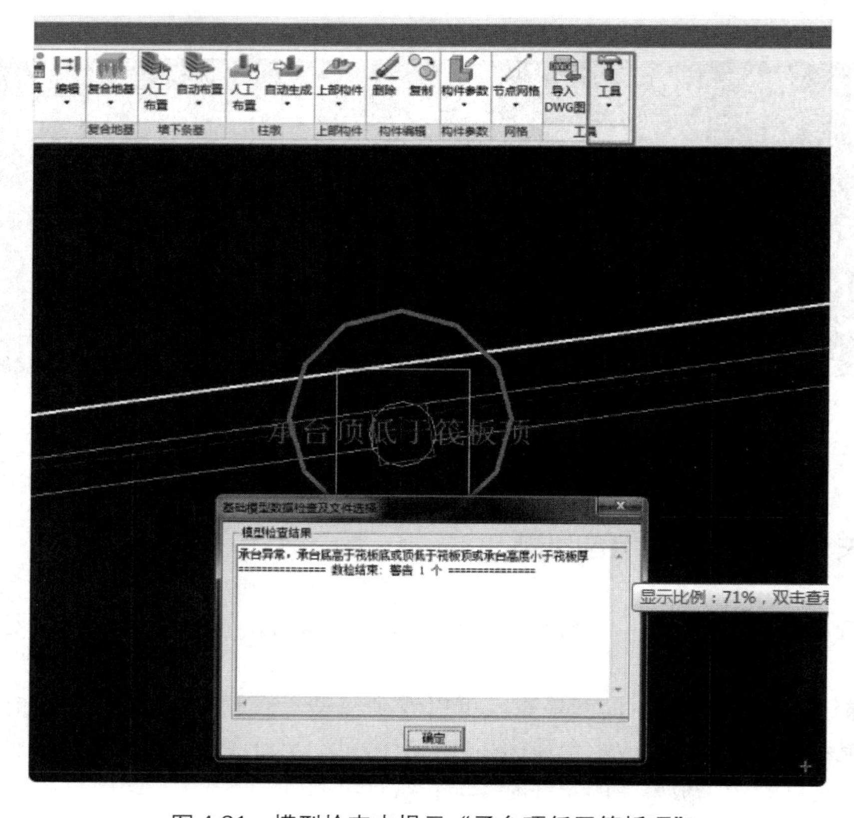

图 4-31　模型检查中提示“承台顶低于筏板顶”

4.14　关于平面荷载按轴线平均的问题

Q：在使用 JCCAD 进行砌体结构基础设计时“平面荷载按轴线平均（适于砌体结构）”如图 4-32 所示，该参数有什么作用？何时勾选？

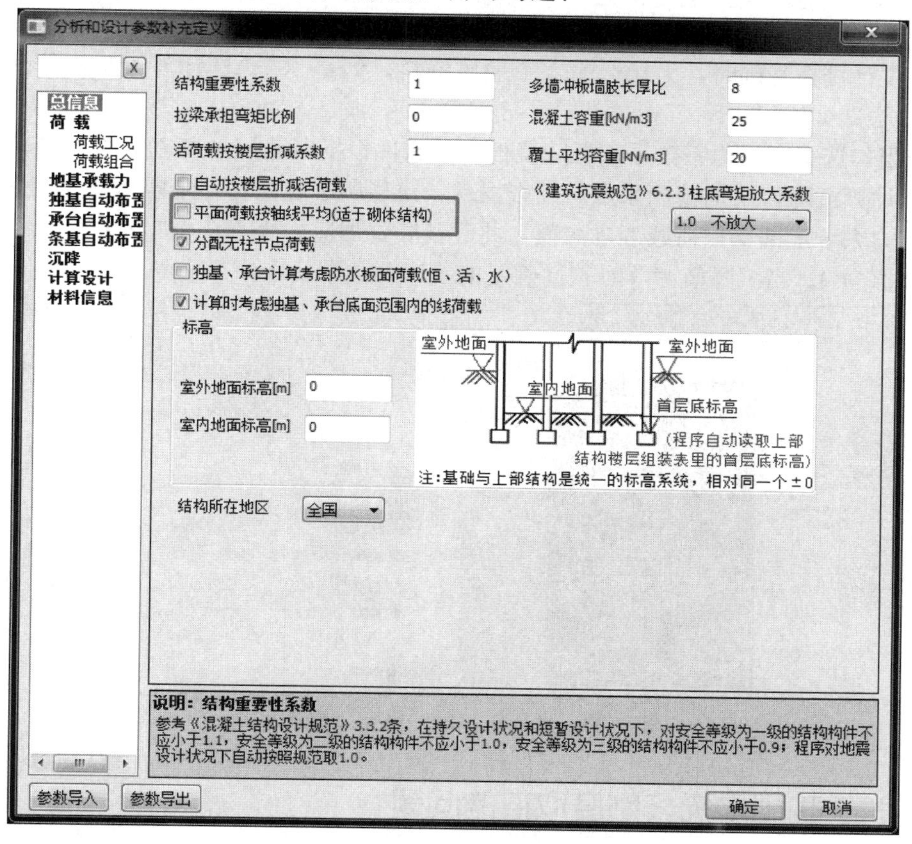

图 4-32　平面荷载按轴线平均

A：在读取 PM 平面荷载时，对于砌体墙荷载，当勾选平面荷载按轴线平均，程序会将该轴线上的所有相同工况的荷载求和，除以总的墙长，得到荷载平均值，然后作用到该轴线上，此时该轴线上的均布荷载值是完全相同的，如图 4-33 所示。

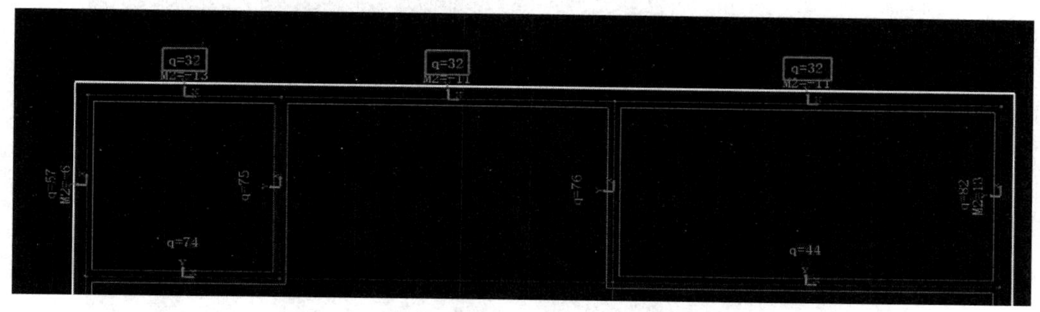

图 4-33　作用到砌体墙轴线上的均布荷载值

有时候同一轴线上线荷载不一样，导致同一轴线上自动生成的条基宽度略有差别，实际设计时一般同一轴线条基宽度保持一致，此时可以进行勾选，如果荷载差异较大，为保证安全，此时建议不勾选该项。

4.15 关于输入地质资料基床系数一直显示 20000 的问题

Q：设计筏板基础时，为什么输入了地质资料，但是 JCCAD 计算的筏板基础基床反力系数仍是 20000?

A：当勾选基床反力系数采用沉降反推时，软件根据《建筑地基基础设计规范》沉降计算公式计算沉降，反推基床系数。经查发现，模型属于超挖基础，即基础开挖挖去的土体自重应力大于上部结构荷载准永久值，此时基底附加应力小于 0，如图 4-34 所示，所以此时沉降值为 0。当沉降值为 0 时软件确定的基床系数默认取值 20000。

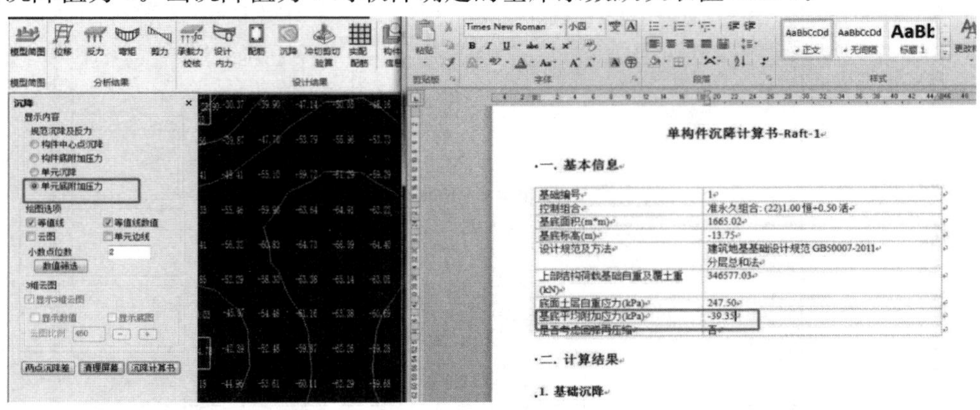

图 4-34　基础平均附加应力结果输出

4.16 关于基础中锚杆刚度取值的问题

Q：模型中布置了抗拔锚杆，为什么 PKPM 程序计算的抗拔锚杆刚度出现负值？如图 4-35 所示。

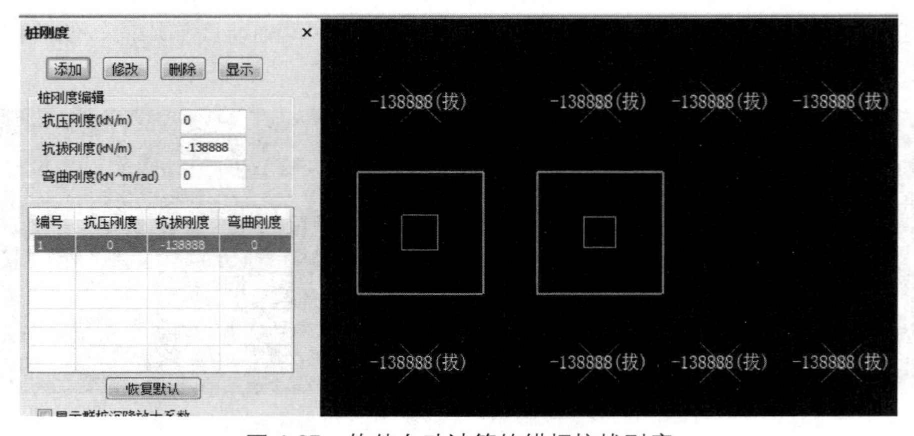

图 4-35　软件自动计算的锚杆抗拔刚度

A：基础设计中，如果没有输入锚杆刚度，程序根据《高压喷射扩大头锚杆技术规程》JGJ/T 282－2012 第 4.6.9 条规定自动确定锚杆刚度，公式中的 L_d 为锚杆锚固段长度。

4.6.9　锚杆的轴向刚度系数应由试验确定，当无试验资料时可按下式估算：

$$k_T = \frac{A_s E_s}{L_c} \tag{4.6.9}$$

式中：k_T——锚杆的轴向刚度系数（kN/m）；

A_s——锚杆杆体的截面面积（m^2）；

E_s——锚杆杆体的弹性模量（kN/m^2）；

L_c——锚杆杆体的变形计算长度（m），可取 $L_c = L_f \sim L_f + L_d$。

经检查模型，该模型中锚杆长度定义 10m，非扩大头锚固段长定义 12m，锚固段长度超过锚杆长度了，如图 4-36 所示，所以造成抗拔刚度计算异常。

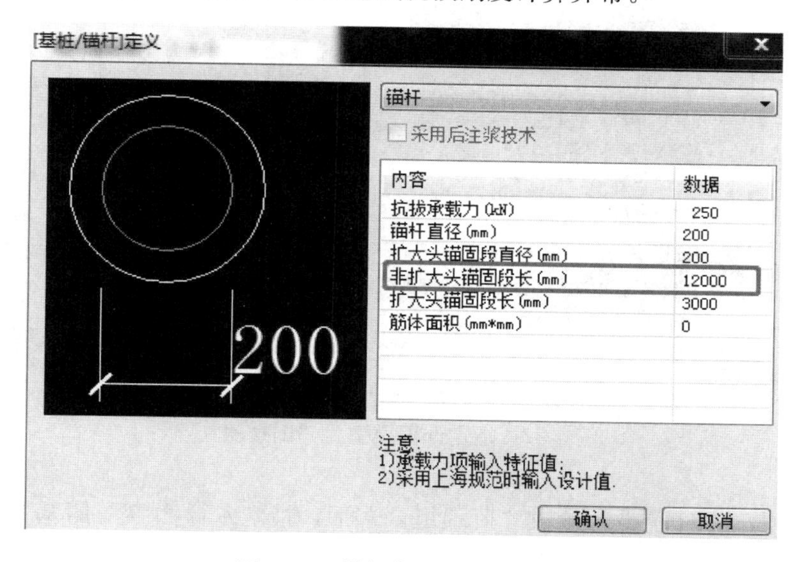

图 4-36　锚杆定义的相关参数

4.17　关于基础防水板的计算问题

Q：对于防水板的分析计算，什么情况下可以指定基本抗浮工况可以用“倒楼盖”模型？什么情况下要考虑“非线性”计算？

A：“倒楼盖”假定计算的一个基本前提假设是基础板计算只考虑局部弯曲，不考虑其整体弯曲。如果基础在各种荷载作用下，墙柱等上部构件竖向位移差很小或者整个基础反力呈线性分布，那么整个基础就可以按“倒楼盖”模型计算，此时需要“计算设计”参数里指定计算模型为“倒楼盖”，如图 4-37 所示。

如果水浮力作用下上部墙柱竖向位移很小，在“计算设计”参数里，计算模型选择了

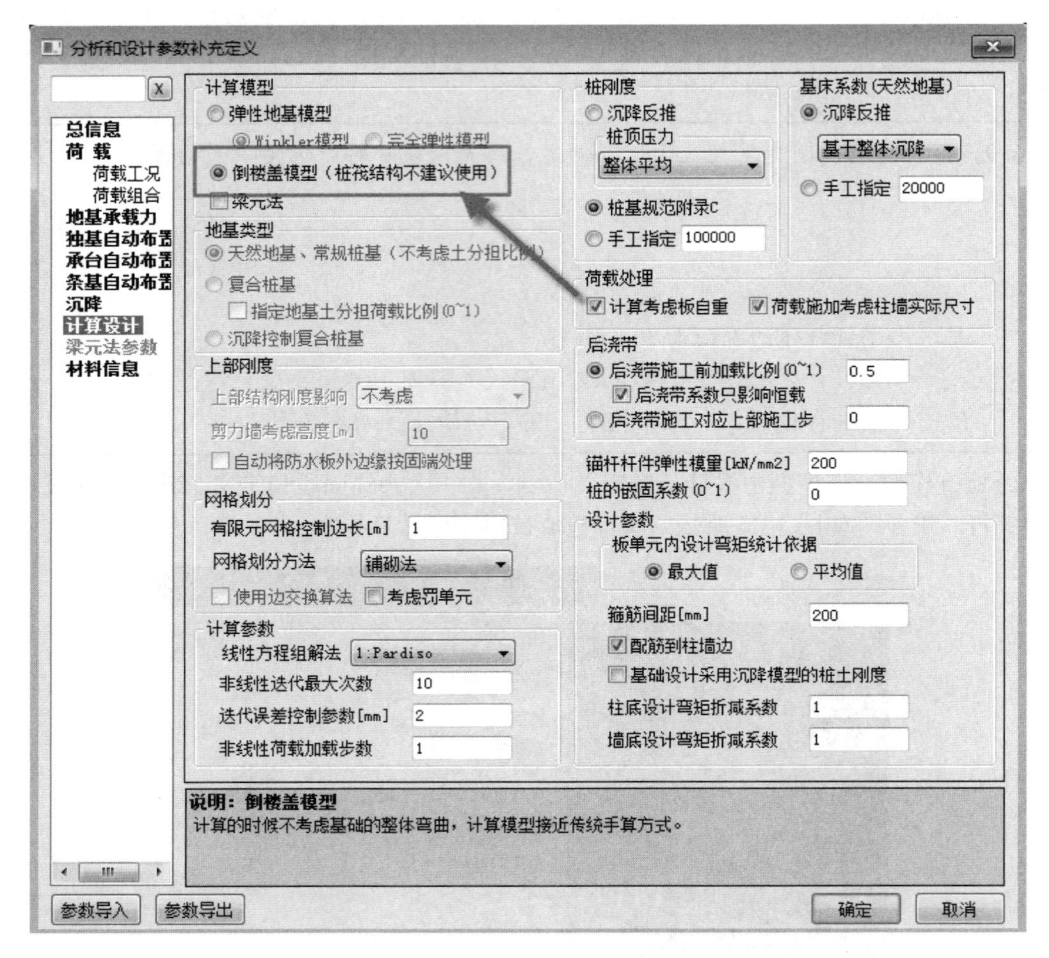

图 4-37　指定计算模型为“倒楼盖”

“winkler”模型，此时需要在参数“荷载组合”下，指定水浮力参与的基本组合工况为“倒楼盖”，则防水板可按“倒楼盖”模型计算，如图 4-38 所示。

通常当基础底板在水浮力、地震作用、风荷载作用下，可能出现锚杆或者抗拔桩受拉，或者天然地基出现零应力的情况下，需要通过“非线性”迭代计算来得到准确的基底反力及基础变形等结果。如果程序计算过程中提示“非线性迭代”不收敛，如图 4-39 所示，那么一定要注意计算结果可能存在不合理的地方，此时软件的计算结果不太具备参考价值。

用户可以通过增加“计算设计”参数里的“非线性迭代次数”，如图 4-40 所示的方式来尽量让迭代计算结果处于收敛状态。当然，如果水浮力或者上部水平力比较大的时候，可能会出现迭代次数无论如何增加结果还是不收敛的状态，此时需要关注上部或者基础计算模型是否合理，抗浮措施是否有效。

综上所述，如果基础底板水浮力作用下满足“倒楼盖”模型的计算条件，那么优先选择“倒楼盖”模型计算，否则，应该选择“非线性”的计算方式。

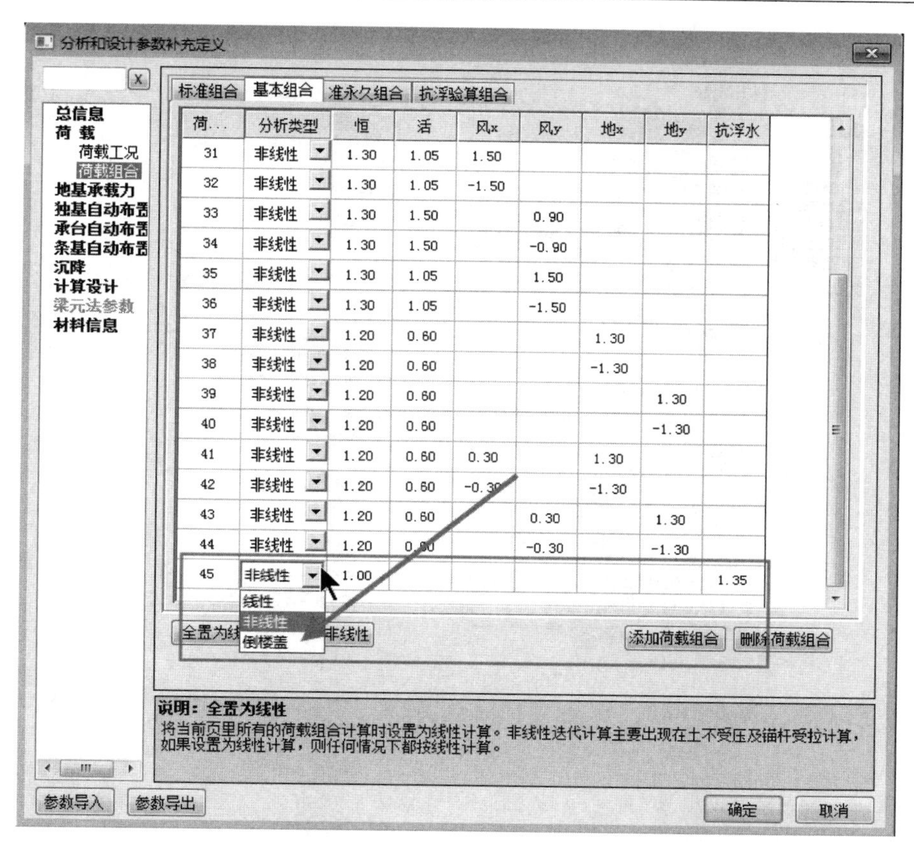

图 4-38　指定基本组合下水浮力参与的组合为倒楼盖

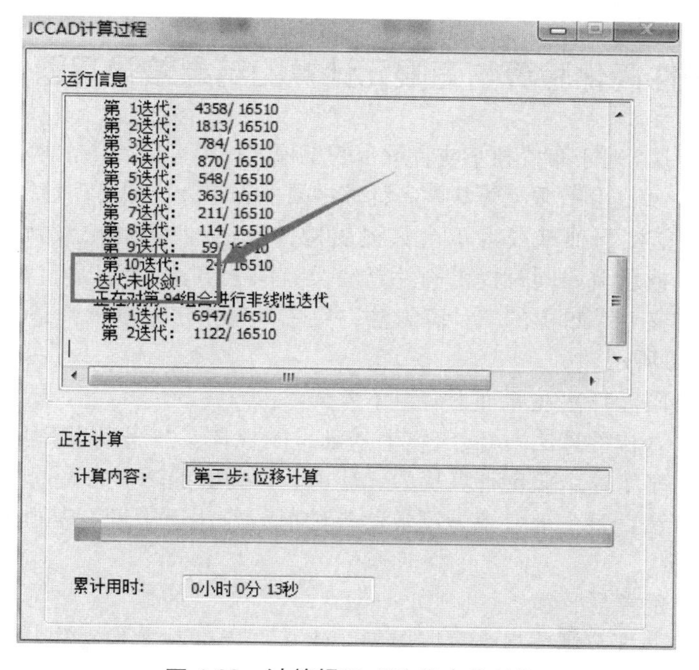

图 4-39　计算提示“迭代未收敛”

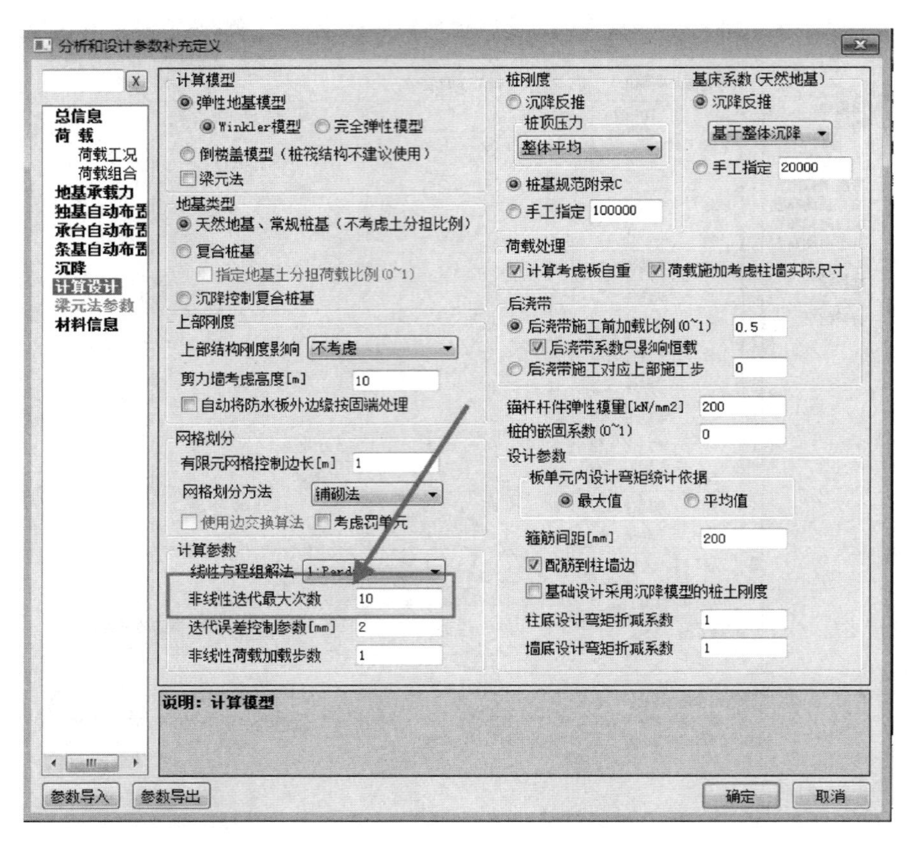

图 4-40　指定非线性迭代最大次数

4.18　基础构件简化验算与有限元计算的结果差异问题

Q：基础设计中，对于布置独基或者承台的工程，程序可以提供“构件算法”和“有限元算法”，按照构件算法和有限元算法两者计算结果差异很大，如何理解？结果怎么取舍？

A：程序默认单柱下独基或者承台只提供构件算法，其他情况，如多柱下独基或承台、剪力墙下独基或承台，同时提供构件算法及有限元算法。用户可以通过“分析设计”菜单下的“补充定义”菜单下的“计算方法”菜单交互指定独基承台是构件算法还是有限元算法，如图 4-41 所示。

构件算法及有限元算法在原理上有以下差异：

（1）规范算法（构件算法）：假定整个基础是刚性体，各种荷载作用下基础本身不变形，做刚体运动。基于这个假定计算反力、冲剪、内力配筋，通常配筋只有底筋。

（2）有限元算法：整个承台视为筏板，各种荷载作用下上部、基础和地基协调变形。配筋有顶筋和底筋。

在软件处理上的差异：

（1）荷载差异。规范算法尽管可以考虑防水板传递荷载，但是先将荷载倒算到柱底，然后进行分析计算；有限元算法是进行有限元整体分析，荷载直接通过基础构件传递。

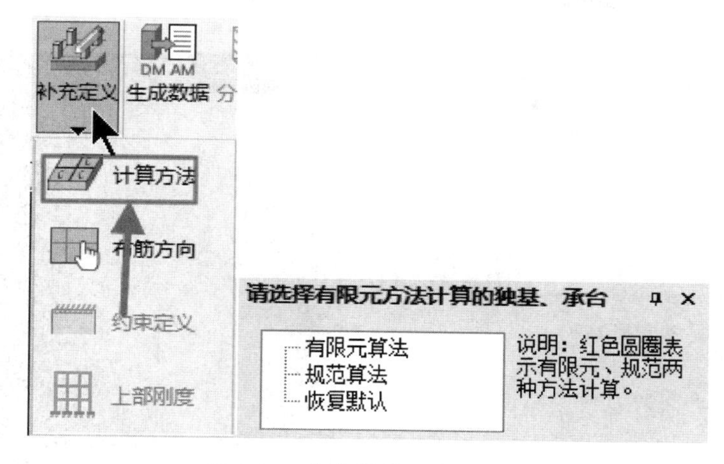

图 4-41　指定独基承台的算法

（2）规范算法是单独计算，不考虑相连基础的整体效应及上下部共同作用；有限元算法考虑相连基础整体效应及上下部共同作用。

（3）桩刚度及基床系数影响。规范算法不受地基刚度影响；有限元算法受桩基刚度及地基刚度差异影响。

适用情况：

很难准确通过量化指标来确定哪些情况用构件算法，哪些情况用有限元算法。只能大概归纳为：规范算法适用于尺寸不大受力简单的独基，或者桩数不多、尺寸不大、受力相对简单的承台，这样的受力构件基本能保持刚体假定，如单柱下独基承台。有限元算法适用于基础形状不规则、桩数较多、受力相对复杂的独基承台，基础不能满足刚体假定，如复杂剪力墙下承台。设计中要根据具体工程实际情况采用合理的计算方法。

4.19　关于地下室外墙的基础设计问题

Q：地下室外墙是否需要布置条基？如果布置条基，程序是否可以正确计算？程序能否考虑地下室外墙的面外弯矩？

A：对于防水板的工程，地下室外墙下通常会布置条基或者拉梁，如果荷载相对较大，可能还会布置弹性地基梁。

布置无筋扩展条基，需要在程序“基础模型”菜单下布置墙下条基，如图 4-42 所示，程序里这个菜单下的条基是无筋扩展基础，自动布置或者人工布置后，程序会自动完成相应的计算或者验算。目前程序里的这类条基仅仅在基础模型菜单里实现建模和计算，后续“分析设计”菜单里无法考虑其影响。

图 4-42　墙下自动布置条基

对于这种地下室外墙下布置无筋扩展条基的工程，在程序里还可以通过筏板加厚的方式来实现，如图 4-43 所示。筏板局部加厚区可以在后续“分析设计”菜单里统一分析并且给出配筋结果。

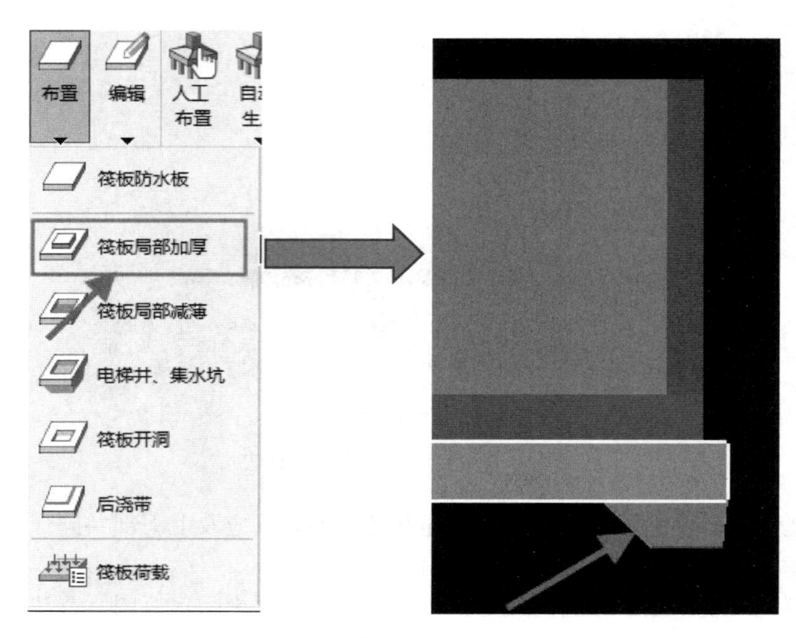

图 4-43　布置筏板局部加厚

4.20　关于筏板加厚的各种建模方式及计算问题

Q：对于柱下的筏板进行局部加厚，有多种方式，比如按子筏板输入、按承台输入或者按柱墩输入，有什么区别？哪种输入方式更为合理？

A：对于柱下承台，程序里可以按承台、子筏板、加厚区及柱墩输入，在后续计算的时候，这些构件的处理方式会有一定的差异。

（1）按承台输入：程序自动确定桩数，然后按照建筑桩基技术规范要求计算承台冲剪及承台底部钢筋，如果参数里勾选“独基承台考虑防水板面荷载”，那么承台计算过程中可以考虑防水板荷载影响。“结果查看”菜单里程序提供“构件算法”和“有限元算法”两类结果。

（2）按子筏板输入：那么程序仅仅将承台范围内当成局部筏板处理。计算柱、墙冲切的时候，目前会以子筏板边界来判断是否是边角柱冲切，这样可能会导致冲剪验算结果不容易满足。后续计算的时候子筏板范围内的结果按筏板形式给出，子筏板和外围防水板协调变形，统一分析。子筏板范围内输入基床系数来模拟地基土的作用。如果是大面积的筏板属性不一致（如主群楼筏板厚度不一致，大面积降板等），建议按子筏板输入。“结果查看”只提供“有限元算法”结果。

（3）按局部加厚区输入：局部加厚区范围内，内墙柱冲切判断边角部冲切的时候不以局部加厚区编辑范围为参考，其他处理方式与“子筏板”一致。对于面积不大的筏板加厚（如单片墙下加厚等），“结果查看”只提供“有限元算法”结果。

4.21　关于抗浮锚杆的刚度计算及有限元模型假定问题

Q：JCCAD 软件能否输入锚杆计算？输入锚杆计算的时候程序是如何考虑锚杆的作用的？水浮力作用下，锚杆能否视为防水板支座？

A：JCCAD 可以输入锚杆计算，在“基础模型”桩“定义布置”菜单点“添加”，在弹出的定义界面菜单里下拉框选择“锚杆”，如图 4-44 所示，可在弹出的锚杆定义菜单输入锚杆的基本参数。

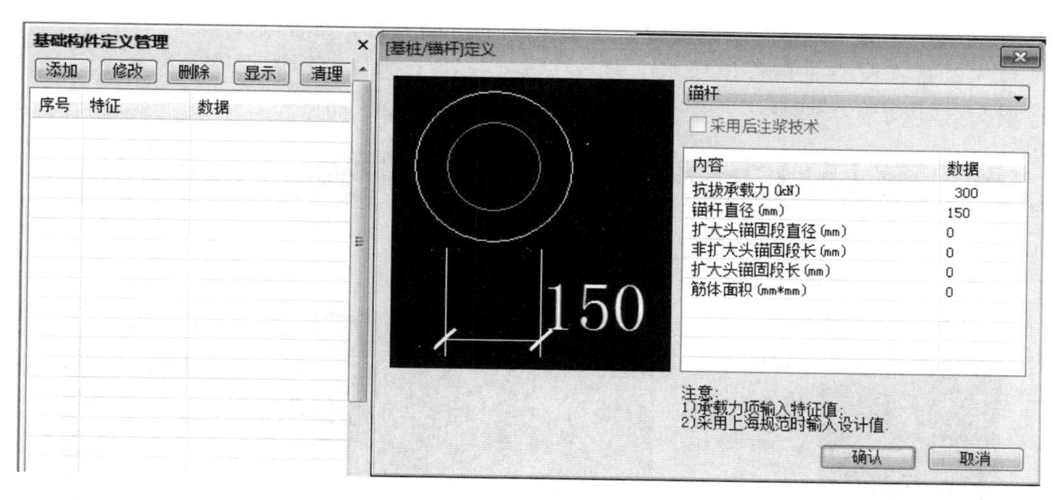

图 4-44　锚杆定义

其中“筋体面积”如果按默认值 0，那么程序会根据《建筑工程抗浮设计技术标准》JGJ 476—2019 第 7.5.6 条计算锚杆的筋体面积 A_s，公式中 N_t 取锚杆定义中的“抗拔承载力”。

$$A_s \geqslant \frac{K_t \cdot N_t}{f_y} \tag{7.5.6}$$

锚杆布置可以先在某一跨内将锚杆布置好，然后用桩“编辑”菜单下“复制”“镜像”功能快速布置锚杆，如图 4-45 所示，也可以通过基础模型菜单里的“导入 DWG 图”功能导入已经绘制好的锚杆布置图。

图 4-45　通过“镜像”功能实现快速布置锚杆

程序计算的时候将锚杆视为单向弹簧，弹簧刚度程序默认按下列公式计算锚杆刚度，其中 A_s 按照上式进行计算，L_c 取锚杆定义中锚杆长度，E_s 为“计算设计”参数里定义的“锚杆杆件弹性模量”，通常为钢筋的弹性模量。

$$k_T = \frac{A_s E_s}{L_c}$$

计算出的锚杆刚度可以通过“分析设计”菜单下“桩刚度”菜单修改。锚杆刚度会影响锚杆的抗拔力计算、底板的受力与变形、底板的内力与配筋。所以，对于抗浮工程而言，锚杆刚度是非常重要的参数，一定要结合计算理论、实际经验及软件计算结果综合考虑其合理性。

锚杆一般不能视为防水板的支座，当然，如果工程中水浮力作用下，锚杆变形很小，可以近似视为防水板“支座”，此时可适当增加锚杆抗拉刚度，减小锚杆受拉变形来近似模拟这种“支座”效应。

4.22 关于基础拉梁荷载的问题

Q：基础设计中，布置了独基和拉梁，拉梁上的荷载能导算到独基上吗？

A：PKPM 自 V4 版本以后，拉梁上的荷载是可以导算到独基上的。

首先，基础模型先布置独基和拉梁，并输入拉梁上荷载；然后点“总验算、计算书”后拉梁荷载就会导算到独基，对于不满足的独基程序也会自动调整，如图 4-46 所示。

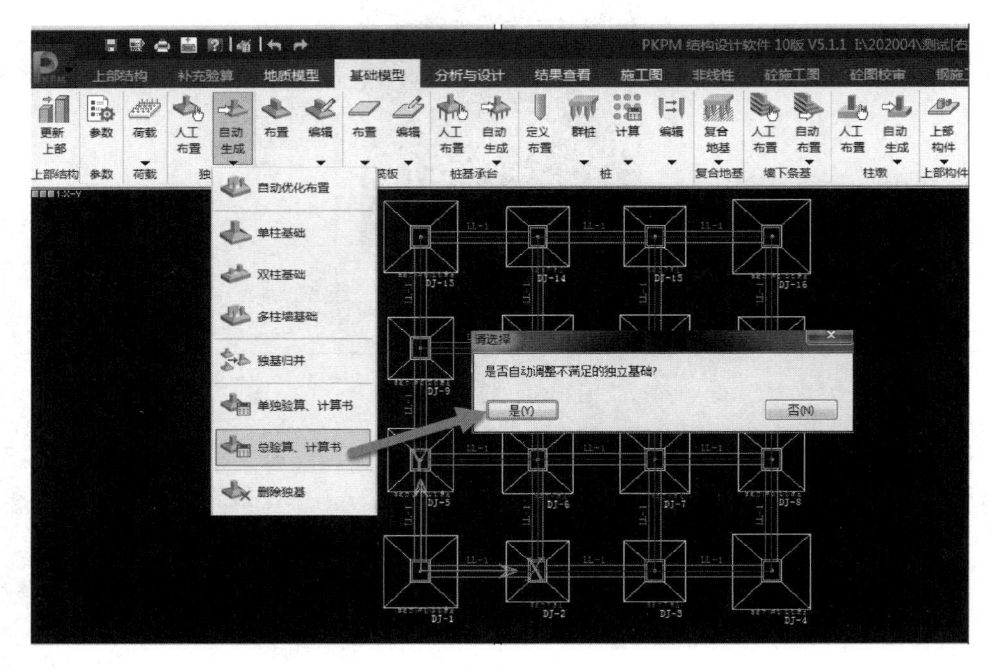

图 4-46　总计算书查看拉梁导算到独基上的荷载

如果到分析与设计中进行有限元整体计算，则无论是选择规范算法还是有限元算法，拉梁的荷载均可以导到独基上计算。

4.23 关于自动生成独立基础大小问题

Q：如图 4-47 所示的某结构中的两根柱子，柱底轴力小的情况下为什么生成的独基底面积反而大？

A：原因是柱底轴力虽然小，但是弯矩较大，弯矩起了控制作用，独基的大小受到弯矩和轴力的共同影响，自动生成独基时，为了使独基不出现零应力区，所以程序会自动增大基础面积。

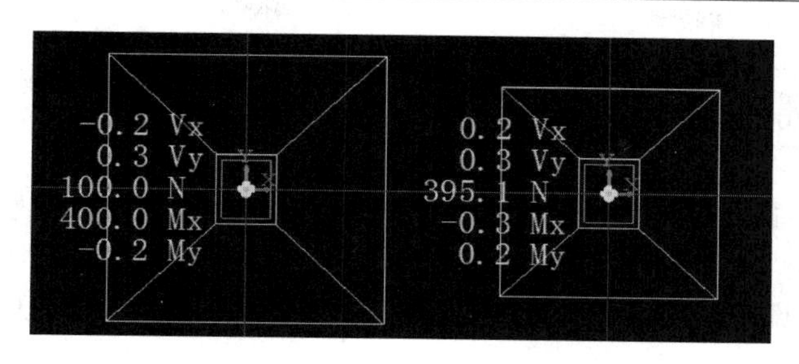

图 4-47　轴力小的柱自动生成的独基反而大

4.24　关于独基抗剪计算问题

Q：软件对独基剪切计算的剪切系数 0.7 是允许修改的，请问在什么情况下需要修改？如图 4-48 所示。

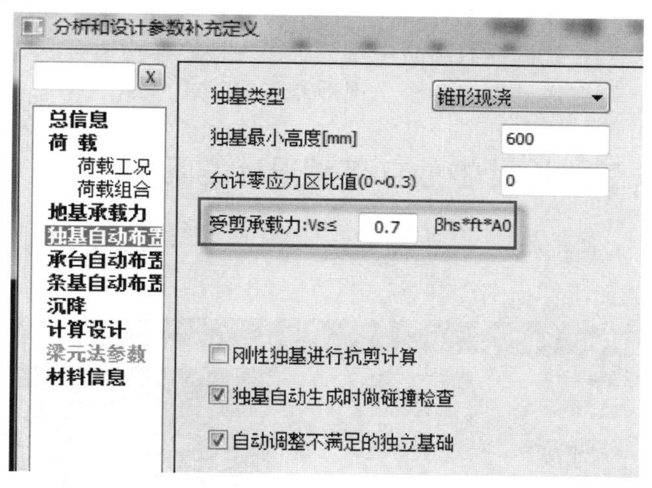

图 4-48　独基受剪承载力计算

A：如果工程所在地是在贵州、重庆等地质条件比较好的地区，可参考执行《贵州建筑地基基础设计规范》DBJ 52/45—2018 第 8.2.2 条，对剪切系数根据岩体基本质量的等级进行修改，图 4-49 所示为规范条文。

8.2.2　扩展基础的计算应符合现行《建筑地基基础设计规范》GB 50007 和《混凝土结构设计规范》GB 50010 的有关要求。当基础置于岩石地基上时，应验算柱边或墙边缘以及变阶处基础受剪承载力：

1　岩体基本质量等级为Ⅰ、Ⅱ级时，受剪承载力可按式（8.2.2-1）计算：

$$V_s \leqslant 1.4\frac{4-\lambda}{3}f_t b h_0 \qquad (8.2.2\text{-}1)$$

2　岩体基本质量等级为Ⅲ级时，受剪承载力可按式（8.2.2-2）计算：

$$V_s \leqslant 1.4\frac{4-\lambda}{3}\beta_{hs} f_t b h_0 \qquad (8.2.2\text{-}2)$$

3　岩体基本质量等级为Ⅳ级时，受剪承载力可按式（8.2.2-3）计算：

$$V_s \leqslant (1+0.16\lambda)\frac{4-\lambda}{3}\beta_{hs} f_t b h_0 \qquad (8.2.2\text{-}3)$$

图 4-49　《贵州建筑地基基础设计规范》第 8.2.2 条

4.25 关于基础设计考虑地震作用的问题

Q：做了一简单的框架结构，4 层 15m，如果在设计独立基础时考虑地震作用，生成的基础会比较大，这种简单框架结构，基础计算可以不考虑地震作用吗？

A：《建筑抗震设计规范》第 4.2.1 条规定：下列建筑可不进行天然地基及基础的抗震承载力验算：

（1）本规范规定可不进行上部结构抗震验算的建筑。

（2）地基主要受力层范围内不存在软弱黏性土层的下列建筑：①一般的单层厂房和单层空旷房屋；②砌体房屋；③不超过 8 层且高度在 24m 以下的一般民用框架和框架-抗震墙房屋；④基础荷载与③项相当的多层框架厂房和多层混凝土抗震墙房屋。

JCCAD 程序并没有自动判断是否需要读取地震作用工况。当要设计的工程不需要进行抗震承载力验算时，应该在读取荷载对话框中将两个方向的水平地震作用和竖向地震作用的勾选去掉，则基础设计的荷载组合中就不会出现地震作用组合。如果上部结构计算时没有考虑地震作用，则在对话框中不会出现地震工况。

4.26 关于 PK 二维设计中独立基础设计的问题

Q：PK 二维设计模块中，可以进行独基的设计，在“补充数据”-“基础布置”中的参数如何影响独基的大小？如图 4-50 所示。

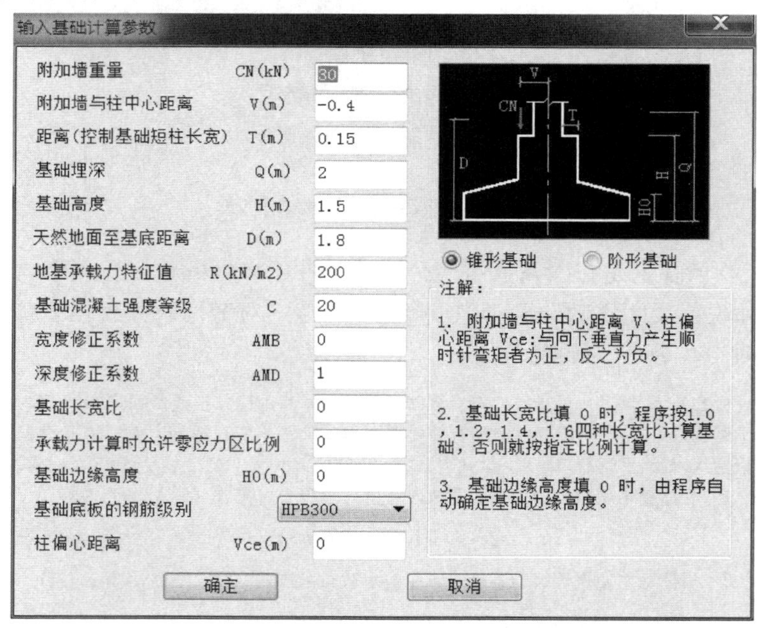

图 4-50　PK 二维设计中的独基参数

A：各参数具体的含义如下：

（1）附加墙重量 CN：该参数为作用于基础上的围护墙体荷载，主要是砌体围护墙重量。注意要和补充数据中附加重量区分开，附加重量是使用阶段没有直接作用在结构上，而地震力计算的时候，需要考虑这一部分地震力作用时，需要把这一部分重量当作附加重量输入到地震力计算时质点集中的节点上。

（2）附加墙与柱中心距离 V：填入该距离后程序会计算附加墙重量在基底产生的偏心弯矩。

（3）距离（控制基础短柱长宽）T：程序在确定基础短柱长宽时，采用上部钢柱高或钢柱宽分别叠加 $2T$ 后得到短柱的长宽。例如 HN600×200 的钢柱，$T=0.1$m，此时短柱截面长为 0.6+2×0.1=0.8m，短柱截面宽为 0.2+0.1×2=0.4m。

（4）基础埋深 Q：该基础埋深用于计算基础及其上的覆土重的确定，计算覆土重的高度为基础埋深 Q 与天然地面至基底距离 D 二者的平均值，即计算埋深，基础自重与基础上的土重 $G_k=20\text{kN/m}^3\times$基础计算埋深。

以图 4-50 中参数为例，单位面积上基础自重和覆土重为 $20\times(2+1.8)/2=38\text{kN/m}^2$。

（5）基础高度 H：该参数应定义为钢柱柱底到基础底面的距离，该值主要影响两方面的内容：一是决定柱底剪力对于基底的附加弯矩的确定，基底附加弯矩为钢柱柱底剪力乘以基础高度，即 $M=V\times H$；二是影响短柱高度的确定，短柱高度为基础高度 H 减去 0-0 剖面高度。

（6）天然地面至基底距离 D：该值主要影响两方面的内容：一是和基础埋深 Q 共同决定基础自重和覆土重；二是决定地基承载力特征值的修正深度 d，以图 4-50 中的参数为例，该承载力修正为：

$$f_a=f_{ak}+\eta_b(b-3)+\eta_d\gamma_m(d-0.5)=200+0+1\times18\times(1.8-0.5)=223.4\text{kPa}$$

与程序输出结果一致，程序输出的承载力修正结果如图 4-51 所示。

```
地基承载力计算采用柱底力标准组合
计算最大基础底面积对应标准组合号：  2,  M=       0.00,   N=      53.74,   V=     -20.71
基底作用力标准组合值（含覆土及基础自重）：Mk=     -43.06,   Nk=     175.03
基底标准组合作用力偏心值 e=       -0.25
基础底面尺寸：  宽 A=       1.55; 长 B=       1.55
修正后的地基承载力特征值：  fa=     223.40
对应标准组合作用在基底边缘产生的应力：  最大值 Pmax=      142.24; 最小值 Pmin=       3.47

基础计算采用柱底力基本组合
基础计算最大配筋对应基本组合号：  2
基底作用力：弯矩 M=     -58.34,  轴力 N=      111.97,  偏心值 e=      -0.52
基底附加应力（扣除覆土及基础自重）：最大值 Tmax=   140.60,  最小值 Tmin=  -47.40
```

图 4-51　PK 二维计算独立基础设计结果

4.27　关于基础柱底弯矩放大系数的问题

Q：基础设计中，JCCAD 有个参数为基础柱底弯矩放大系数，如图 4-52 所示，该参数什么情况下选择？是否与基础类型有关？

A：《建筑地基基础设计规范》第 8.4.17 规定：对有抗震设防要求的结构，当地下一层结构顶板作为上部结构嵌固端时，嵌固端处的底层框架柱下端截面组合弯矩设计值应按现行国家标准《建筑抗震设计规范》GB 50011 的规定乘以与其抗震等级相对应的增大系数。当平板式筏形基础板作为上部结构的嵌固端，计算柱下板带截面组合弯矩设计值时，

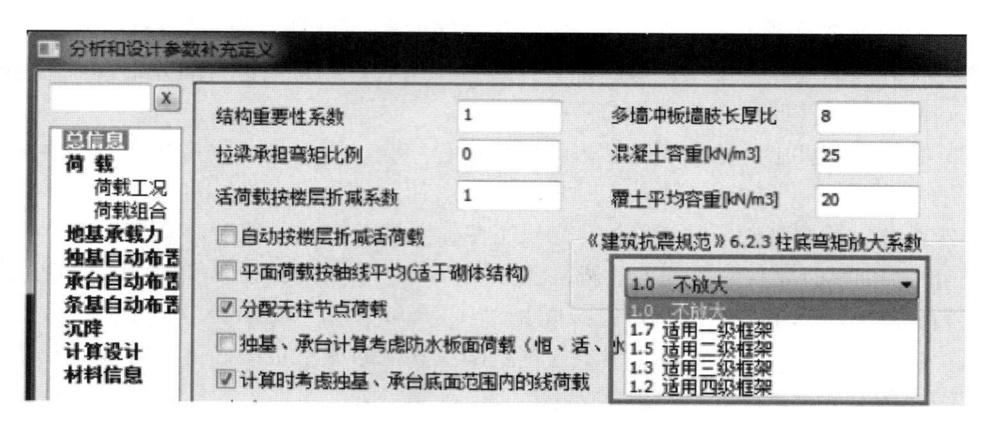

图 4-52　基础设计中柱底弯矩放大系数

底层框架柱下端内力应考虑地震作用组合及相应的增大系数。

当基础设计时，基础读取的上部结构内力为单工况下标准值结果，不会考虑上部结构柱底地震作用组合内力调整。

因此，同时满足框架结构、平板式筏形基础、嵌固端位于基础顶时，柱底弯矩需要按照《建筑抗震设计规范》第 6.2.3 条或《高层建筑混凝土结构技术规程》第 6.2.2 条调整。此时需要选择柱底弯矩放大系数，程序才可进行柱底地震作用组合弯矩调整。

第 5 章　钢结构设计的相关问题剖析

5.1　关于钢柱长细比的问题

Q：计算完毕，为什么相同抗震等级、相同截面的钢柱有不同限值的长细比？如图5-1所示。

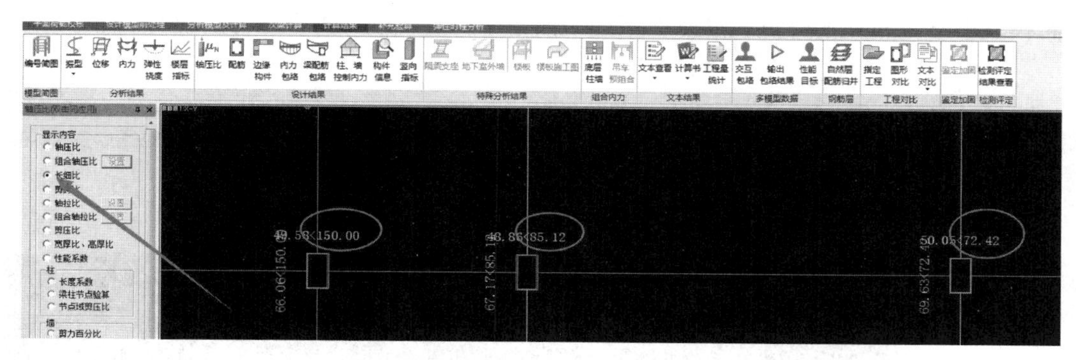

图 5-1　相同抗震等级及截面的柱长细比限值不同

A：钢柱长细比的限值与结构体系有关，钢框架是按照抗震等级确定钢柱的长细比限值，而单层钢结构厂房与多层钢结构厂房框架柱的长细比限值与轴压比大小有关。查看该结构在计算时结构体系的选择，确定该结构体系是多层钢结构厂房，而非钢框架。根据《建筑抗震设计规范》第 9.2.13 条和附录 H.2.8，钢结构厂房框架柱的长细比限值还需要判断轴压比的大小；轴压比大于 0.2 时，钢结构厂房框架柱的长细比限值还与轴力有关。

《建筑抗震设计规范》第 9.2.13 条规定，单层钢结构厂房框架柱的长细比，轴压比小于 0.2 时，不宜大于 150；轴压比不小于 0.2 时，不宜大于 $120\sqrt{235/f_{ay}}$。

《建筑抗震设计规范》附录 H.2.8 规定，多层钢结构厂房的基本抗震构造措施，尚应符合下列规定：

框架柱的长细比不宜大于 150；当轴压比大于 0.2 时，不宜大于 $125(1-0.8N/Af)\sqrt{235/f_y}$。

5.2　关于钢梁下翼缘稳定验算的问题

Q：按照《钢结构设计标准》GB 50017—2017 的要求，钢梁上有楼板时，要验算梁的下翼缘稳定，为何程序没有输出下翼缘稳定的验算结果？

A：根据《钢结构设计标准》GB 50017—2017 第 6.2.7 条要求，可以把验算钢梁下翼缘稳定的条件归纳为以下三条：

（1）钢梁顶有混凝土楼板。

（2）钢梁支座处有负弯矩。

（3）钢梁的正则化长细比 $\lambda_{n,b}$ 大于 0.45。

只有这三个条件同时满足的钢梁，才必须要验算梁的下翼缘稳定，只要有一个条件不满足时，程序则不进行下翼缘稳定的验算。

5.3 关于钢柱计算长度系数的问题

Q：钢框架结构，SATWE 计算时设计信息勾选“二阶弹性设计方法”，但计算完毕查看模型右下方角柱的计算长度系数不是 1 而是 2.78，如图 5-2 所示，什么原因？

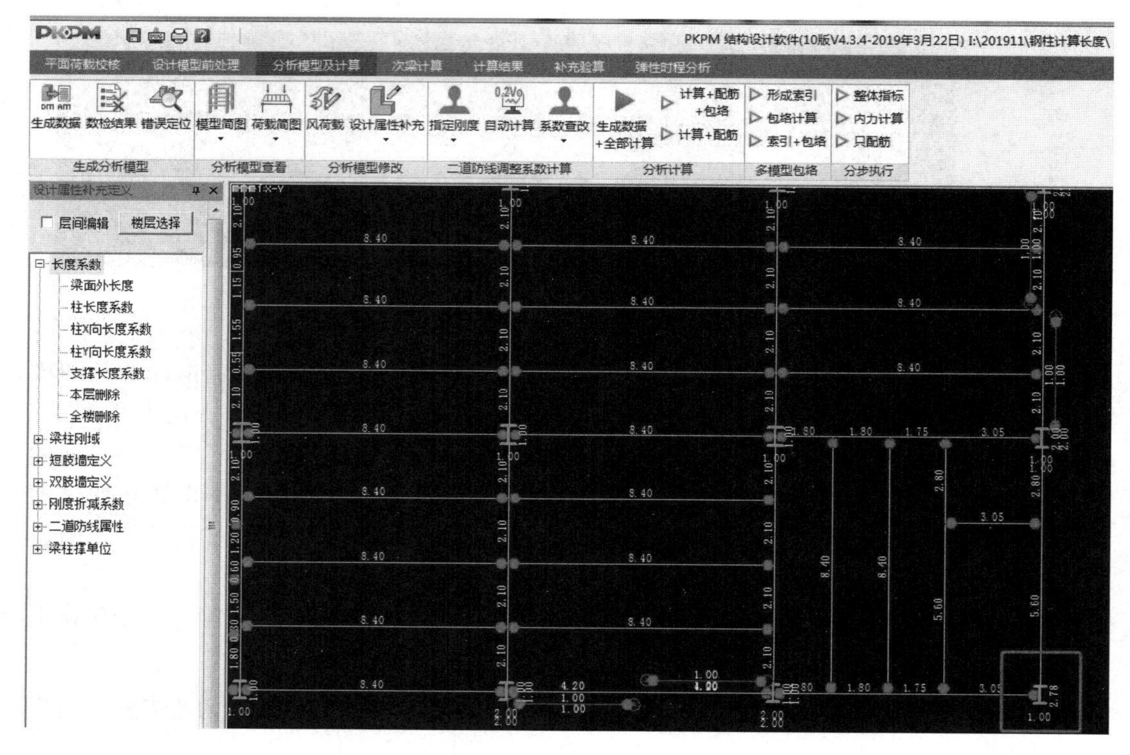

图 5-2　柱计算长度系数结果查看图

A：如图 5-2 所示，模型右下方角柱所在房间没有楼板，且水平向框架梁与柱铰接，根据《钢结构设计标准》附录 E 要求“当横梁与柱铰接时，取横梁线刚度为零”，此时这根柱的处理方式与跃层柱相同。整根“跃层柱”总计算长度系数为 1，整根柱总高度为 22.5m，第一层柱的长度为 8.1m，则第一层柱的计算长度系数为：22.5/8.1×1.0＝2.78。

5.4　关于钢梁稳定应力比的问题

Q：为什么同样截面相同跨度的屋面梁，有的钢梁没有稳定应力比的结果？如图 5-3 所示。

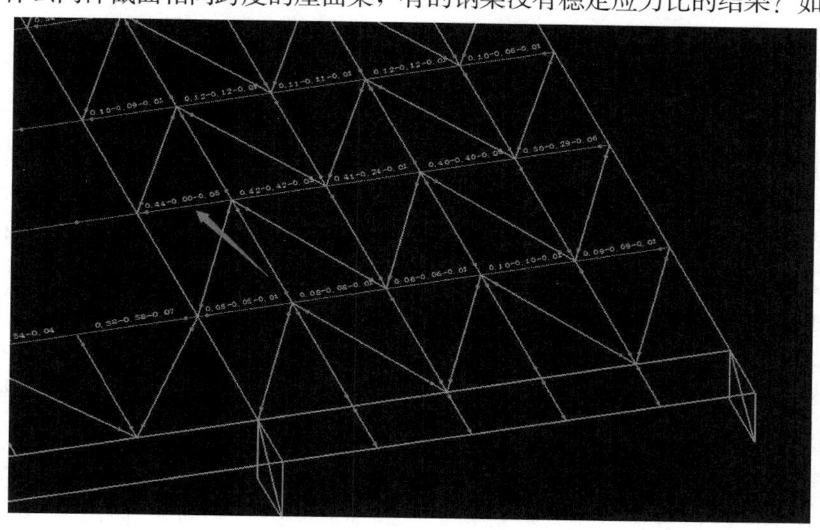

图 5-3　钢梁应力比计算结果

A：钢结构钢梁不需要验算稳定的前提条件在《钢结构设计标准》GB 50017—2017 中有明确规定，即：第 6.2.1 条当铺板密铺在梁的受压翼缘上并与其牢固相连，能阻止梁受压翼缘的侧向位移时，可不计算梁的整体稳定；第 6.2.4 条当箱形截面简支梁符合本标准 6.2.1 条的要求或其截面尺寸满足 $h/b_0 \leqslant 6$，$l_1/b_0 \leqslant 95\varepsilon_k^2$ 时，可不计算整体稳定性，l_1 为受压翼缘侧向支撑点间的距离。

需要注意的是，箱形截面判断前提首先是简支梁，其次才判断截面尺寸。

查看该钢梁构件验算的详细信息，如图 5-4 所示。

四、构件设计验算信息

1 -M ------ 各个计算截面的最大负弯矩
2 +M ------ 各个计算截面的最大正弯矩
3 Shear --- 各个计算截面的剪力
4 N-T ----- 最大轴拉力(kN)
5 N-C ----- 最大轴压力(kN)
6 [No1](No2) --- No1:组合原则编号　No2:基本组合编号

	-I-	-1-	-2-	-3-	-4-	-5-	-6-	-7-	-J-
-M	0.00	0.00	0.00	0.00	0.00	0.00	0.00	0.00	0.00
LoadCase	[24](156)	[24](156)	[24](156)	[24](156)	[24](156)	[24](156)	[24](156)	[24](156)	[24](156)
+M	188.72	22.99	40.90	57.89	73.95	89.08	103.29	116.57	128.92
LoadCase	[2](4)	[2](4)	[2](4)	[2](4)	[2](4)	[2](4)	[2](4)	[2](4)	[2](4)
Shear	-66.34	-63.23	-60.13	-57.03	-53.92	-50.82	-47.71	-44.61	-41.51
LoadCase	[2](4)	[2](4)	[2](4)	[2](4)	[2](4)	[2](4)	[2](4)	[2](4)	[2](4)
N-T	157.75	157.59	157.44	157.28	157.13	156.97	156.82	156.66	156.51
LoadCase	[2](4)	[2](4)	[2](4)	[2](4)	[2](4)	[2](4)	[2](4)	[2](4)	[2](4)
N-C	23.46	23.38	23.30	23.23	23.15	23.08	23.00	22.93	22.85
LoadCase	[21](114)	[21](114)	[21](114)	[21](114)	[21](114)	[21](114)	[21](114)	[21](114)	[21](114)
强度验算	[2](4)　N=157.75，M=-188.72，F1/f=0.44								
稳定验算	[1](1)　N=154.50，M=-187.56，F2/f=0.00								
抗剪验算	[2](4)　V=-66.34，F3/fv=0.06								
下翼缘稳定	跨中截面，不进行下翼缘稳定计算								
宽厚比	b/tf=38.00 > 34.66 翼缘宽厚比不满足构造要求 《钢结构设计标准》GB50017-2017 3.5.1条给出宽厚比限值								
高厚比	h/tw=38.00 ≤ 102.34								

图 5-4　该钢梁验算输出的详细信息

对于本案例中的梁，根据规范的要求，均需要考虑整体稳定验算，但查看构件信息时发现，此钢梁在所有的基本组合下，轴力 N 均为拉力（SATWE 中拉力为正值，压力为负值），也就是说此钢梁是拉弯构件，而拉弯构件也不需要验算整体稳定，所以显示结果整体稳定应力比为 0。

5.5 关于钢结构抗风柱计算问题

Q：在钢结构二维设计中建立抗风柱参与整体计算和工具箱对于单个抗风柱验算有哪些区别会导致两者计算结果上的差异？

A：首先，要明确抗风柱的类型，从受力角度来说，一类抗风柱只承担山墙风荷载，不承担竖向荷载；另一类抗风柱兼做摇摆柱，既承担山墙风荷载，又承担柱顶竖向荷载。设计人员应根据工程需要考虑使用哪种类型的抗风柱。

（1）当在二维模型中采用承担山墙风荷载，又承担竖向荷载的抗风柱时，抗风柱计算所用轴力是整体计算得到的抗风柱柱顶轴力，而工具箱中需要输入的墙板不是自承重的，二者的荷载不一致，其计算结果自然会有区别。

（2）二维设计程序对于计算长度系数和长细比的平面内是根据刚架平面内定义，因此对于抗风柱其平面内计算长度系数一般是绕其弱轴方向的，平面外计算长度系数是绕其强轴方向的。而在工具箱中，抗风柱平面内外的计算长度系数是按照截面自身强弱轴来确定的，抗风柱平面内计算长度系数是绕着柱构件强轴方向的，平面外计算长度系数是绕着柱截面弱轴方向的。

（3）二维设计中只输出梁的挠度，不会计算柱的挠度，自然也不会输出抗风柱的挠度。

5.6 关于二维门式刚架面内面外长细比的问题

Q：二维门式刚架中抗风柱长细比 λ_x、λ_y是如何计算的？

A：钢结构二维设计结果中的 λ_x、λ_y分别指柱平面内长细比和平面外长细比，并不是指绕截面 x、y 轴的长细比。

钢结构二维设计的平面内、外是相对刚架平面而言的，因此平面内外与构件是否转角无关。对于抗风柱来说，一般其截面会旋转 90°，此时绕其截面 y 轴方向变成了平面内，绕其截面 x 轴方向就变成了平面外，此时计算平面内长细比就应该用平面内的计算长度 L_x除以绕截面 y 轴方向的回转半径 i_y，即 $\lambda_x=L_x/i_y$，$\lambda_y=L_y/i_x$。

5.7 关于轴心受拉构件的设计问题

Q：按《钢结构设计标准》GB 50017—2017 计算轴心受拉构件，程序是如何处理的？

A：在《钢结构设计标准》GB 50017—2017 中，对轴心受拉构件的截面强度计算公式，和旧版《钢结构设计规范》相比有所变化。按《钢结构设计标准》GB 50017—2017 第 7.1.1 条，轴心受拉构件的强度有两项验算，分别为毛截面屈服和净截面断裂。

7.1　截面强度计算

7.1.1　轴心受拉构件，当端部连接及中部拼接处组成截面的各板件都由连接件直接传力时，其截面强度计算应符合下列规定：

1　除采用高强度螺栓摩擦型连接者外，其截面强度应采用下列公式计算：

毛截面屈服：

$$\sigma = \frac{N}{A} \leqslant f \qquad (7.1.1\text{-}1)$$

净截面断裂：

$$\sigma = \frac{N}{A_n} \leqslant 0.7 f_u \qquad (7.1.1\text{-}2)$$

在程序中会分别验算两项，取不利项输出。

以某轴心受拉构件为例，展示具体校核过程：

该轴心受拉构件进行校核时的相关信息如图 5-5 所示。

---- 总信息 ----

钢材：Q235

钢结构净截面面积与毛截面面积比：　0.85

支撑杆件容许长细比：　200

柱顶容许水平位移/柱高：　1 /　150

---- 标准截面信息 ----

1、标准截面类型

(1) 5, 0.17800E+05, 0.10000E+03, 0.20600E+06

(2)　34,　2L75x8　　　　, 0.010 等边角钢组合

2、标准截面特性

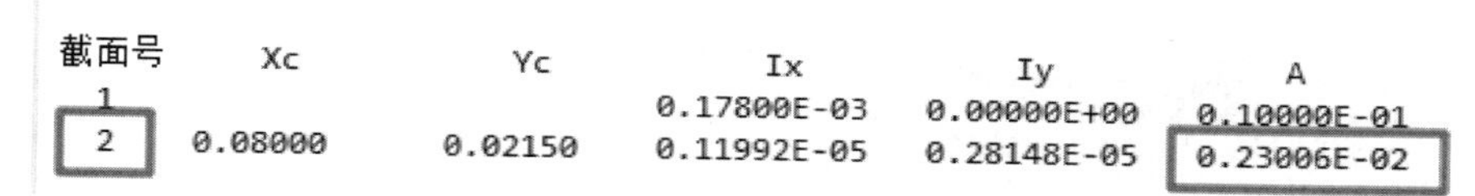

截面号	Xc	Yc	Ix	Iy	A
1			0.17800E-03	0.00000E+00	0.10000E-01
2	0.08000	0.02150	0.11992E-05	0.28148E-05	0.23006E-02

图 5-5　该验算轴心受拉构件的基本信息

该轴心受拉构件输出的组合内力及应力比结果输出，如图 5-6 所示。

如图 5-5 所示的截面进行毛截面屈服和净截面断裂的承载力验算，详细如下：

毛截面屈服：

$$\sigma = \frac{N}{A} = \frac{96.44 \times 10^3}{0.23006 \times 10^{-2} \times 10^6} = 41.9195$$

其应力比为：

$$\frac{41.9195}{215} = 0.19497$$

和图 5-6 构件信息中给出的最大应力一致。

```
钢 柱          7
截面类型= 34; 布置角度=  0; 计算长度: Lx=    4.24, Ly=    8.49; 长细比: λx= 185.8,λy= 242.6
构件长度=    4.24;  计算长度系数: Ux=    1.00      Uy=    2.00
抗震等级: 不考虑抗震
截面参数: 2L75x8      热轧等边角钢组合, d(mm)  =   10
轴压截面分类:X轴:b类, Y轴:b类
构件钢号: Q235
宽厚比等级:S3
验算规范: 普钢规范GB50017-2017

                    柱 下 端                        柱 上 端

     组合号        M          N          V          M          N          V
       1         0.00     -95.65       0.00       0.00      96.44       0.00

强度计算最大应力对应组合号:  1,  M=      0.00, N=    -95.65,  M=      0.00, N=     96.44
强度计算最大应力 (N/mm*mm) =       41.92
强度计算最大应力比 =  0.195

强度计算最大应力 < f=  215.00
拉杆,平面内长细比 λ=    186.  ≤ [λ]=      200
拉杆,平面外长细比 λ=    243.  > [λ]=     200 *****
```

图 5-6　该轴心受拉构件输出的应力及应力比结果

净截面断裂：

$$\sigma = \frac{N}{A_n} = \frac{96.44 \times 10^3}{0.85 \times 0.23006 \times 10^{-2} \times 10^6} = 49.3171$$

其应力和毛截面屈服接近，但是由于钢材抗拉强度更大，所以净截面断裂对应的应力比更小，不起控制作用。

再修改构件的净毛截面面积比为 0.5，其余条件不变，重新计算，结果如图 5-7 所示。

```
---- 总信息 ----
钢材: Q235
钢结构净截面面积与毛截面面积比:  0.50
支撑杆件容许长细比:  200
柱顶容许水平位移/柱高:    1 /  150

钢 柱          7
截面类型= 34; 布置角度=  0; 计算长度: Lx=    4.24, Ly=    8.49; 长细比: λx= 185.8,λy= 242.6
构件长度=    4.24;  计算长度系数: Ux=    1.00      Uy=    2.00
抗震等级: 不考虑抗震
截面参数: 2L75x8      热轧等边角钢组合, d(mm)  =   10
轴压截面分类:X轴:b类, Y轴:b类
构件钢号: Q235
宽厚比等级:S3
验算规范: 普钢规范GB50017-2017

                    柱 下 端                        柱 上 端

     组合号        M          N          V          M          N          V
       1         0.00     -95.65       0.00       0.00      96.44       0.00

强度计算最大应力对应组合号:  1,  M=      0.00, N=    -95.65,  M=      0.00, N=     96.44
强度计算最大应力 (N/mm*mm) =       83.83
强度计算最大应力比 =  0.324

强度计算最大应力 < 0.7*fu=  259.00
拉杆,平面内长细比 λ=    186.  ≤ [λ]=      200
拉杆,平面外长细比 λ=    243.  > [λ]=     200 *****

构件重量 (Kg)=       76.62
```

图 5-7　修改钢构件净毛面积比，该轴心受拉构件输出的应力比结果

由于除净毛截面面积比之外，其余条件均相同，所以毛截面屈服结果不变。

净截面断裂：

$$\sigma=\frac{N}{A_{\mathrm{n}}}=\frac{96.44\times10^{3}}{0.5\times0.23006\times10^{-2}\times10^{6}}=83.839$$

其应力比为：

$$\frac{83.839}{0.7\times370}=0.3237$$

此时净截面断裂的应力比更大，所以起控制作用，输出的结果和程序显示的结果一致。

对轴心受拉构件的截面强度验算，分别验算毛截面屈服和净截面断裂，取不利输出。

5.8　关于钢结构二维设计杆件内力正负号问题

Q：如何在钢结构二维模型中判断杆件轴力为压力还是拉力？

A：二维模型中的构件和基础的内力符号规定与三维软件不同，其依据模型整体坐标系，根据右手定则确定构件的内力符号。二维设计中的构件内力判断如图 5-8 所示。

注：杆件内力输出时，弯矩、剪力、轴力的符号规定遵循右手坐标，即：

弯矩M以逆时针方向为正；

剪力V以和Y轴同向为正；

轴力N以和X轴同向为正。

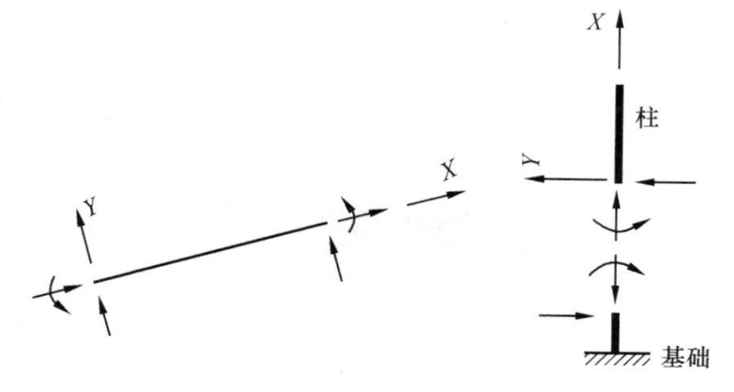

图示内力方向均为正

图 5-8　钢结构二维中构件内力符号的规定

因此二维模型中的构件轴力符号不以拉压区分，轴力正向如图 5-8 所示那样，基本上是以向右为正，向上为正的，所以需要根据构件两端的符号方向使构件发生拉伸还是压缩变形去判断构件的轴力是拉力还是压力。

以一个门式刚架轴力包络图为例，判断柱轴力方向，图 5-9 中－72kN 和 75kN 是该柱的一对最大轴力，18kN 和－14kN 是该柱的一对最小轴力。

柱最大轴力在柱底为正值，该轴力在柱底方向向上，在柱顶为负值，该轴力在柱顶方向向下，因此这一对力是使柱出现压缩变形，为轴压力。柱最小轴力在柱底为负值，该轴力方向向下，在柱顶为正值，该轴力在柱顶方向向上，因此这一对力是使柱出现拉伸变形，为轴拉力。

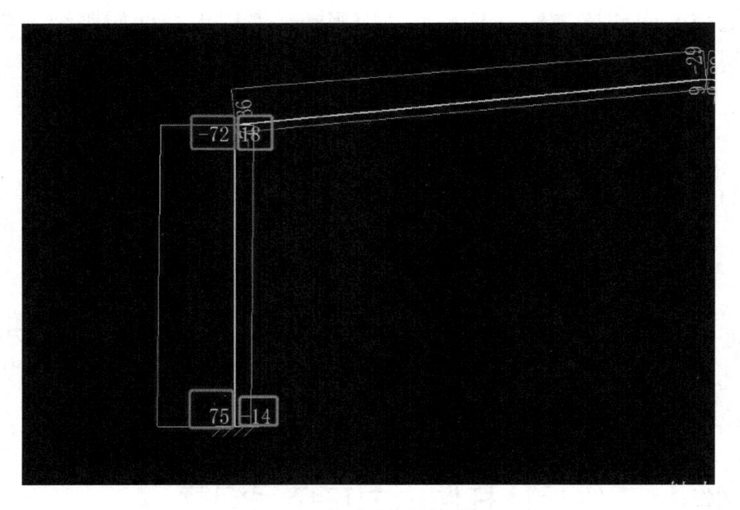

图 5-9　门架轴力包络图

5.9　关于钢结构有无侧移的问题

Q：钢框架结构，SATWE 参数定义里钢柱的计算长度系数选择“自动考虑有无侧移”计算，那么计算结果中哪里可以查到各层的有无侧移情况？

A：可以在 SATWE 旧版文本查看 wmass. out 文件中查看有无侧移的判断结果和过程，如图 5-10 所示。

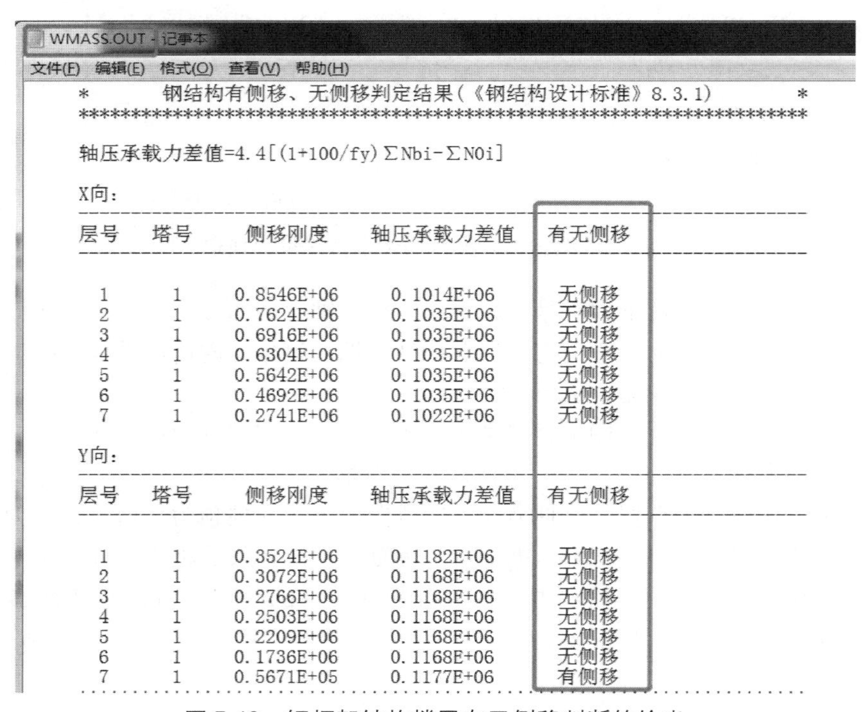

WMASS.OUT - 记事本

文件(F) 编辑(E) 格式(O) 查看(V) 帮助(H)

*　　钢结构有侧移、无侧移判定结果（《钢结构设计标准》8. 3. 1）　　*

****

轴压承载力差值=4. 4[(1+100/fy)ΣNbi-ΣN0i]

X向：

层号	塔号	侧移刚度	轴压承载力差值	有无侧移
1	1	0. 8546E+06	0. 1014E+06	无侧移
2	1	0. 7624E+06	0. 1035E+06	无侧移
3	1	0. 6916E+06	0. 1035E+06	无侧移
4	1	0. 6304E+06	0. 1035E+06	无侧移
5	1	0. 5642E+06	0. 1035E+06	无侧移
6	1	0. 4692E+06	0. 1035E+06	无侧移
7	1	0. 2741E+06	0. 1022E+06	无侧移

Y向：

层号	塔号	侧移刚度	轴压承载力差值	有无侧移
1	1	0. 3524E+06	0. 1182E+06	无侧移
2	1	0. 3072E+06	0. 1168E+06	无侧移
3	1	0. 2766E+06	0. 1168E+06	无侧移
4	1	0. 2503E+06	0. 1168E+06	无侧移
5	1	0. 2209E+06	0. 1168E+06	无侧移
6	1	0. 1736E+06	0. 1168E+06	无侧移
7	1	0. 5671E+05	0. 1177E+06	有侧移

图 5-10　钢框架结构楼层有无侧移判断的输出

5.10　关于角钢焊缝高度取值的问题

Q：柱间支撑验算，荷载没有变化，只是把杆件由单角钢换成了双角钢，为什么计算的焊缝高度几乎差了一倍，从 7mm 变成了 12mm？如图 5-11 及图 5-12 所示。

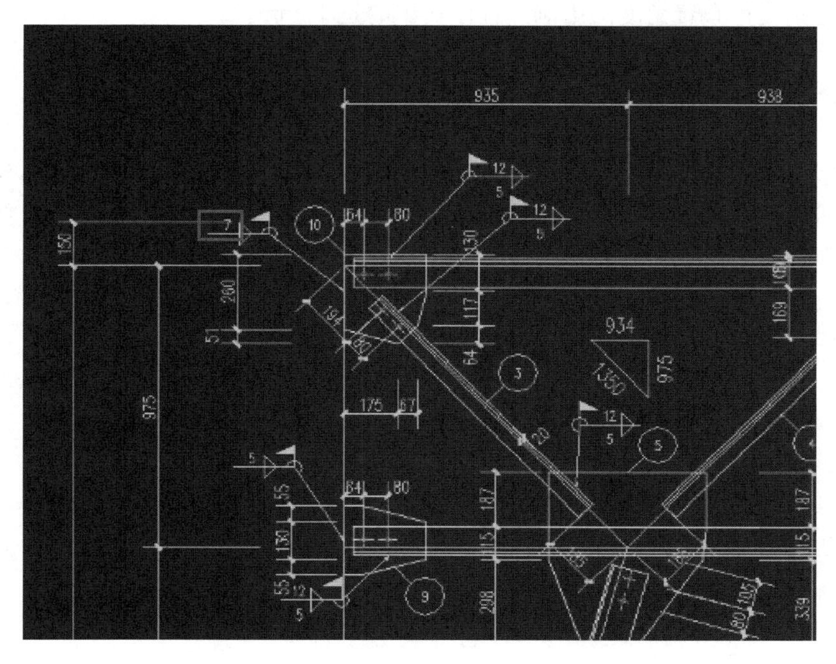

图 5-11　单角钢支撑焊缝高度为 7mm

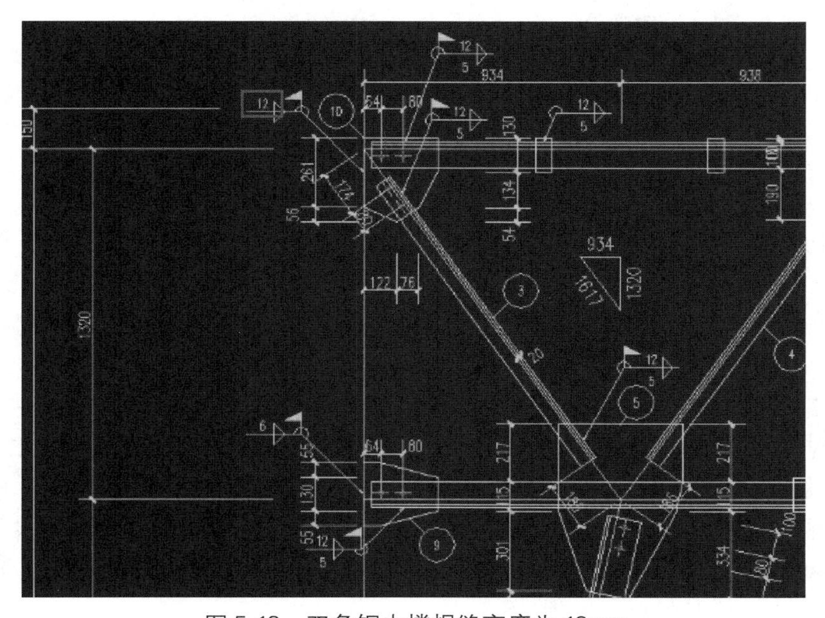

图 5-12　双角钢支撑焊缝高度为 12mm

A：柱间支撑程序默认按照等强方式考虑，即 $fA=l_w\times h_e\times f_t^w$，单面角钢变成双面角钢，截面加大，轴向承载力 N 变大 2 倍，所以焊脚尺寸也会相应地变大 2 倍导致的。

单面角钢轴心承载力为 $N_{单角钢}=fA=l_w\times h_e\times f_t^w$，双面角钢轴心承载力为 $N_{双角钢}=2fA$，轴力等强下焊缝相应地变大 2 倍，所以焊脚高度 $h_e=\dfrac{2\times260\times7\times2\times200}{261\times200\times2}=14\text{mm}$，考虑到支撑布置角度的影响，程序输出的是 12mm。

5.11 关于钢柱计算长度系数的问题

Q：为什么模型计算完之后，考虑有侧移和考虑无侧移计算的柱长度系数不变？

A：程序在考虑二阶弹性分析或者直接分析方法的时候，会把柱长度系数强制按照 1.0 考虑，如图 5-13 所示。

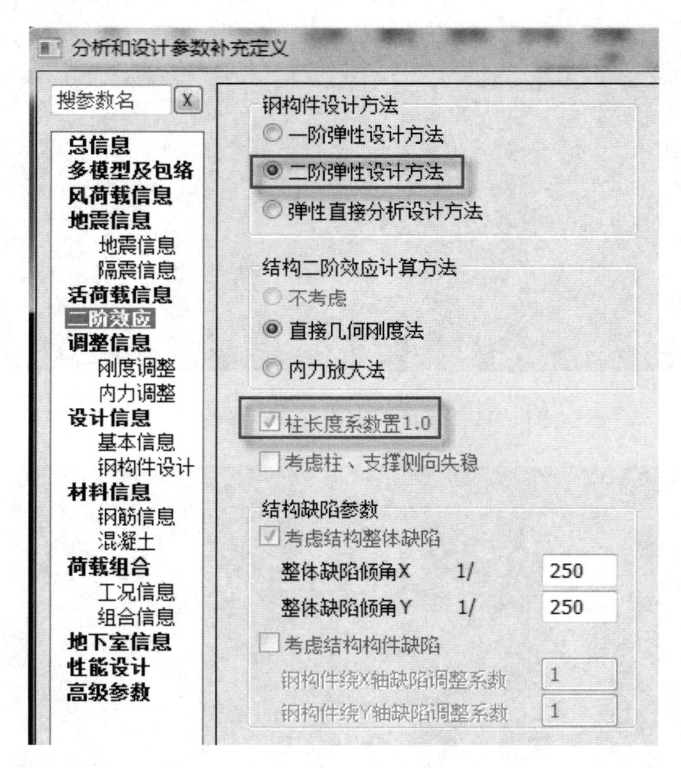

图 5-13　选择二阶弹性设计或直接分析法，柱计算长度系数取 1

相关标准条文要求如下：

《钢结构设计标准》第 5.4.1 条，采用仅考虑 P-Δ 效应的二阶弹性分析时，应按本标准第 5.2.1 条考虑结构的整体初始缺陷，计算结构在各种荷载或作用设计值下的内力和标准值下的位移，并应按本标准第 6 章～第 8 章的有关规定进行各结构构件的设计，同时应按本标准的有关规定进行连接和节点设计。计算构件轴心受压稳定承载力时，构件计算长度系数 μ 可取 1.0 或其他认可的值。

《钢结构设计标准》第 5.5.1 条，直接分析设计法应采用考虑二阶 P-Δ 和 P-δ 效应，按本标准第 5.2.1 条、第 5.2.2 条、第 5.5.8 条和第 5.5.9 条同时考虑结构和构件的初始缺陷、节点连接刚度和其他对结构稳定性有显著影响的因素，允许材料的弹塑性发展和内力重分布，获得各种荷载设计值（作用）下的内力和标准值（作用）下位移，同时在分析的所有阶段，各结构构件的设计均应符合本标准第 6 章～第 8 章的有关规定，但不需要按计算长度法进行构件受压稳定承载力验算。

5.12　关于抗风柱节点施工图的问题

Q：门式刚架节点设计时在连接参数中的抗风柱与钢梁连接选择采用弹簧板连接，但是生成的施工图中为何还是长圆孔节点？

A：设置弹簧板节点的抗风柱必须是只承担山墙风荷载，不承担竖向荷载的一类抗风柱。由于弹簧板节点自身在构造上的特点，要保证弹簧板能够释放梁传给抗风柱的竖向荷载。

生成时要具备以下条件：抗风柱与主刚架的中心存在偏心，且设置的偏心要大于梁翼缘宽度＋半个抗风柱高。只有满足以上的条件，抗风柱的弹簧板节点才能正常生成；如果不满足以上条件，程序则对只承担风荷载按照长圆孔节点进行生成。

抗风柱中心相对于刚架平面的偏心定义如图 5-14 所示。

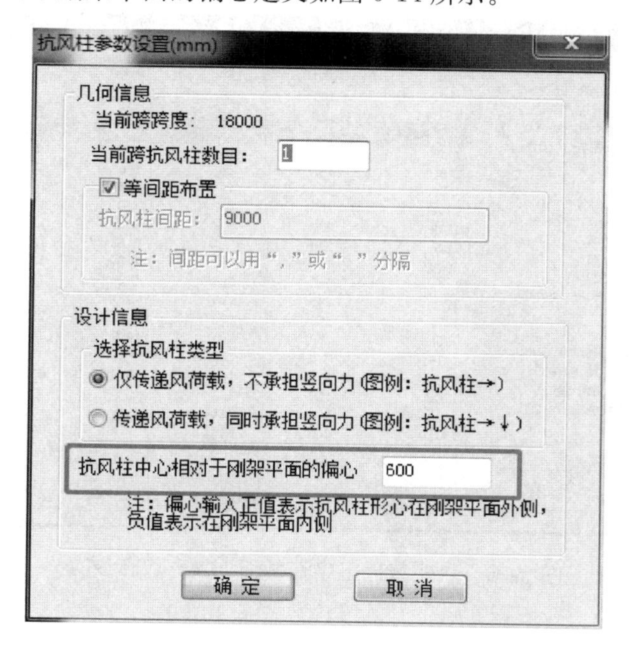

图 5-14　抗风柱中心相对刚架平面的偏心距指定

5.13　关于轧制截面板件宽厚比的计算问题

Q：热轧型钢构件，软件计算的宽厚比为何与外伸宽度/翼缘厚度计算的不一致？应该如何进行计算？

A：热轧普通工字形截面由于翼缘内表面存在一定的放坡比例，如图 5-15 所示，翼缘的上表面或下表面不是与圆弧水平相切，所以计算翼缘外伸宽度时，还需要考虑这部分长度，在考虑翼缘外伸宽度时，应该减去起落圆弧半径的同时加上这段长度 x。

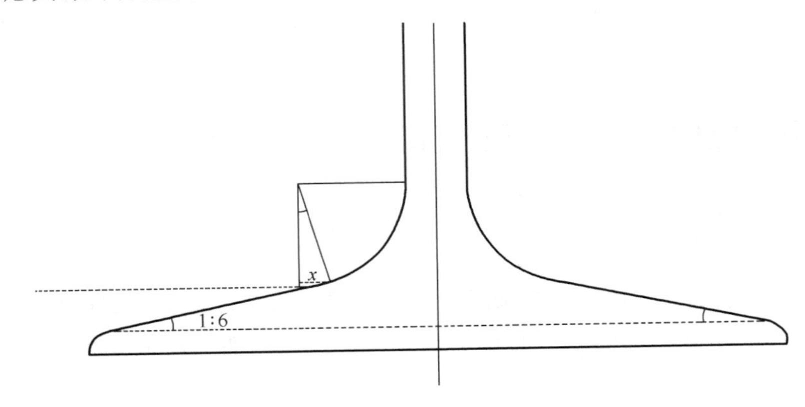

图 5-15　热轧工字钢截面翼缘腹板交接处的圆弧

具体以热轧普通工字形截面 I12.6 为例，按照下面的步骤进行宽厚比的计算校核。
热轧普通工字形截面 I12.6 截面参数如图 5-16 所示。

标准型钢截面特性

- 角钢
  - 热轧等边角钢-国标GB/T 706-201
  - 热轧不等边角钢-国标GB/T 706-2
  - 薄壁等边角钢-国标GB50018-2002
  - 薄壁卷边等边角钢-国标GB50018-
  - 薄壁不等边角钢-国标GB/T 706-2
- 工字钢、H型钢
  - 热轧普通工字钢-国标GB/T 706-2
  - 热轧轻型工字钢-国标YB163-63
  - 欧洲标准宽翼缘H型钢
  - 日本标准宽翼缘H型钢
  - 美国标准宽翼缘H型钢
  - 国标热轧H型钢-国标GB/T 11263-
  - 高频焊接轻型H型钢
- 普通、轻型槽钢
  - 热轧普通槽钢-国标GB/T 706-201
  - 热轧轻型槽钢-国标YB164-63
  - 薄壁槽钢-国标GB50018-2002
  - 薄壁卷边槽钢-国标GB50018-2002
- 之型钢

型号	h(mm)	b(mm)	tw(mm)	t(mm)	r(mm)
I10	100	68	4.5	7.6	6.5
I12	120	74	5.0	8.4	7.0
I12.6	126	74	5.0	8.4	7.0
I14	140	80	5.5	9.1	7.5
I16	160	88	6.0	9.9	8.0
I18	180	94	6.5	10.7	8.5
I20a	200	100	7.0	11.4	9.0
I20b	200	102	9.0	11.4	9.0
I22a	220	110	7.5	12.3	9.5
I22b	220	112	9.5	12.3	9.5
I24a	240	116	8.0	13.0	10.0
I24b	240	118	10.0	13.0	10.0
I25a	250	116	8.0	13.0	10.0
I25b	250	118	10.0	13.0	10.0
I27a	270	122	8.5	13.7	10.5
I27b	270	124	10.5	13.7	10.5
I28a	280	122	8.5	13.7	10.5
I28b	280	124	10.5	13.7	10.5
I30a	300	126	9.0	14.4	11.0

自定义　修改截面特性　导出型钢库　导入型钢库　恢复系统型钢库　关 闭

图 5-16　热轧普通工字形截面 I12.6 截面参数

按照上述参数表，对应 x 的取值为：

$$x = r \cdot \cos\alpha = 7 \times 1/\sqrt{37} = 1.15$$

该构件宽厚比为：［74－5－（7－x）×2］/2/8.4＝3.41
程序计算结果如图 5-17 所示。
手工校核结果与程序计算结果完全一致。

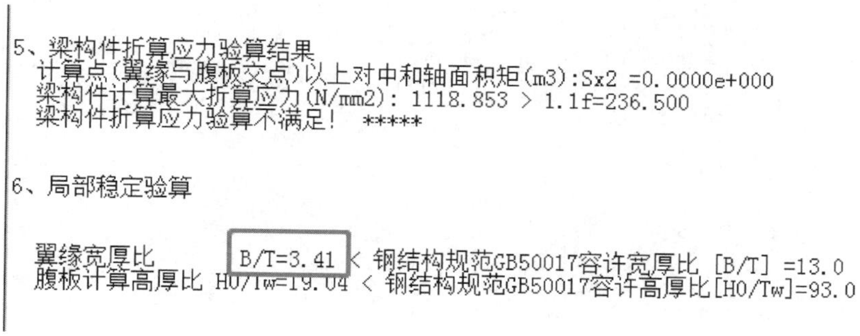

5、梁构件折算应力验算结果
　计算点(翼缘与腹板交点)以上对中和轴面积矩(m3):Sx2 =0.0000e+000
　梁构件计算最大折算应力(N/mm2): 1118.853 > 1.1f=236.500
　梁构件折算应力验算不满足!　*****

6、局部稳定验算

　翼缘宽厚比　　　B/T=3.41 < 钢结构规范GB50017容许宽厚比 [B/T] =13.0
　腹板计算高厚比 H0/Tw=19.04 < 钢结构规范GB50017容许高厚比[H0/Tw]=93.0

图 5-17　软件输出的宽厚比值

5.14　关于钢结构二维钢梁不验算稳定的问题

Q：为什么 STS 二维里面，如图 5-18 所示的钢梁不验算稳定？

A：查看构件信息，该钢梁是截面为 500×500×10 的方钢管截面梁，面内长度 $L=9.04$m，根据《钢结构设计标准》第 6.2.4 条，具体要求如下：

6.2.4　当箱形截面简支梁符合本标准第 6.2.1 条的要求或其截面尺寸，如图 5-19 所示，满足 $h/b_0 \leqslant 6$，$l_1/b_0 \leqslant 95\varepsilon_k^2$时，可不计算整体稳定性，$l_1$ 为受压翼缘侧向支承点间的距离（梁的支座处视为有侧向支承）。

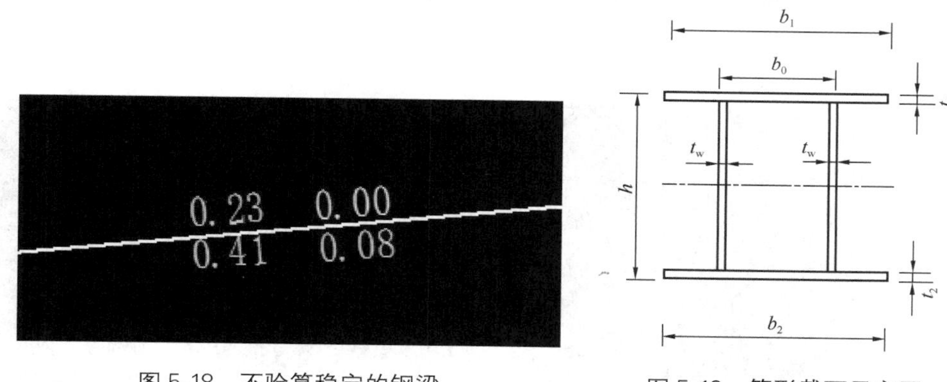

图 5-18　不验算稳定的钢梁

图 5-19　箱形截面示意图

按照标准进行验算 $h/b_0=1\leqslant 6$，$l_1/b_0=9040/500=18.08\leqslant 95$，所以该钢梁不需要验算整体稳定，输出稳定验算结果为 0。

5.15　关于钢结构二维桁架面内面外稳定应力比一致的问题

Q：二维桁架模型，用柱建模桁架杆件，发现计算完之后的构件稳定应力比，面内和面外完全一致，但是长细比却不同，是何原因？桁架应力比验算结果如图 5-20 所示，桁架构件平面内长细比如图 5-21 所示，平面外长细比如图 5-22 所示。

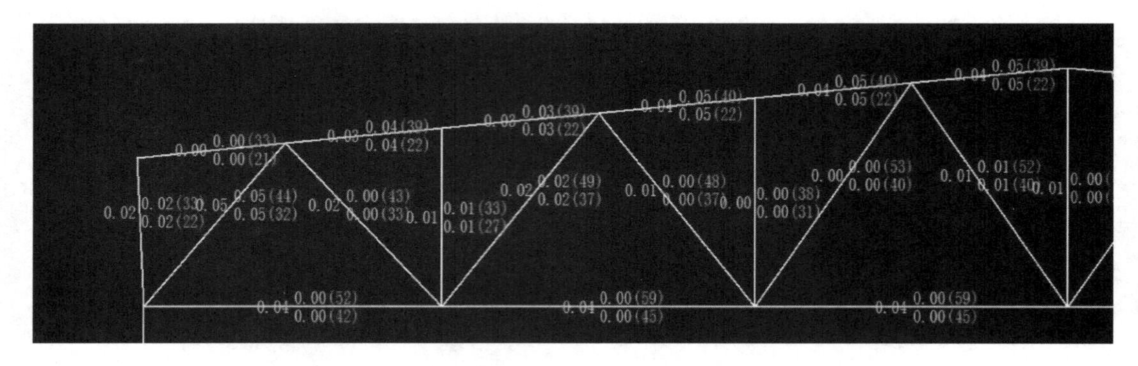

图 5-20　桁架构件应力比验算结果

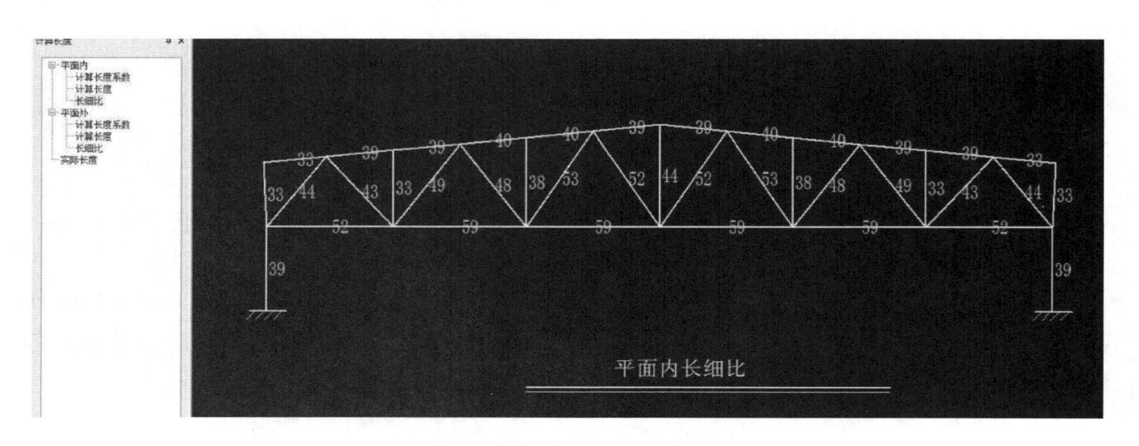

图 5-21　桁架构件平面内长细比

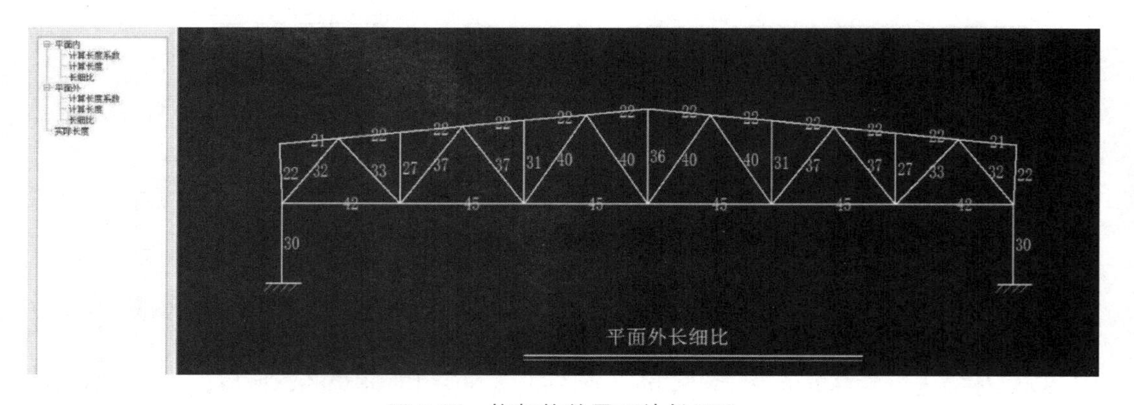

图 5-22　桁架构件平面外长细比

A：查看该桁架的杆件，为圆管截面的柱子，按照《钢结构设计标准》，考虑稳定验算，如图 5-23 所示，规范对于圆管截面柱的稳定验算并不区分面内和面外，只是验算一个整体稳定，稳定系数取较大长细比下的结果，所以面内稳定和面外稳定输出一个数值，均为整体稳定应力比。

8.2.4 当柱段中没有很大横向力或集中弯矩时，双向压弯圆管的整体稳定按下列公式计算：

$$\frac{N}{\varphi A f}+\frac{\beta M}{\gamma_{m} W\left(1-0.8 \frac{N}{N_{Ex}^{\prime}}\right) f} \leqslant 1.0 \quad (8.2.4\text{-}1)$$

$$M=\max\left(\sqrt{M_{xA}^{2}+M_{yA}^{2}}, \sqrt{M_{xB}^{2}+M_{yB}^{2}}\right) \quad (8.2.4\text{-}2)$$

$$\beta=\beta_{x} \beta_{y} \quad (8.2.4\text{-}3)$$

$$\beta_{x}=1-0.35 \sqrt{N / N_{E}}+0.35 \sqrt{N / N_{E}}\left(M_{2x} / M_{1x}\right) \quad (8.2.4\text{-}4)$$

$$\beta_{y}=1-0.35 \sqrt{N / N_{E}}+0.35 \sqrt{N / N_{E}}\left(M_{2y} / M_{1y}\right) \quad (8.2.4\text{-}5)$$

$$N_{E}=\frac{\pi^{2} E A}{\lambda^{2}} \quad (8.2.4\text{-}6)$$

式中：φ——轴心受压构件的整体稳定系数，按构件最大长细比取值；

M——计算双向压弯圆管构件整体稳定时采用的弯矩值，按式(8.2.4-2)计算(N·mm)；

M_{xA}、M_{yA}、M_{xB}、M_{yB}——分别为构件A端关于x轴、y轴的弯矩和构件B端关于x轴、y轴的弯矩(N·mm)；

β——计算双向压弯整体稳定时采用的等效弯矩系数；

M_{1x}、M_{2x}、M_{1y}、M_{2y}——分别为x轴、y轴端弯矩(N·mm)；构件无反弯点时取同号，构件有反弯点时取异号；$|M_{1x}| \geq |M_{2x}|$，$|M_{1y}| \geq |M_{2y}|$；

N_E——根据构件最大长细比计算的欧拉力，按式(8.2.4-6)计算。

图 5-23　《钢结构设计标准》对双向压弯圆管的稳定验算

5.16　关于钢结构雨篷拉杆内力过大的问题

Q：如图 5-24 所示，SATWE 计算的某钢结构雨篷应力比超限，查看雨篷拉杆构件的详细信息，如图 5-25 所示，该拉杆轴力非常大，远远大于设计经验，是何原因？

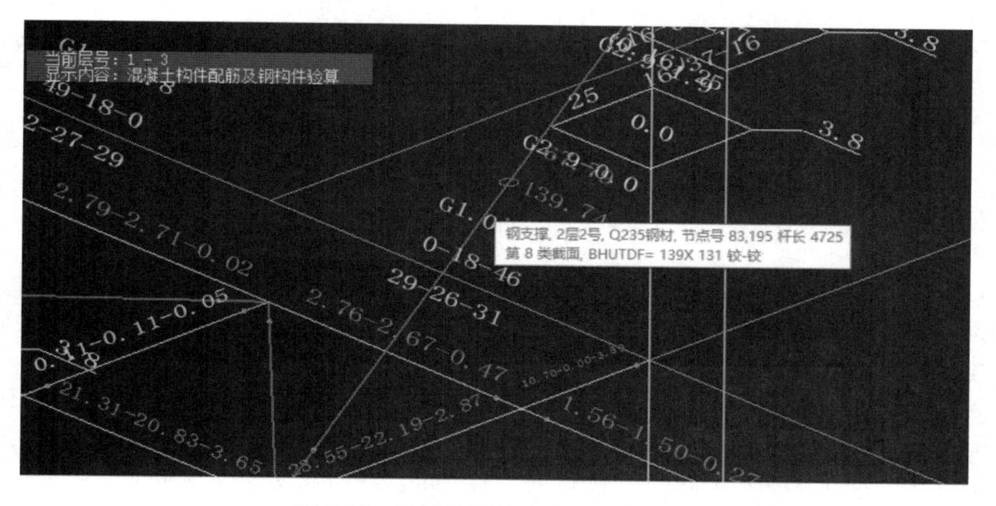

图 5-24　钢结构雨篷应力比验算结果

A：由于本工程采用反应谱法进行了竖向地震作用的计算，查看各振型的参与质量，如图 5-26 所示，结构竖向地震作用有效质量系数非常小，仅为 0.16%，远小于规范 90%的要求，导致计算的竖向地震作用很小。

同时规范对竖向地震计算有底线值的要求，这样就导致竖向地震作用的调整系数非常大，进而引起全楼地震力异常，计算结果没有意义。

荷载工况	Axial	Shear-X	Shear-Y	MX-Bottom	MY-Bottom	MX-Top	MY-Top
(1)DL	39.01	0.00	-0.24	0.00	0.00	0.00	0.00
(2)LL	60.40	0.00	0.00	0.00	0.00	0.00	0.00
(3)WX	0.00	0.00	0.00	0.00	0.00	0.00	0.00
(4)WY	0.00	0.00	0.00	0.00	0.00	0.00	0.00
(5)EXY	0.00	0.00	0.00	0.00	0.00	0.00	0.00
(6)EXP	0.00	0.00	0.00	0.00	0.00	0.00	0.00
(7)EXM	-0.00	0.00	0.00	0.00	0.00	0.00	0.00
(8)EYX	0.01	0.00	0.00	0.00	0.00	0.00	0.00
(9)EYP	0.01	0.00	0.00	0.00	0.00	0.00	0.00
(10)EYM	0.00	0.00	0.00	0.00	0.00	0.00	0.00
(11)EX	0.00	0.00	0.00	0.00	0.00	0.00	0.00
(12)EY	0.01	0.00	0.00	0.00	0.00	0.00	0.00
(13)EZZ	16103.51	0.00	-0.14	0.00	0.00	0.00	0.00
(14)EX0	0.00	0.00	0.00	0.00	0.00	0.00	0.00
(15)EY0	0.01	0.00	0.00	0.00	0.00	0.00	0.00

图 5-25　雨篷拉杆构件在竖向地震作用下轴力异常大

根据《高规》5.1.13条，各振型的参与质量之和不应小于总质量的90%。

第 1 地震方向 EX 的有效质量系数为 99.59%，参与振型足够

第 2 地震方向 EY 的有效质量系数为 99.43%，参与振型足够

第 3 地震方向 EZZ 的有效质量系数为 0.16%，参与振型不足

图 5-26　该结构水平及竖向地震作用有效质量系数

建议可通过增加振型数，满足竖向地震作用有效质量系数 90%的要求，或者采用底部轴力法竖向地震或等效静力法竖向地震，避免振型激励不够导致地震作用调整系数过大而引起异常。

正常计算后竖向地震 EZZ 下拉杆轴力为 10.29kN，符合设计经验。

5.17　关于单层钢结构厂房轻钢屋盖性能设计的问题

Q：对于单层轻屋盖厂房，为什么要按照性能化设计的方式来控制它的板件宽厚比？PKPM 软件中如何按照规范的要求进行钢结构抗震性能化设计，按照满足性能要求控制板件宽厚比和高厚比？

A：轻型钢屋盖厂房相较重屋盖厂房结构整体自重会比较轻，整个结构的地震作用效应水平就会比较低，在 8 度（0.2g）及更低设防烈度的地区，即使按照设防地震作用进行弹性计算，也就是多遇地震的 2.85 倍左右时，也可能出现非地震作用组合控制厂房受力的情况，例如风荷载组合或吊车荷载组合控制。从实际震害反应来看，这类轻屋盖结构的构件和节点也没有出现明显破坏，甚至可以说完好无损，因此，可按规范提出的“高弹性承载力，低延性”这种性能化设计方式考虑板件宽厚比。

采用轻钢屋盖的单层钢结构厂房，它的梁柱板件宽厚比按照规范规定要求采用“高弹性承载力，低延性”的性能化设计思路控制，如：当能满足当前多遇地震作用组合下的构件强度和稳定要求时，根据《建筑抗震设计规范》第 9.2.14 条条文说明要求，按照表 6 中 A 类要求控制板件宽厚比，当满足 1.5 倍多遇地震作用组合下的构件承载力要求时，

按《建筑抗震设计规范》第 9.2.14 条条文说明表 6 中 B 类控制板件宽厚比；当能满足 2 倍多遇地震作用组合下的构件承载力要求时，构件的宽厚比控制指标按《钢结构设计标准》进行控制，即按 C 类控制。

从图 5-27 中可以看到随着选择和控制的弹性目标的提高，对应的延性限值逐步降低。所以可以在单层钢结构厂房设计中按照此规律，选择合适的性能目标，实现结构安全和用钢量的平衡兼顾。

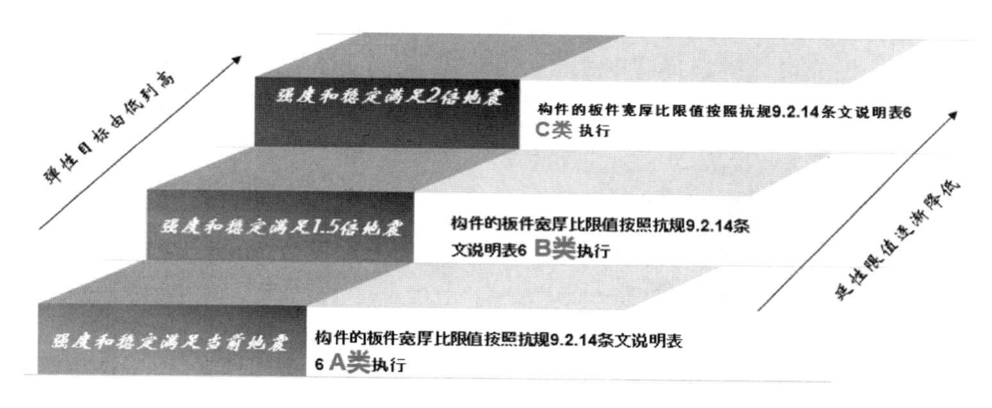

图 5-27　单层轻屋盖厂房的性能化设计思路

在二维钢结构计算时，参数输入中结构类型参数下拉选项中选择单层钢结构厂房，设计规范选择《钢结构设计标准》，如图 5-28 所示，此时对话框下半部分的轻屋盖厂房“低延性、高弹性承载力性能化设计”勾选就会点亮为可勾选的状态，这时就可选择相应的承载力目标，满足承载力条件，程序会按照相应的板件宽厚比去控制。

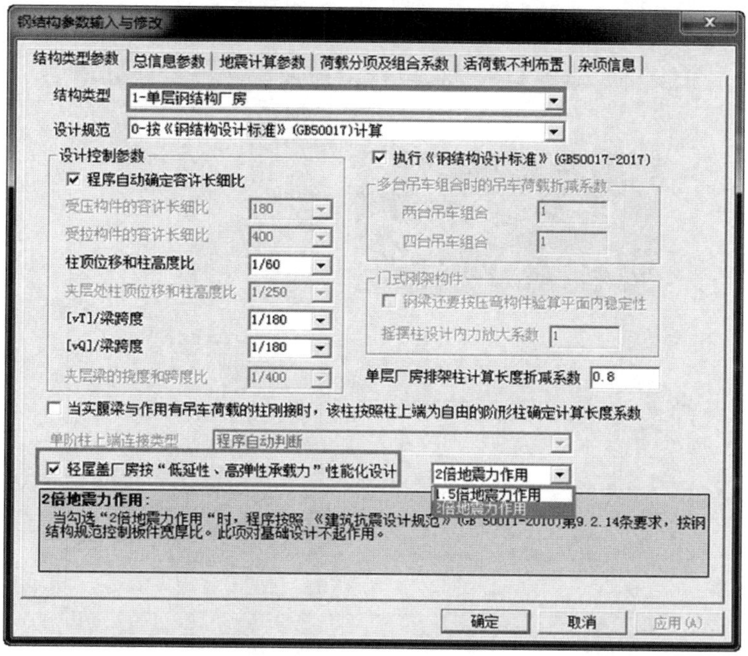

图 5-28　二维轻屋盖厂房参数

在进行单层钢结构厂房的性能化设计时，在满足 2 倍地震力的承载力验算后，宽厚比限值可以执行《钢结构设计标准》GB 50017—2017 中的要求，《钢结构设计标准》GB 50017—2017 表 3.5.1 注 5 中规定“当按国家标准《建筑抗震设计规范》GB 50011—2010 第 9.2.14 条第 2 款的规定设计，且 S5 级截面的板件宽厚比小于 S4 级经 ε_σ 修正的板件宽厚比时，可视作 C 类截面，ε_σ 为应力修正因子，$\varepsilon_\sigma=\sqrt{f_y/\sigma_{max}}$”，二维钢结构设计程序可执行该性能目标下的板件宽厚比限值要求。

在程序中如果需要按照上述要求考虑板件宽厚比，就需要在轻屋盖厂房按“低延性、高弹性承载力”性能设计中选择“2 倍地震力作用”的同时，宽厚比等级设置为 S5 级，然后计算，满足要求时，程序会考虑 S4 级经修正后的板件宽厚比限值，如图 5-29 所示。

```
强度计算最大应力对应组合号: 6,  M=   -84.36, N=    73.84,  M=  -102.62, N=   -66.99
强度计算最大应力 (N/mm*mm) =    103.27
强度计算最大应力比 =  0.480
平面内稳定计算最大应力 (N/mm*mm) =     92.20
平面内稳定计算最大应力比 =  0.429
平面外稳定计算最大应力 (N/mm*mm) =    129.56
平面外稳定计算最大应力比 =  0.603
对应的应力梯度α0 =      1.79
GB50017腹板容许高厚比 [H0/TW] =    111.80
翼缘容许宽厚比 [B/T] =     20.20

强度计算最大应力 < f=  215.00
平面内稳定计算最大应力 < f=  215.00
平面外稳定计算最大应力 < f=  215.00
腹板高厚比 H0/TW=  71.67 < [H0/TW]=  111.80
翼缘宽厚比 B/T  =  12.20 < [B/T]=   20.20
* 按抗规进行抗震性能化设计时,按GB50017表3.5.1注5,S5级截面板件宽厚比限值取S4级按εσ修正
```

图 5-29　单层轻屋盖厂房建筑抗震设计规范性能设计结果输出

5.18　关于二维门式刚架无法自动生成风荷载的问题

Q：如图 5-30 所示的二维门式刚架，刚架在自动生成风荷载时，没有生成屋面部位的风荷载体型系数以及对的杆件编号，是什么原因？

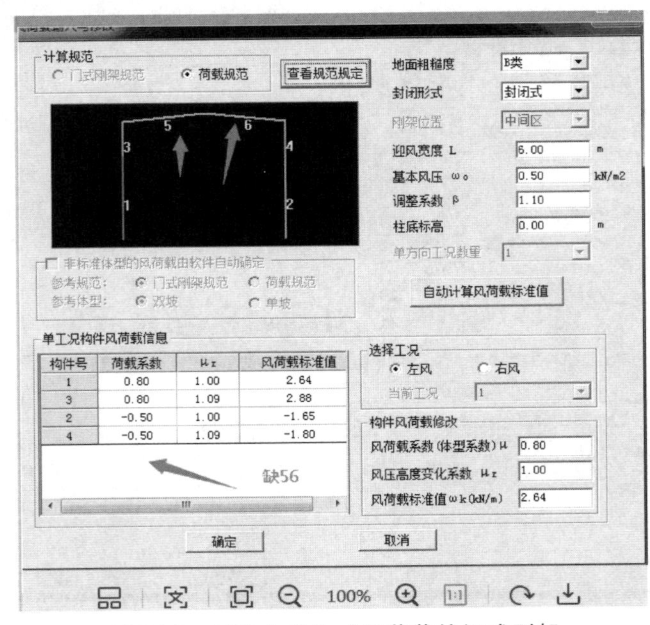

图 5-30　无法自动生成风荷载的门式刚架

A：经查询，由于该模型文件夹中含有多个榀模型文件，如图 5-31 所示。

名称	修改日期	类型	大小
$强刚	2020/6/8 16:48	文件夹	
BAK	2020/6/9 10:12	文件夹	
CalcTemp	2020/6/8 16:48	文件夹	
PLT图文件	2020/6/8 16:48	文件夹	
动画目录	2020/6/8 16:48	文件夹	
计算书资料	2020/6/8 16:48	文件夹	
模型额外备份	2020/6/8 16:48	文件夹	
施工图	2020/6/8 16:48	文件夹	
000000.JH	2020/6/8 16:48	JH 文件	238 KB
PK-9.JH	2020/6/8 16:48	JH 文件	232 KB
氮氧站排架.JH	2020/6/8 16:48	JH 文件	220 KB
中间跨.JH	2020/6/8 16:48	JH 文件	234 KB

图 5-31　工程文件夹下的多个榀模型文件

模型出现风荷载自动生成不完整，是因为将多个榀模型文件放在同一个文件夹计算导致的数据混乱引起的，因此需要将模型文件，即 .JH 文件拷贝到新的文件夹下，保证同一个文件夹只包含一榀模型，此时再重新生成风荷载就是正常的。

5.19　关于构造保证下翼缘风吸力作用稳定性的问题

Q：钢结构檩条工具箱中的“构造保证下翼缘风吸力作用稳定性”选项如图 5-32 所示，何时勾选？

A：檩条在风吸力作用下处于下翼缘受压的状态，此时需要进行风吸力组合下的稳定

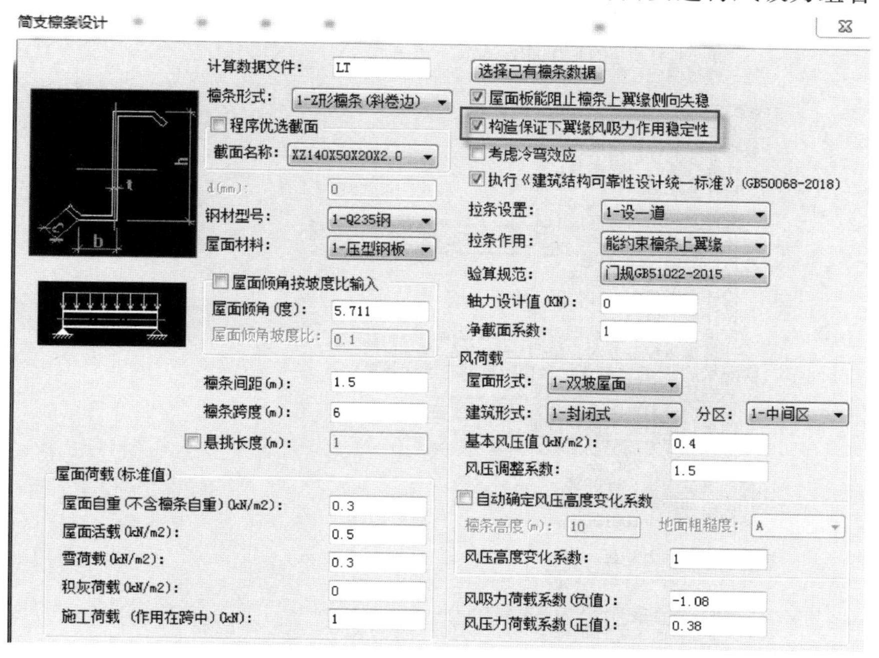

图 5-32　构造保证檩条下翼缘风吸力作用稳定性

验算，应按照《冷弯薄壁型钢结构技术规范》GB 50018—2002 进行验算，而在勾选了“构造保证下翼缘风吸力作用稳定性”后，程序将不再验算风吸力作用下的稳定应力。

根据《门式刚架轻型房屋钢结构技术规范》GB 51022—2015 第 9.1.5 条第 3 款“当受压下翼缘有内衬板约束且能防止檩条扭转时，整体稳定性可不计算”，也就是说在檩条下翼缘位置布置有内衬板，且内衬板与檩条之间是可靠连接时，可以考虑此项。

同时有人提出当设置下层拉条，且拉力位于距离下翼缘 1/3 腹板高度范围内时，也可以认为构造保证下翼缘稳定，事实是不是这样的呢？我们认为设置下层拉条后能保证下翼缘的稳定就不用计算了，《门式刚架轻型房屋钢结构技术规范》对于内衬板对于檩条下翼缘的约束已经作出了解释，在第 9.1.5 条条文说明中提到“当有内衬板固定在檩条下翼缘时，相当于有密集的小拉条在侧向约束下翼缘，故无需考虑整体稳定性”。考虑到拉条对于檩条的约束只是在拉条拉结位置的点约束，而拉条又不能布置很密集，一般的拉条间距大约为 2～3m，还远达不到密集的程度，因此下层拉条对下翼缘的约束还达不到不需要验算稳定的条件。

5.20　关于钢结构外包式柱脚实配钢筋比计算配筋大很多的问题

Q：在钢结构连接设计时，查看外包式柱脚计算书，如图 5-33 所示，为什么柱脚的实配钢筋比计算配筋大很多？

A：在进行外包式柱脚计算时，计算配筋所用的是柱底轴力、弯矩设计值，计算得到

```
      设计弯矩值Mx: 30.00 kN*m
      单侧设置栓钉数: 14
      计算最少需要栓钉数: 8
      单个栓钉承担的剪力(KN): 3.75
      翼缘侧栓钉数量满足要求。
    腹板侧栓钉验算:
      计算控制内力组合号: 1
      设计弯矩值My: 300.00 kN*m
      单侧设置栓钉数: 14
      计算最少需要栓钉数: 11
      单个栓钉承担的剪力(KN): 3.75
      腹板侧栓钉数量满足要求。

柱脚配筋校核:
  竖向受力筋强度等级: HRB(F)335
  翼缘侧配筋设计结果:
    计算控制内力组合号: 1
    设计弯矩值Mx: 30.00 kN*m
    设计剪力值Vy: 60.00 kN
    高度方向拉、压筋形心间距: 842 mm
    计算需要配筋面积，单侧Asx: 354.48 mm
  腹板侧配筋设计结果:
    计算控制内力组合号: 1
    设计弯矩值My: 300.00 kN*m
    设计剪力值Vx: 50.00 kN
    宽度方向拉、压筋形心间距: 842 mm
    计算需要配筋面积，单侧Asy: 890.74 mm
  实配钢筋(外包式柱脚已按极限承载力进行调整):
    翼缘边单侧受力筋: 11Φ22
    翼缘侧受力筋配筋面积: 4181.46 mm
    腹板边单侧受力筋: 11Φ22
    腹板侧受力筋配筋面积: 4181.46 mm
    锚固长度: 780 mm
  箍筋强度等级: HPB235
  顶部附加箍筋: 3Φ12@50
  一般箍筋: Φ10@100

柱脚极限承载力验算:
  外包式柱脚的连接系数Nj = 1.2

  绕x轴柱脚连接的极限抗弯承载力Mu = 1111.95 kN*m
  绕x轴柱截面全塑性抗弯承载力(考虑轴力影响)Mpc = 846.47 kN*m
```

图 5-33　外包式柱脚计算配筋与实配钢筋

计算配筋，而实配钢筋还要按照《建筑抗震设计规范》第8.2.8条对柱脚极限受弯承载力进行验算，验算时M_u确定按照《高层民用建筑钢结构技术规程》公式（8.6.3-4）、公式（8.6.3-5）中M_{u1}和M_{u2}确定，其中M_{u2}和外侧外包层混凝土中受拉侧的钢筋截面面积A_s存在直接关系，如图5-34所示。

$$M_{u2} = 0.9 A_s f_{yk} h_0 + M_{u3} \qquad (8.6.3\text{-}5)$$

式中：M_u——柱脚连接的极限受弯承载力(N·mm)；

M_{pc}——考虑轴力时，钢柱截面的全塑性受弯承载力(N·mm)，按本规程第8.1.5条的规定计算；

M_{u1}——考虑轴力影响，外包混凝土顶部箍筋处钢柱弯矩达到全塑性受弯承载力M_{pc}时，按比例放大的外包混凝土底部弯矩(N·mm)；

l——钢柱底板到柱反弯点的距离(mm)，可取柱脚所在层层高的2/3；

l_r——外包混凝土顶部箍筋到柱底板的距离(mm)；

M_{u2}——外包钢筋混凝土的抗弯承载力(N·mm)与M_{u3}之和；

M_{u3}——钢柱脚的极限受弯承载力(N·mm)，按本规程第8.6.2条外露式钢柱脚M_u的计算方法计算；

α——连接系数，按本规程表8.1.3的规定采用；

f_{yk}——钢筋的抗拉强度最小值(N/mm^2)。

图5-34　柱脚极限承载力的计算与A_s的关系

当要求不满足时，增加柱脚外侧外包层混凝土中受拉侧的钢筋截面面积A_s，直到满足要求为止，满足验算条件的钢筋作为实配钢筋。

所以在需要考虑抗震设计时，实配钢筋一般都会比计算配筋大很多。

第 6 章　砌体及鉴定加固相关问题

6.1　关于砌体扶壁柱建模计算问题

Q：某砌体工程外墙存在一些外凸的扶壁柱，建模时发现加扶壁柱与不加扶壁柱对受压计算结果影响很大，如图 6-1 所示，加扶壁柱后所得抗力与效应之比反而减小，且受压截面面积均一致。不知道程序是如何计算的？砖墙扶壁柱是否可以按 T 形截面砖柱输入考虑？

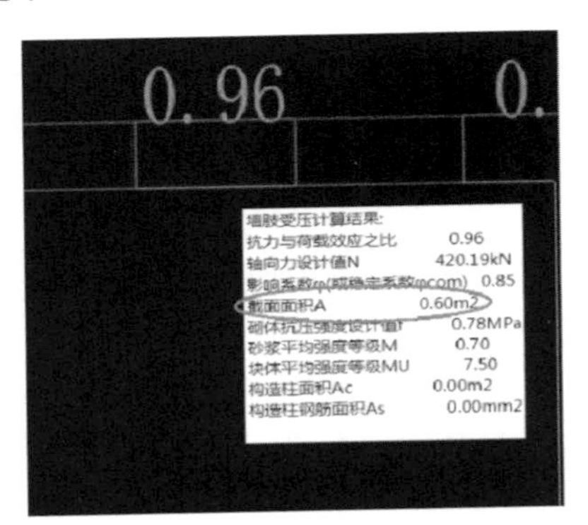

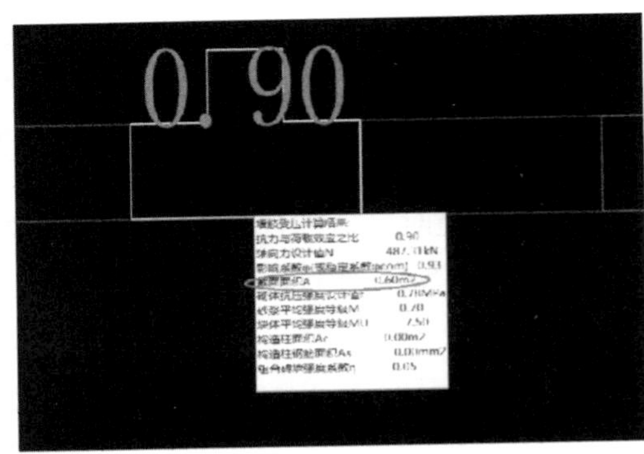

图 6-1　加扶壁柱与不加对受压计算结果影响很大

A：壁柱是砖混结构中常见的布置形式，目前砌体程序对墙肢进行验算时不能识别 T 形砖柱，所以在计算截面面积的时候，会忽略多出来的壁柱面积，故对比时会发现加壁柱与不加壁柱时截面面积结果没有变化。

但是进行竖向导荷时，程序可以正确计算壁柱部分荷载。

根据组合墙受压抗力效应比公式：$\dfrac{\varphi_{com}[fA_n+\eta(f_cA_c+f'_yA'_s)]}{N}\geqslant 1$，可以看出，截面面积 A 不变，但导荷考虑壁柱因素后导致 N 变大，抗力效应比会减小，所以加壁柱后受压计算结果反而减小了。

对于这种情况，建议用户可以将多出来的翼缘按墙输入，这样程序对矩形砖柱可以识别，翼缘部分程序自动按墙算，墙厚取折算厚度 H_t，继而得到合理的结果。

6.2　关于底框结构结果输出的问题

Q：目前砌体模块中，底框结构输出结果中各颜色数字代表什么含义？如图 6-2 所示。

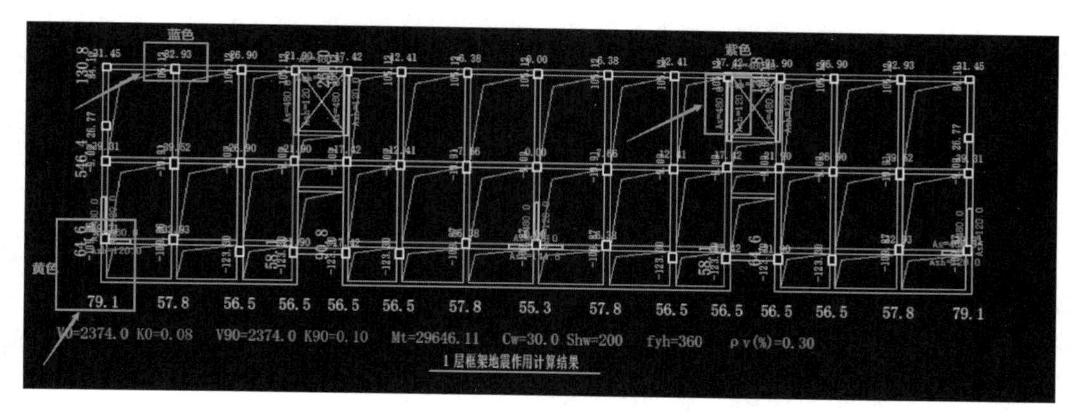

图 6-2　砌体中输出的底框结构计算结果

A：各颜色数字分别代表含义如下：紫色：A_s 为暗柱纵筋面积，A_{sh} 为水平分布筋面积；黄色：代表该方向水平剪力；蓝色：代表轴力，分别为 X 向地震时产生的轴力，Y 向地震时产生的轴力。

在完成计算分析后，底框部分结果应到底框三维计算中查看，以 SAT 结果为准，上述结果仅供参考。

6.3　关于鉴定加固中实配钢筋输入的问题

Q：在 JDJG 模块中，梁实配钢筋输入时，为什么人工定义中顶筋是 2Φ16，布置到相应的梁上后却变成了 2Φ18？如图 6-3 所示。

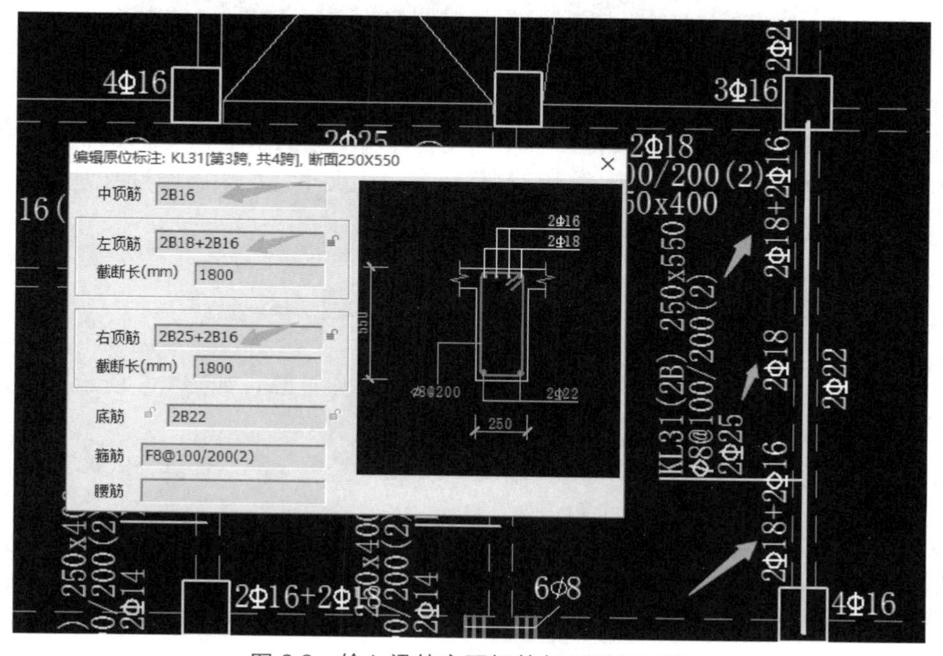

图 6-3　输入梁的实配钢筋与看到的不符

A：程序进行钢筋布置的原则为：先确定支座筋根数，然后确定通长筋，如果通长筋小（排数超过三排等），则增大钢筋直径，然后重新根据新直径选筋，直到通长筋合适，不再增加直径，通长筋确定后，再根据新直径优化支座筋，通常向小优化。

所以，最大钢筋直径是由通长筋决定的，也就是说支座筋最大直径不能大于中顶筋。所以出现中顶筋人工定义 2Φ16，布置到梁上后却变成 2Φ18 的情况。

6.4 关于钢筋混凝土板墙加固的问题

Q：砌体加固的模型，采用的是钢筋混凝土板墙加固，这里给的面积，如图 6-4 所示，是否为两侧加固墙板的水平配筋面积之和？

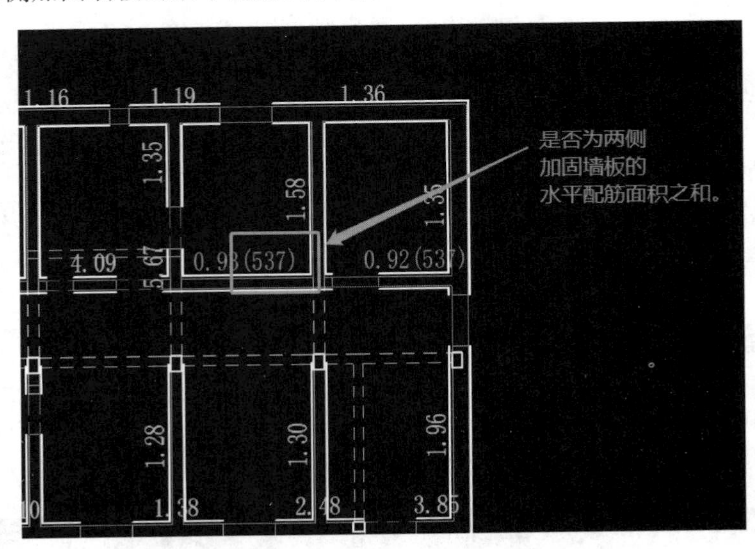

图 6-4 混凝土板墙加固结果输出

A：与普通砌体模块计算结果含义一样，代表砖墙里埋的水平钢筋，如果原始砖墙中有配钢筋，可以拿这个 537 结果跟砖墙配筋作一下对比大小；如果砖墙没有埋钢筋，板墙里要相应增加钢筋。

6.5 关于砌体受压构件计算高度取值的问题

Q：PKPM 软件中，同一幢砌体结构房屋墙体高厚比计算，如图 6-5 所示，为什么会出现有的墙体按弹性方案计算，有的墙体按刚性方案计算？

A：首先程序是把相邻横墙间的墙体作为高厚比验算单元的。计算公式如下：

$$\beta=\frac{H_0}{h}\leqslant[\beta]'=\mu_1\mu_2\mu_c[\beta]$$

其中，H_0为墙体计算高度，软件按《砌体结构设计规范》表 5.1.3 刚性方案取值；但当墙的末端横墙或洞口高度大于等于墙高的 4/5 时，则按多跨弹性方案取值。

图 6-5 中 1 号墙肢末端与梁相连没有横墙，故按多跨弹性方案取值，即按 1.25H（层

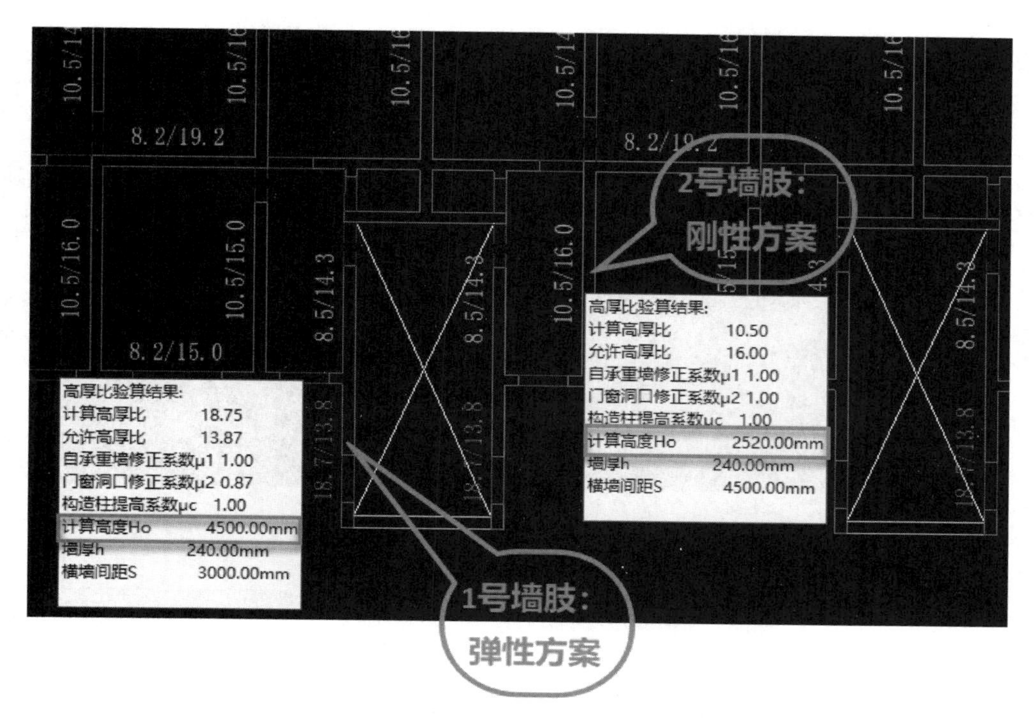

图 6-5　同一砌体结构输出墙肢不同的计算高度

高 H 为 3600mm）取值，即 $H_0=1.25H=1.25\times3600=4500$mm，与程序计算一致。2 号墙肢按刚性方案取值，当 $2H\geqslant s\geqslant H$ 时，$H_0=0.4s+0.2H=0.4\times4500+0.2\times3600=2520$mm，与程序计算一致。

所以出现同一幢砌体结构房屋墙体高厚比有的按刚性方案，有的按弹性方案计算。

6.6　关于按照 B 类与 C 类建筑计算地震剪力差别大的问题

Q：某混合结构的整体模型轴侧简图和地震力计算结果分别如图 6-6 及图 6-7 所示，请问在 JDJG 模块中，此工程分别按 B 类建筑和 C 类建筑计算，为什么地震剪力结果差异这么大?

A：《建筑抗震设计规范》GBJ 11—89 中，地震反应谱与阻尼比无关，而进行钢结构、混凝土结构设计时，需要区分混凝土、钢两种不同材料的反应谱。B 类建筑采用 89 系列规范进行计算，当结构主材选择钢和混凝土混合结构或钢结构时，软件采用《高层民用建筑钢结构技术规程》JGJ 99—98 第 4.3.3 条规定的反应谱进行地震作用的计算；当结构主材选择混凝土时，软件采用《建筑抗震设计规范》GBJ 11—89 第 4.1.4 条规定的反应谱计算。

二者地震影响系数曲线大致关系如图 6-8 所示，由此图可以看出，钢的反应谱在同样周期下计算得到的水平地震影响系数比混凝土大。

而 C 类建筑采用现行 10 系列规范进行计算，《建筑抗震设计规范》GB 50011—2010 第 5.1.5 条中，反应谱与阻尼比有关，它不区分钢、混凝土，按用户输入的阻尼比来计算

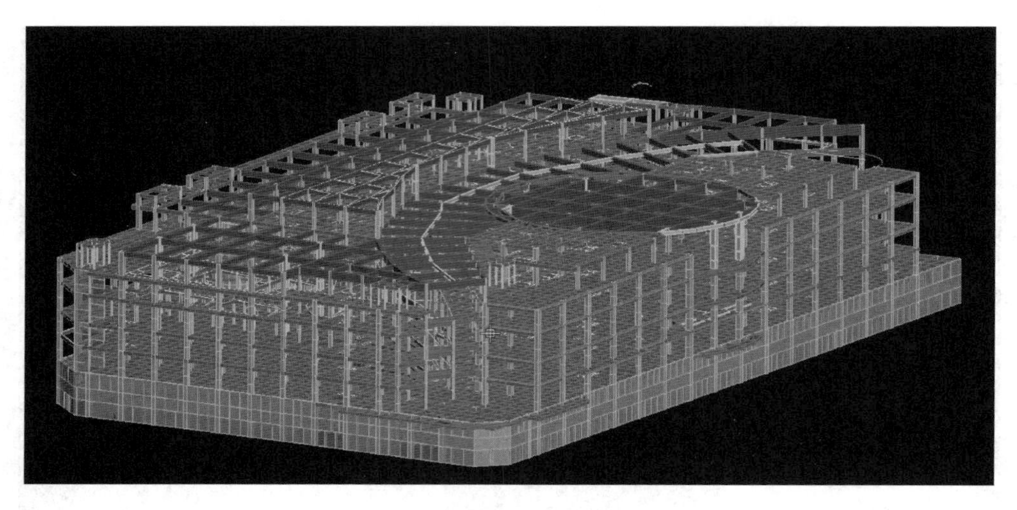

图 6-6 整体模型三维图

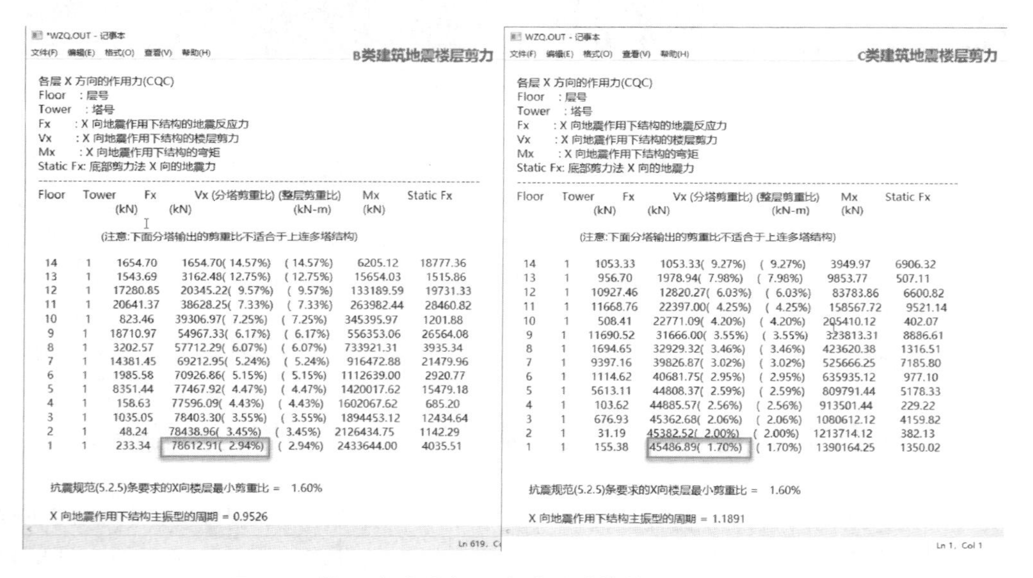

*WZQ.OUT - 记事本

文件(F) 编辑(E) 格式(O) 查看(V) 帮助(H)

B类建筑地震楼层剪力

各层 X 方向的作用力(CQC)
Floor ：层号
Tower ：塔号
Fx ：X 向地震作用下结构的地震反应力
Vx ：X 向地震作用下结构的楼层剪力
Mx ：X 向地震作用下结构的弯矩
Static Fx: 底部剪力法 X 向的地震力

(注意:下面分塔输出的剪重比不适合于上连多塔结构)

Floor	Tower	Fx (kN)	Vx (分塔剪重比) (kN)	(整层剪重比)	Mx (kN-m)	Static Fx (kN)
14	1	1654.70	1654.70(14.57%)	(14.57%)	6205.12	18777.36
13	1	1543.69	3162.48(12.75%)	(12.75%)	15654.03	1515.86
12	1	17280.85	20345.22(9.57%)	(9.57%)	133189.59	19731.33
11	1	20641.37	38628.25(7.33%)	(7.33%)	263982.44	28460.82
10	1	823.46	39306.97(7.25%)	(7.25%)	345395.97	1201.88
9	1	18710.97	54967.33(6.17%)	(6.17%)	556353.06	26564.08
8	1	3202.57	57712.29(6.07%)	(6.07%)	733921.31	3935.34
7	1	14381.45	69212.95(5.24%)	(5.24%)	916472.88	21479.96
6	1	1985.58	70926.86(5.15%)	(5.15%)	1112639.00	2920.77
5	1	8351.44	77467.92(4.47%)	(4.47%)	1420017.62	15479.18
4	1	158.63	77596.09(4.43%)	(4.43%)	1602067.62	685.20
3	1	1035.05	78403.30(3.55%)	(3.55%)	1894453.12	12434.64
2	1	48.24	78438.96(3.45%)	(3.45%)	2126434.75	1142.29
1	1	233.34	78612.91(2.94%)	(2.94%)	2433644.00	4035.51

抗震规范(5.2.5)条要求的X向楼层最小剪重比 = 1.60%

X 向地震作用下结构主振型的周期 = 0.9526

Ln 619, C

WZQ.OUT - 记事本

文件(F) 编辑(E) 格式(O) 查看(V) 帮助(H)

C类建筑地震楼层剪力

各层 X 方向的作用力(CQC)
Floor ：层号
Tower ：塔号
Fx ：X 向地震作用下结构的地震反应力
Vx ：X 向地震作用下结构的楼层剪力
Mx ：X 向地震作用下结构的弯矩
Static Fx: 底部剪力法 X 向的地震力

(注意:下面分塔输出的剪重比不适合于上连多塔结构)

Floor	Tower	Fx (kN)	Vx (分塔剪重比) (kN)	(整层剪重比)	Mx (kN-m)	Static Fx (kN)
14	1	1053.33	1053.33(9.27%)	(9.27%)	3949.97	6906.32
13	1	956.70	1978.94(7.98%)	(7.98%)	9853.77	507.11
12	1	10927.46	12820.27(6.03%)	(6.03%)	83783.86	6600.82
11	1	11668.76	22397.00(4.25%)	(4.25%)	158567.72	9521.14
10	1	508.41	22771.09(4.20%)	(4.20%)	205410.12	402.07
9	1	11690.52	31666.00(3.55%)	(3.55%)	323813.31	8886.61
8	1	1694.65	32929.32(3.46%)	(3.46%)	423620.38	1316.51
7	1	9397.16	39826.87(3.02%)	(3.02%)	525666.25	7185.80
6	1	1114.62	40681.75(2.95%)	(2.95%)	635935.12	977.10
5	1	5613.11	44808.37(2.59%)	(2.59%)	809791.44	5178.33
4	1	103.62	44885.57(2.56%)	(2.56%)	913501.44	229.22
3	1	676.93	45362.68(2.06%)	(2.06%)	1080612.12	4159.82
2	1	31.19	45382.52(2.00%)	(2.00%)	1213714.12	382.13
1	1	155.38	45486.89(1.70%)	(1.70%)	1390164.25	1350.02

抗震规范(5.2.5)条要求的X向楼层最小剪重比 = 1.60%

X 向地震作用下结构主振型的周期 = 1.1891

Ln 1, Col 1

图 6-7 按 B 类建筑与 C 类建筑计算楼层剪力对比图

水平地震影响系数，经检查，模型参数中阻尼比输入的是统一的 5%，即按混凝土计算，即便结构主材选了混合结构，但也是按混凝土计算，与《建筑抗震设计规范》GBJ 11—89 第 4.1.4 条规定的反应谱基本一致。

由此可知，B 类混凝土结构在计算地震作用时反应谱与钢结构反应谱有较大差异，C 类建筑阻尼比按混凝土取值时，与 B 类混凝土结构反应谱基本一致，但是由于该模型按 B 类计算时采用的钢结构反应谱比按照 C 类混凝土结构 5%的阻尼比反应谱确定的水平地震影响系数要大得多，所以 C 类计算的地震剪力与 B 类按钢结构反应谱计算出来的地震剪力差距较大。

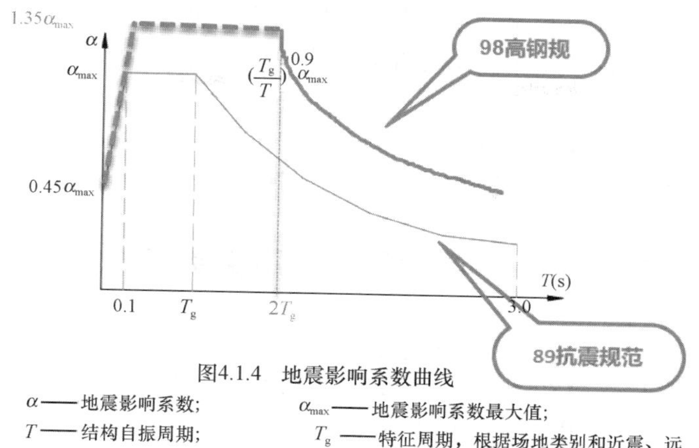

图 6-8　《建筑抗震设计规范》GBJ 11—89 与《高层民用建筑钢结构技术规程》JGJ 99—98 地震影响系数曲线对比

6.7　关于柱粘贴纤维加固偏心距计算的问题

Q：混凝土构件加固设计工具箱，柱粘贴纤维法加固设计中，为什么“偏心距”手算复核的结果与工具箱计算结果不一样？手算结果为 $e_0=M/N=484000/475=1018.9$mm，而程序计算出来却是 1222mm，具体内容如图 6-9 所示。

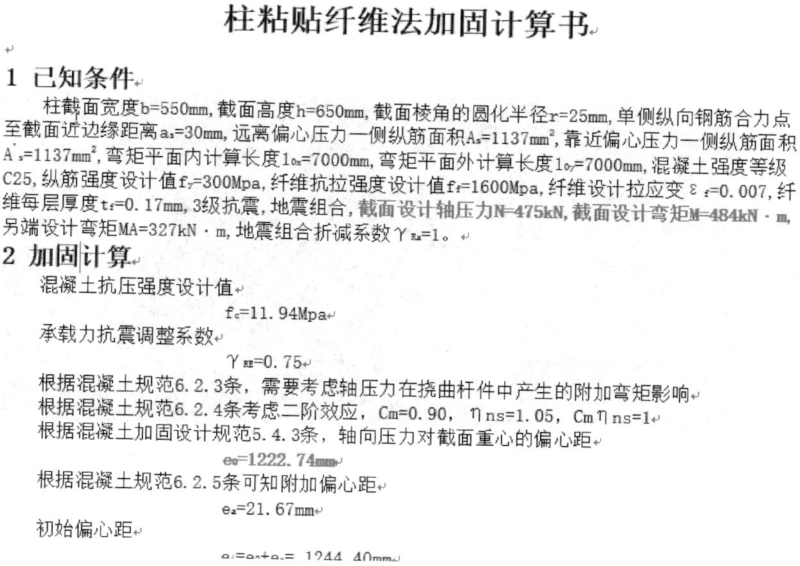

柱粘贴纤维法加固计算书

1　已知条件

柱截面宽度b=550mm, 截面高度h=650mm, 截面棱角的圆化半径r=25mm, 单侧纵向钢筋合力点至截面近边缘距离a_s=30mm, 远离偏心压力一侧纵筋面积A_s=1137mm², 靠近偏心压力一侧纵筋面积A'_s=1137mm², 弯矩平面内计算长度l_{0x}=7000mm, 弯矩平面外计算长度l_{0y}=7000mm, 混凝土强度等级C25, 纵筋强度设计值f_y=300Mpa, 纤维抗拉强度设计值f_f=1600Mpa, 纤维设计拉应变ε_f=0.007, 纤维每层厚度t_f=0.17mm, 3级抗震, 地震组合, **截面设计轴压力N=475kN, 截面设计弯矩M=484kN · m,** 另端设计弯矩MA=327kN · m, 地震组合折减系数γ_{Ra}=1。

2　加固计算

混凝土抗压强度设计值

f_c=11.94Mpa

承载力抗震调整系数

γ_{RE}=0.75

根据混凝土规范6.2.3条，需要考虑轴压力在挠曲杆件中产生的附加弯矩影响

根据混凝土规范6.2.4条考虑二阶效应，Cm=0.90，ηns=1.05，Cmηns=1

根据混凝土加固设计规范5.4.3条，轴向压力对截面重心的偏心距

e_0=1222.74mm

根据混凝土规范6.2.5条可知附加偏心距

e_a=21.67mm

初始偏心距

e_i=e_0+e_a= 1244.40mm

图 6-9　柱粘贴纤维加固偏心距计算结果

A：轴压力对截面重心的偏心距应根据《混凝土加固设计规范》第 5.4.3 条，计算过程如下：

$$e_0 = M/N = \varphi C_m \eta_{ns} M_2 / N$$

其中，$C_m = 0.90$，$\eta_{ns} = 1.05$，对称加固 $\varphi = 1.2$，$C_m \eta_{ns} = 0.9 \times 1.05 = 0.945 < 1$ 取 1，$M = 484\text{kN} \cdot \text{m}$，$N = 475\text{kN}$

故 $e_0 = M/N = \varphi C_m \eta_{ns} M_2 / N = 1.2 \times 1.0 \times 484000/475000 = 1222.74\text{mm}$

与程序计算结果一致。这里需要注意不能忽略修正系数 $\varphi = 1.2$。

6.8 关于 V4 与 V5 版本计算第二级鉴定结果差异大的问题

Q：如图 6-10 和图 6-11 所示为某砌体鉴定加固工程第二级鉴定的结果，为什么 V4 版本与 V5 版本计算结果差异很大，V5 版本的楼层平均综合抗震能力指数两个方向分别为 0.9 和 0.84，而 V4 版本却是 1.46 和 1.35?

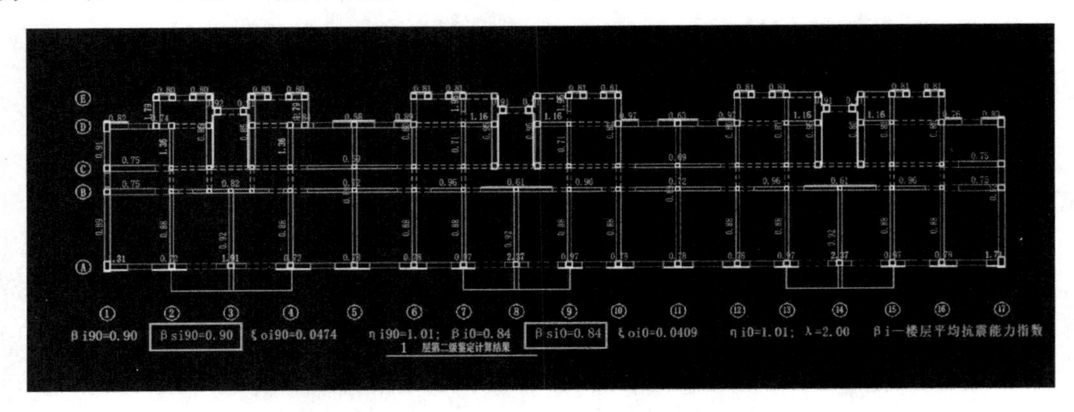

图 6-10 砌体鉴定加固工程 V5 版本第二级鉴定的结果

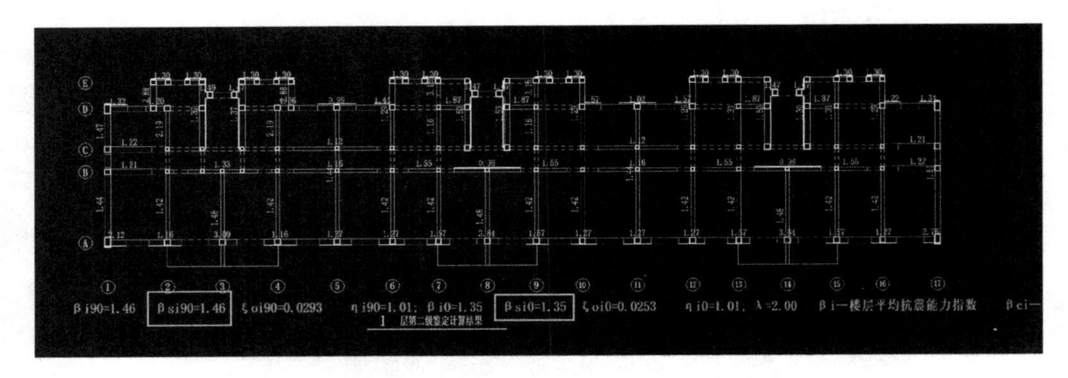

图 6-11 砌体鉴定加固工程 V4 版本第二级鉴定的结果

A：楼层平均综合抗震能力指数计算是根据《建筑抗震鉴定标准》第 5.2.13 条，具体公式为：

$$\beta_i = A_i / (A_{bi} \xi_{0i} \lambda)$$

经分析，模型不变、地震烈度不变，结果不同主要源于基准面积率的计算不同，导致两个版本计算结果差异较大。

基准面积率，软件根据《建筑抗震鉴定标准》附录 B 计算，具体公式为：

$$\xi_{0i} = \frac{0.16\lambda_0 g_0}{f_{vk}\sqrt{1+\sigma_0/f_{v,m}}} \cdot \frac{(n+i)(n-i+1)}{n+1}$$

经分析，该数值受重力荷载代表值 g_0 影响很大。重力荷载代表值如果按实际计算，g_0 大小通常为 17～18kN/m²，而如果按照《建筑抗震鉴定标准》附录 B 的规定，g_0 取 12kN/m²。由此可见，不同的重力荷载代表值计算得到的基准面积率不同。

JDJG 软件中影响基准面积率的取值有专门的参数，即“附录 B 中的重力荷载代表值按实际值调整”，如图 6-12 所示。当勾选此项时，g_0 按实际工程取值，为 17～18kN/m²，如果不勾选，g_0 取 12kN/m²，勾选比不勾选 g_0 取值大，则计算出来的基准面积率也大，从而导致最终的楼层平均综合抗震能力指数小。

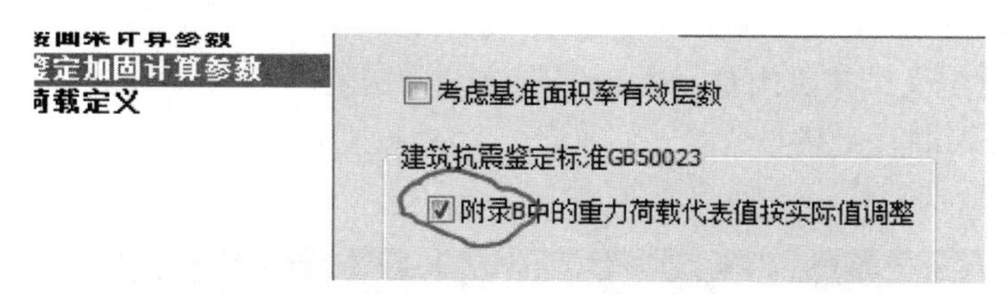

图 6-12　重力荷载代表值的取值选择

两个版本对于这个参数是否勾选的默认状态是不同的。

V5 版本默认状态是勾选的，而 V4 版本默认状态不勾选，根据图 6-10 和图 6-11 结果可知，V5 版本基准面积率 0.0474，V4 版本没有勾选基准面积率是 0.0293，前者大于后者，所以平均综合抗震能力指数 V5 版本计算结果小于 V4 版本，出现了旧版结果可以通过，新版计算就不能通过的现象。

6.9　关于鉴定加固中考虑《危险房屋鉴定标准》调整系数的问题

Q：JDJG 模块中如何考虑《危险房屋鉴定标准》JGJ 125—2016 表 5.1.2 结构抗力与效应之比调整系数？如图 6-13 所示。例如 A 类混凝土结构如何体现系数 1.2 的调整？

表 5.1.2　结构构件抗力与效应之比调整系数（ϕ）

构件类型 / 房屋类型	砌体构件	混凝土构件	木构件	钢构件
Ⅰ	1.15（1.10）	1.20（1.10）	1.15（1.10）	1.00
Ⅱ	1.05（1.00）	1.10（1.05）	1.05（1.00）	1.00
Ⅲ	1.00	1.00	1.00	1.00

注：1　房屋类型按建造年代进行分类，Ⅰ类房屋指 1989 年以前建造的房屋，Ⅱ类房屋指1989 年～2002 年间建造的房屋，Ⅲ类房屋是指 2002 年以后建造的房屋；
2　对楼面活荷载标准值在历次《建筑结构荷载规范》GB 50009 修订中未调高的试验室、阅览室、会议室、食堂、餐厅等民用建筑及工业建筑，采用括号内数值。

图 6-13　结构构件抗力与效应之比调整系数

A：根据《危险房屋鉴定标准》JGJ 125—2016 公式（5.4.3），如图 6-14 所示。

5.4.3 混凝土结构构件有下列现象之一者，应评定为危险点：

1 混凝土结构构件承载力与其作用效应的比值，主要构件不满足式（5.4.3-1）的要求，一般构件不满足式（5.4.3-2）的要求；

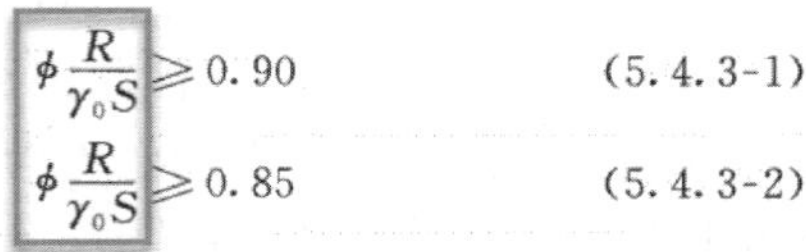

$$\phi\frac{R}{\gamma_0 S}\geqslant 0.90 \tag{5.4.3-1}$$

$$\phi\frac{R}{\gamma_0 S}\geqslant 0.85 \tag{5.4.3-2}$$

图 6-14　混凝土构件承载力与作用效应比值的判断

我们可以将 ϕ 换算成 $1/\phi$ 乘以荷载效应设计值，相当于结构的抗力乘以系数 ϕ，在 JDJG 模块中通过定义结构重要性系数来实现这部分调整。

例如 A 类建筑混凝土构件 $1/\phi=1/1.2=0.833$，则在 JDJG 前处理-特殊属性-重要性系数，进行目标杆件的指定，如图 6-15 所示。

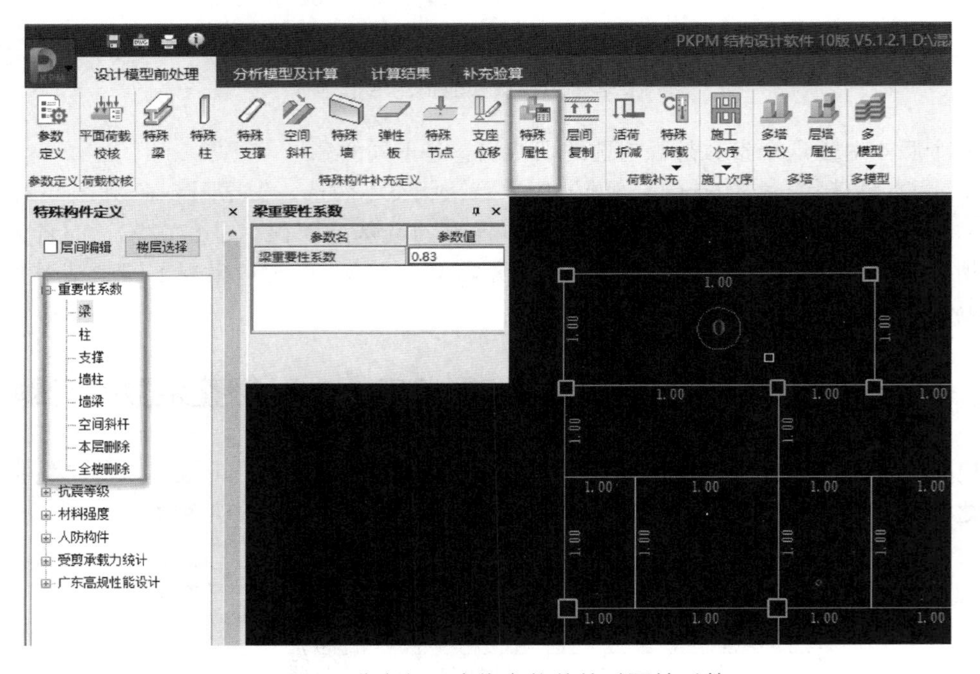

图 6-15　鉴定加固中指定构件的重要性系数

6.10　关于砖墙壁柱的建模计算问题

Q：在老旧砌体结构中，经常遇到砖墙壁柱的情况，请问在 JDJG-砌体中如何建模计算？

A：壁柱按砖柱输入，即柱定义中材料选择砖。

对于壁柱的高厚比验算，程序执行《砌体结构设计规范》第 6.1.2 条第 1、3 款，公式中 h 改用折算厚度 h_T。

软件中输出的是整片墙高厚比结果，如图 6-16 所示。

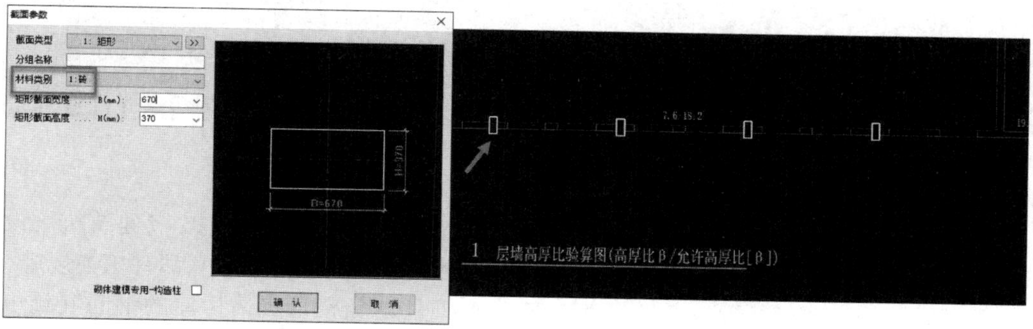

图 6-16　砖墙壁柱的建模及计算

6.11　关于底框抗震墙中托墙梁的箍筋直径取值问题

Q：某底部框架-抗震墙砌体结构工程，底框部分设防烈度为 7 度，抗震等级为二级，V5 版本施工图中的混凝土托墙梁的箍筋直径为什么配置了 10mm，如图 6-17 所示？

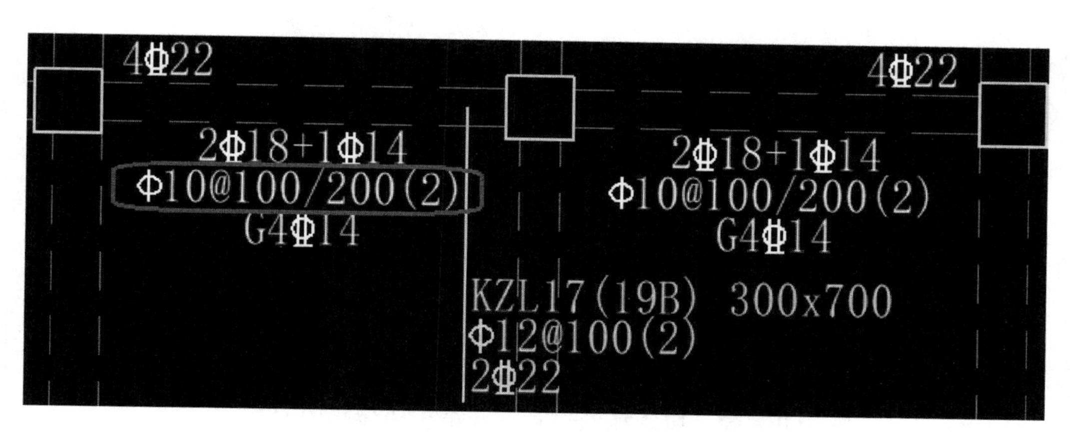

图 6-17　施工图中混凝土托墙梁的实配箍筋

A：该底部框架-抗震墙砌体房屋的钢筋混凝土托墙梁，设防烈度为 7 度，抗震等级为二级，查得梁端纵向受拉钢筋的实配筋率为 0.77%。查看 SATWE 设计结果，如图 6-18所示，箍筋的计算面积为 G45.0-45.0（加密和非加密），梁施工图中接力 SATWE 数据，自动配梁箍筋Φ 10@100/200（2）的实配面积为 157/79，如图 6-19 所示。软件选择配置Φ 8@100/200（2），实配面积为 100/50。

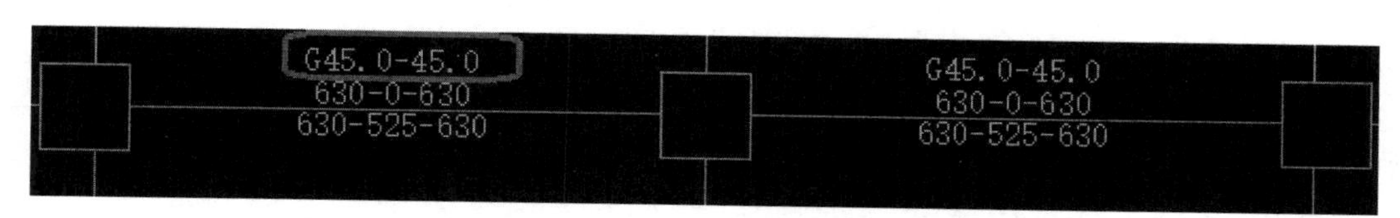

图 6-18　SATWE 设计结果托墙梁的箍筋配筋面积

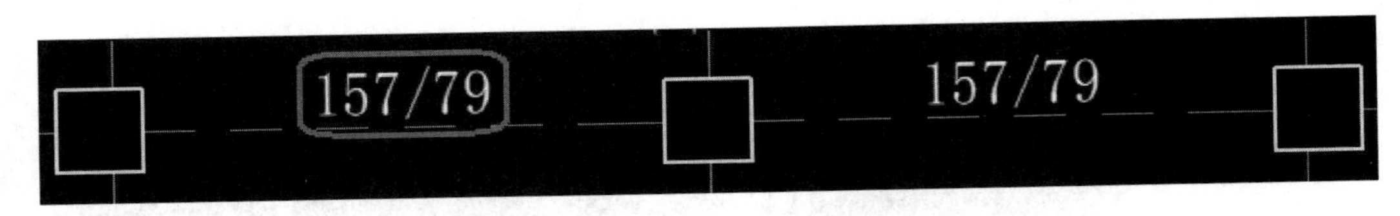

图 6-19　梁施工图的箍筋实配面积

关于梁的箍筋最小直径，《混凝土结构设计规范》GB 50010—2010、《建筑抗震设计规范》GB 50011—2010、《高层建筑混凝土结构技术规程》JGJ 3—2010 都有相关规定。

《建筑抗震设计规范》第 7.5.8 条第 2 款，底部框架-抗震墙砌体房屋的钢筋混凝土托墙梁，箍筋的直径不应小于 8mm。

《建筑抗震设计规范》第 6.3.3 条第 3 款和《混凝土结构设计规范》第 11.3.6 条第 2 款规定相同，当梁端纵向受拉钢筋配筋率大于 2%时，表中箍筋最小直径应增大 2mm。

《高层建筑混凝土结构技术规程》第 10.2.7 条第 2 款规定，转换梁设计的加密区箍筋直径不应小于 10mm。

考虑到转换梁受力复杂，而且十分重要，因此对其箍筋的最小构造配筋提出了比一般框架梁更高的要求。所以目前 PKPM 的施工图软件按照《高层建筑混凝土结构技术规程》第 10.2.7 条第 2 款的规定，箍筋直径不应小于 10mm 来控制底部框架一抗震墙砌体房屋的钢筋混凝土托墙梁的箍筋。

6.12　关于砌体结构中坡屋面梁建模、计算问题

Q：砌体设计中，程序对于双坡屋面（或墙顶标高不一样）墙的高厚比是如何计算的？如果把层高建在山墙最低处、把坡顶节点拉高，和把层高建在最高处、降低起坡点节点，计算结果完全不一样，该如何建模？

A：砌体软件不识别双坡屋面，只能按平均高度建模。造成两种建模方式导致结果不同的原因是：软件是按建模中“楼层组装”菜单中输入的层高确定计算高度，两种建模方式计算高度不同，故结果不同，层高建在最高处这种方式较为安全。

6.13　关于砌体墙高厚比验算问题

Q：砌体结构，层高 4000mm，墙体厚度是 220mm，但计算书里高厚比的高度为什么是按照 5000mm 来计算？如图 6-20 所示。

A：墙体计算高度软件自动按《砌体结构设计规范》表 5.1.3 刚性方案取值，如图 6-21所示；当墙的末端无横墙或洞口高度大于等于墙高 4/5 时，按多跨弹性方案取值。

本工程，墙的末端无横墙，所以按表 5.1.3 计算高度取 1.25H，即 5000mm。

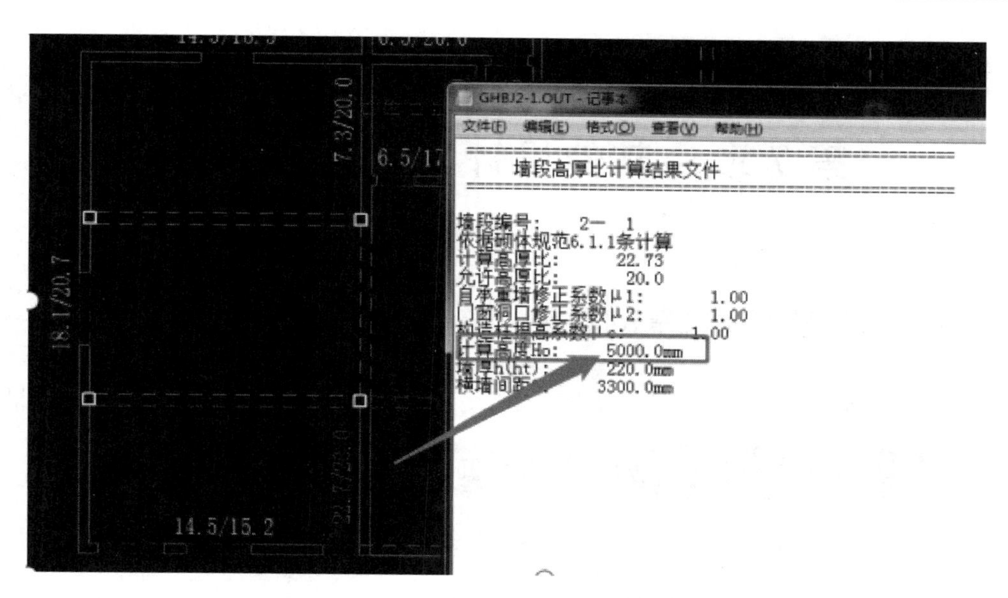

图 6-20　砌体高厚比计算的墙体高度取值

表5．1．3 受压构件的计算高度H_0

<table>
<tr><th colspan="3" rowspan="2">房 屋 类 别</th><th colspan="2">柱</th><th colspan="3">带壁柱墙或周边拉接的墙</th></tr>
<tr><th>排架方向</th><th>垂直排架方向</th><th>$s>2H$</th><th>$2H\geq s>H$</th><th>$s\leq H$</th></tr>
<tr><td rowspan="3">有吊车的单层房屋</td><td rowspan="2">变截面柱上段</td><td>弹性方案</td><td>$2.5H_u$</td><td>$1.25H_u$</td><td colspan="3">$2.5H_u$</td></tr>
<tr><td>刚性、刚弹性方案</td><td>$2.0H_u$</td><td>$1.25H_u$</td><td colspan="3">$2.0H_u$</td></tr>
<tr><td colspan="2">变截面柱下段</td><td>$1.0H_l$</td><td>$0.8H_l$</td><td colspan="3">$1.0H_l$</td></tr>
<tr><td rowspan="5">无吊车的单层和多层房屋</td><td rowspan="2">单跨</td><td>弹性方案</td><td>$1.5H$</td><td>$1.0H$</td><td colspan="3">$1.5H$</td></tr>
<tr><td>刚弹性方案</td><td>$1.2H$</td><td>$1.0H$</td><td colspan="3">$1.2H$</td></tr>
<tr><td rowspan="2">多跨</td><td>弹性方案</td><td>$1.25H$</td><td>$1.0H$</td><td colspan="3">$1.25H$</td></tr>
<tr><td>刚弹性方案</td><td>$1.10H$</td><td>$1.0H$</td><td colspan="3">$1.1H$</td></tr>
<tr><td colspan="2">刚性方案</td><td>$1.0H$</td><td>$1.0H$</td><td>$1.0H$</td><td>$0.4s+0.2H$</td><td>$0.6s$</td></tr>
</table>

图 6-21　《砌体结构设计规范》表 5.1.3 受压构件计算高度取值

第 7 章　其他设计相关问题剖析

7.1　关于楼板挠度不计算的问题

Q：混凝土楼板施工图软件中，如图 7-1 所示，为什么有一些现浇板没有挠度结果?

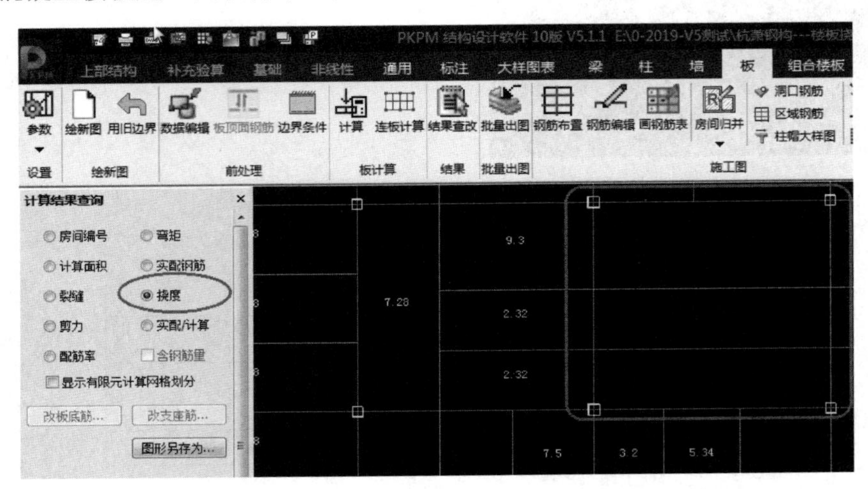

图 7-1　查看楼板的挠度，某些楼板不输出挠度

A：混凝土板施工图中，部分现浇板没有计算挠度，如图 7-1 所示框中没有计算板挠度值，原因一般有以下几种情况：

(1) 当某一个房间楼板任意一条边的边界条件不统一时，不能完成该楼板的挠度计算。如图 7-2 所示，圈中简支边界和框中固定边界同时存在楼板的一条边上，这块板是不

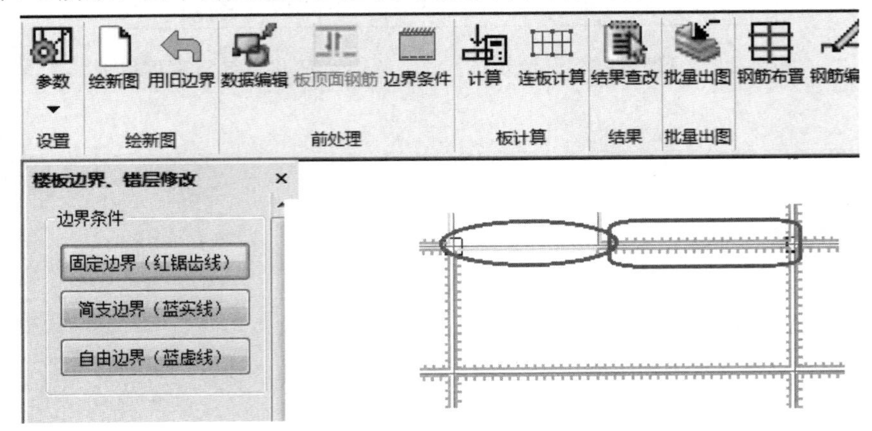

图 7-2　楼板边界条件不统一

能计算挠度的。边界的情况可以在板施工图菜单“边界条件”中检查。

（2）当楼板上有板上线荷载、板上局部面荷载、板上点荷载等局部荷载的情况时，不能计算板挠度，图7-3所示楼板上布置了线荷载，本块楼板不能计算挠度。所以注意在结构建模中检查荷载的布置情况，建模中楼板上布置均布恒载和活载，是可以计算挠度的。

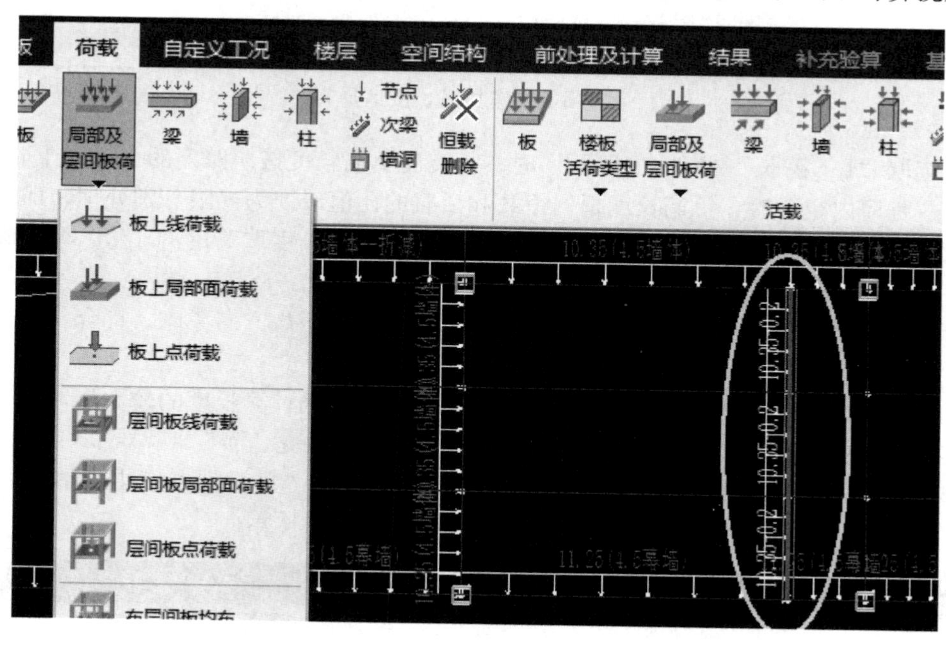

图7-3　楼板上布置局部荷载

（3）板施工图“计算参数”中，参数“近似按矩形计算时面积相对误差”的数值输入较小时（默认0.15），有些形状接近矩形且面积与矩形相差超过0.15的板块无法计算挠度。图7-4所示右侧圈中T形房间的面积差超过0.15，板没有计算挠度。

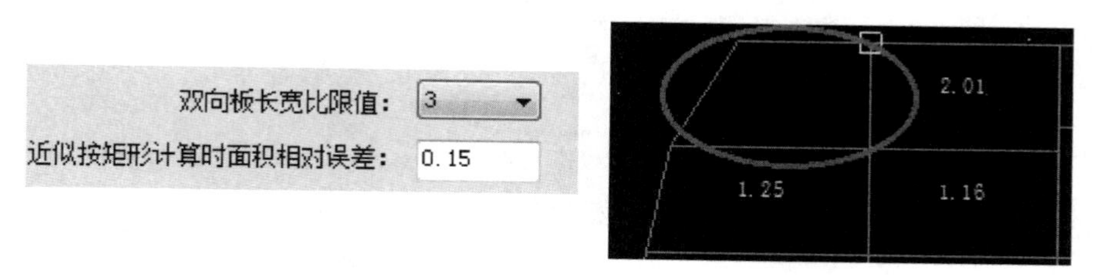

图7-4　无法近似为矩形的异形板无法计算挠度

7.2　关于楼板支座负筋长度计算的问题

Q：混凝土楼板施工图绘制中，影响现浇板支座负筋长度计算的参数有哪些？

A：板负筋长度的计算，是很多设计人员经常问到的问题，将楼板施工图软件中，与现浇板支座负筋长度有关的计算参数小结如下：

（1）“绘图参数”中，现浇板支座负筋长度参数有三个选项，“1/4跨长”“1/3跨长”

“程序内定”，如图 7-5 所示。

图 7-5 支座负筋长度选择

当选取“1/4 跨长”或“1/3 跨长”时，板支座负筋长度按照跨度的 1/4 或 1/3 计算；当选取“程序内定”时，负筋长度根据恒载和活载的比值以 3 为界限分别处理，即“可变荷载设计值大于 3 倍的永久荷载设计值”时，板支座负筋长度取跨度的 1/3；否则取跨度的 1/4。

跨长取值对于单向板按受力方向考虑，对于双向板按短边方向考虑，符合《混凝土结构设计规范》GB 50010—2010 第 9.1.6 条第 2 款的规定。

（2）对于中间支座负筋，两侧长度是否取支座两边负筋计算长度的较大值，可以由用户在“绘图参数”中指定，即图 7-5 中“两边长度取大值：是、否”。

（3）“计算参数”中“取整模数（mm）”是配合参数“只对到支座中心线的长度取整”或“只对到支座内侧边的长度取整”使用的，如图 7-6 所示。

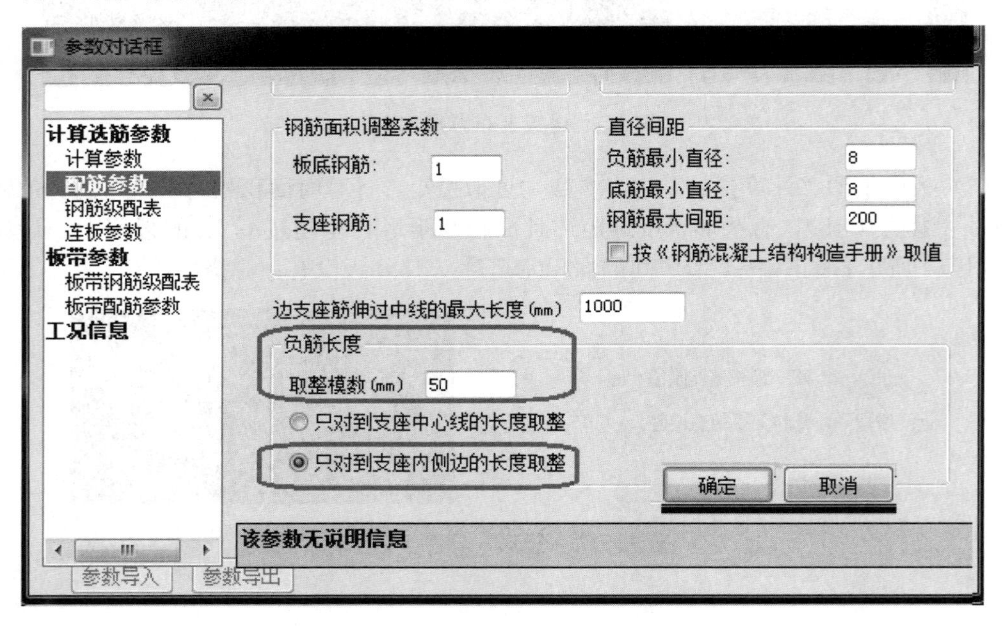

图 7-6 负筋长度的取值

例如图 7-6 中设置“取整模数（mm）50”和“只对到支座内侧边的长度取整”的参数组合，结果如图 7-7 中右图所示，标注尺寸 850 是按支座内侧边 50 倍数取整的结果。而左图标注尺寸 825 是“按支座中心线的长度取整”的结果，即梁宽度 250mm，梁宽的一半是 125mm，125 与 825 之和是 50 的倍数。

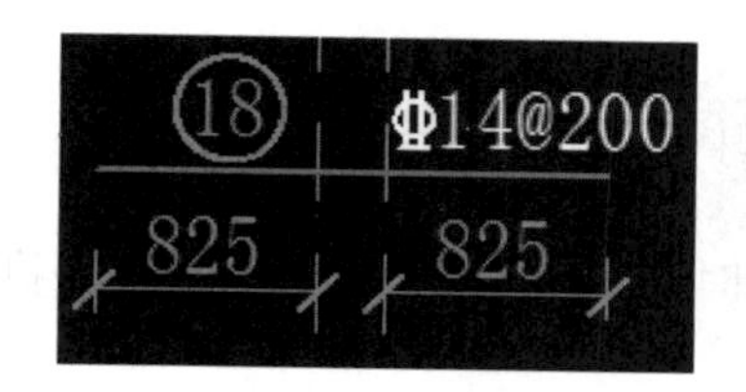

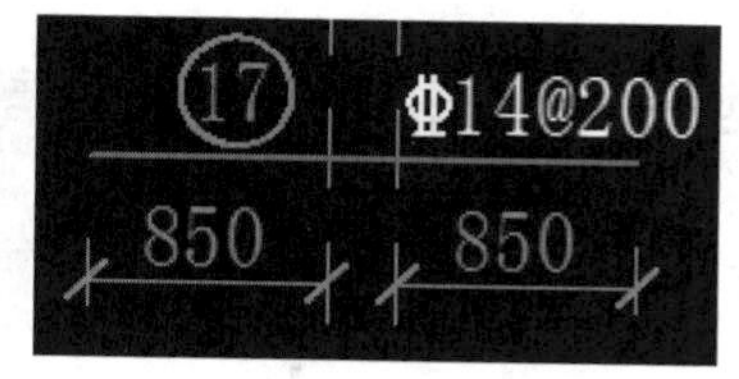

图 7-7　负筋长度取 50 的整模数按不同方式计算的长度取值

7.3　关于楼板计算出现面积为 0 的问题

Q：混凝土楼板施工图中，板的计算结果查询中出现如图 7-8 所示，计算面积为“0”是什么情况？

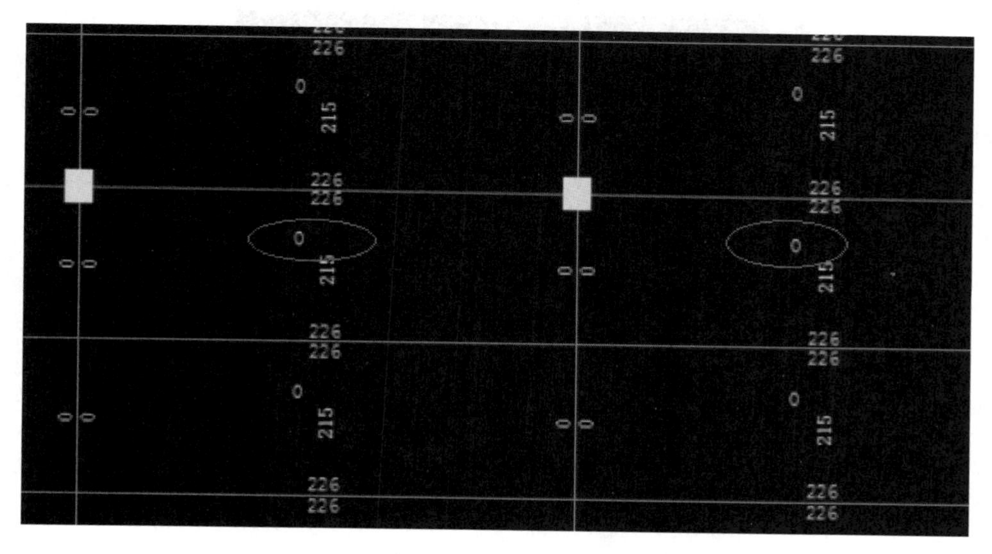

图 7-8　板的配筋计算面积显示为 0

A：《混凝土结构设计规范》GB 50010—2010 第 9.1.1 条，混凝土板按下列原则进行计算：

（1）两对边支承的板应按单向板计算；

（2）四边支承的板应按下列规定计算：当长边与短边长度之比不大于 2.0 时，应按双向板计算；当长边与短边长度之比大于 2.0，但小于 3.0 时，宜按双向板计算；

（3）当长边与短边长度之比不小于 3.0 时，宜按沿短边方向受力的单向板计算，并应沿长边方向布置构造钢筋。

PKPM 楼板施工图软件按照规范的规定，先按楼板的长边与短边长度之比确定单向板或是双向板，再按照各自的规则进行内力计算。

本案例中按照房间划分的楼板长边与短边长度之比大于 3，软件按照按单向板计算，所以在板施工图软件中，板的计算结果查询中的房间楼板长边方向的配筋计算面积出现了为“0”的情况。

7.4 关于楼板计算时双向板有效高度取值的问题

Q：混凝土板施工图中对楼板进行计算时，双向板两个方向的有效高度是怎么取值的？

A：混凝土楼板施工图中可以直接读取 PM 软件-常用菜单-本层信息中可以输入楼板的保护层厚度，如图 7-9 所示。

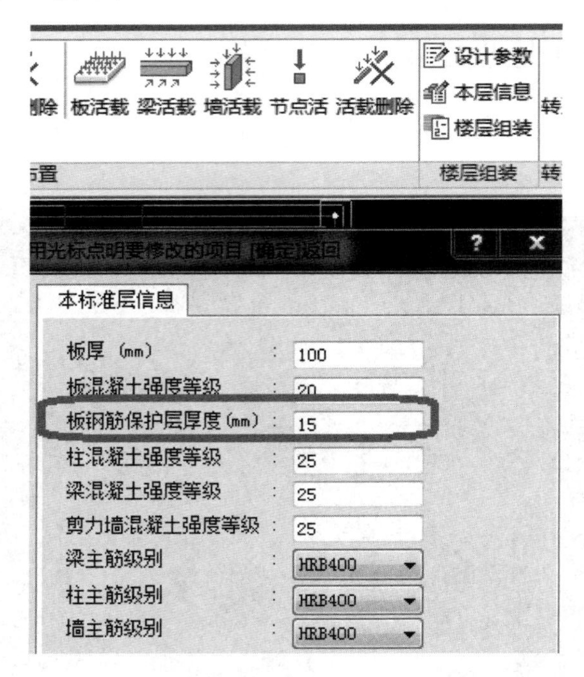

图 7-9 本层信息中设置板的保护层厚度

程序在计算双向板的时候，会考虑双向板钢筋的排布方式。考虑到板短跨方向的 M 比长跨的 M 更大，所以会将短跨的跨中钢筋放在长跨的外侧，所以板两个方向的有效高度 h_0 是不一样的。

默认短跨方向的钢筋放在长跨方向外侧，所以短跨方向 h_0 = 板厚 −（保护层 + $d/2$）；长跨方向 h_0 = 板厚 −（保护层 + $d/2$）− d。d 程序默认取 10。

如果是 X 向和 Y 向的跨度完全一致，程序认为 X 向的钢筋放在 Y 向的外侧。

7.5 关于结构重要性系数对楼板设计影响的问题

Q：楼板施工图中对于《混凝土结构设计规范》第 3.3.2 条的结构重要性系数如何实现？

A：《混凝土结构设计规范》第 3.3.2 条，对持久设计状况、短暂设计状况和地震设计状况，当用内力的形式表达时，结构构件应采用下列承载能力极限状态设计表达式：

$$\gamma_0 S \leqslant R$$

$$R=R\ (f_c,\ f_s,\ a_k,\ \cdots)\ /\gamma_{Rd}$$

式中　γ_0——结构重要性系数，在持久设计状况和短暂设计状况下，对安全等级为一级的结构构件不应小于 1.1，对安全等级为二级的结构构件不应小于 1.0，对安全等级为三级的结构构件不应小于 0.9；对地震设计状况下应取 1.0。

《混凝土结构设计规范》第 3.3.2 条的结构重要性系数在楼板施工图中可以实现，如图 7-10 所示，结构重要性系数由参数控制，默认为 1，可以改为 0.9 和 1.1，与规范要求相同。

参数对话框

计算选筋参数
- 计算参数
- 配筋参数
- 钢筋级配表
- 连板参数

板带参数
- 板带钢筋级配表
- 板带配筋参数

☑执行《建筑结构可靠性设计统一标准》GB50068-2018　　结构重要性系数 1

工况名称	工况类别	分项系数	组合系数	准永久系数	独立工况(ID)
恒载	DEAD	1.30	1.00	1.00	1
活载	LIVE	1.50	0.70	0.50	2
人防	DEFENCE	1.00	1.00		3

图 7-10　楼板施工图中结构重要性系数填写

将楼板施工图中的结构重要性系数设置为 1.1，计算结果如图 7-11 所示，可以看到，结构重要性系数对非地震组合总是起作用，使楼板计算弯矩变大，有可能引起楼板的配筋变大。

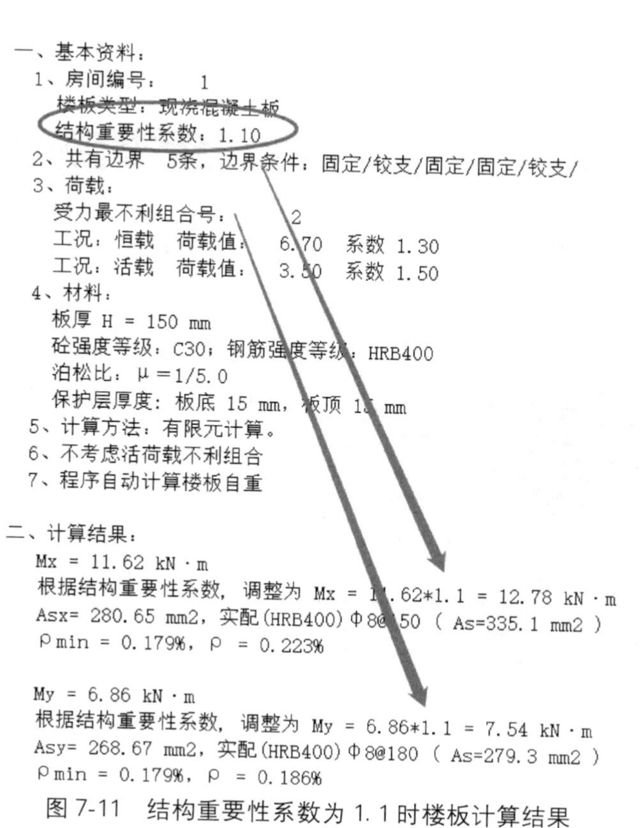

一、基本资料：
1、房间编号：　1
楼板类型：现浇混凝土板
结构重要性系数：1.10
2、共有边界　5条，边界条件：固定/铰支/固定/固定/铰支/
3、荷载：
受力最不利组合号：　2
工况：恒载　荷载值：　6.70　系数 1.30
工况：活载　荷载值：　3.50　系数 1.50
4、材料：
板厚 H = 150 mm
砼强度等级：C30；钢筋强度等级：HRB400
泊松比：μ =1/5.0
保护层厚度：板底 15 mm，板顶 15 mm
5、计算方法：有限元计算。
6、不考虑活荷载不利组合
7、程序自动计算楼板自重

二、计算结果：
Mx = 11.62 kN · m
根据结构重要性系数，调整为 Mx = 11.62*1.1 = 12.78 kN · m
Asx= 280.65 mm2，实配(HRB400) Φ8@150 (As=335.1 mm2)
ρmin = 0.179%，ρ = 0.223%

My = 6.86 kN · m
根据结构重要性系数，调整为 My = 6.86*1.1 = 7.54 kN · m
Asy= 268.67 mm2，实配(HRB400) Φ8@180 (As=279.3 mm2)
ρmin = 0.179%，ρ = 0.186%

图 7-11　结构重要性系数为 1.1 时楼板计算结果

7.6 关于梁施工图中无法修改梁名称的问题

Q：某框架结构的工程，建模时正常布置框架梁和混凝土柱，接力数据到施工图软件以后，发现梁的命名没有自动生成框架梁的名称 KL，软件生成的梁名称是 L，如图 7-12 所示，并且还无法修改命名，是什么原因？

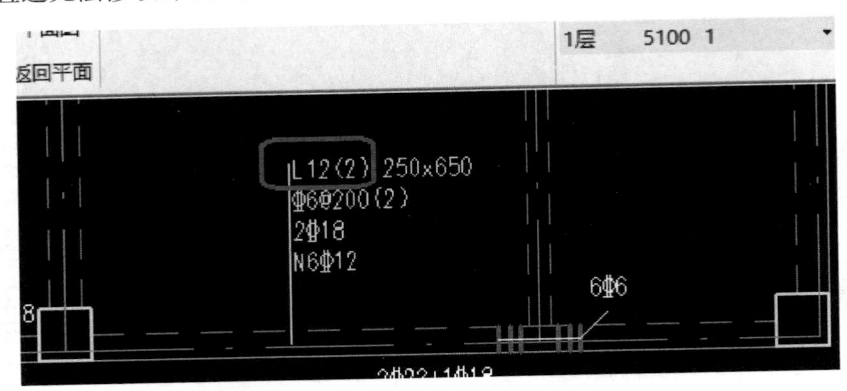

图 7-12 施工图中生成的框架梁的编号为 L

A：如图 7-12 所示，在梁施工图中，梁与柱子相连，按施工图的命名规则，梁的命名应该自动生成框架梁的名称 KL，但现在自动生成的梁名称是 L，这是连续梁的名称，并且此时还不能修改该梁的名称。

检查模型，发现建模时柱的定义勾选了“砌体建模专用-构造柱”，如图 7-13 所示，

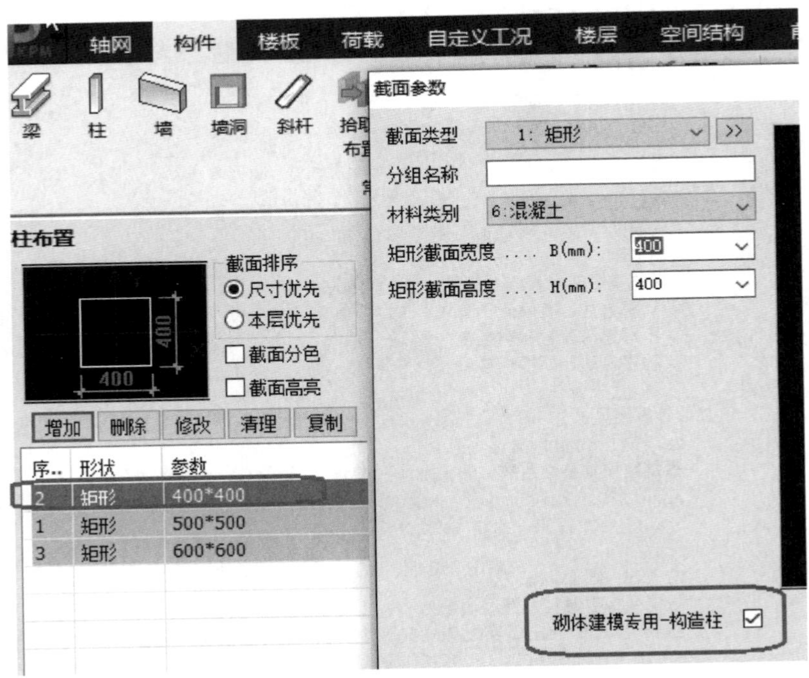

图 7-13 建模输入中该柱定义为了构造柱

该柱的属性定义成了构造柱。造成的后果是，施工图中与构造柱相连的梁软件默认不作为框架梁处理，判断为连续梁，所以梁的名称为 L，按照连续梁命名。

返回到建模中取消勾选“砌体建模专用-构造柱”，再重新计算并接力到施工图软件中，梁的名称自动判断为 KL，梁与框架柱为支座，软件中梁按照框架梁处理，如图 7-14 所示。

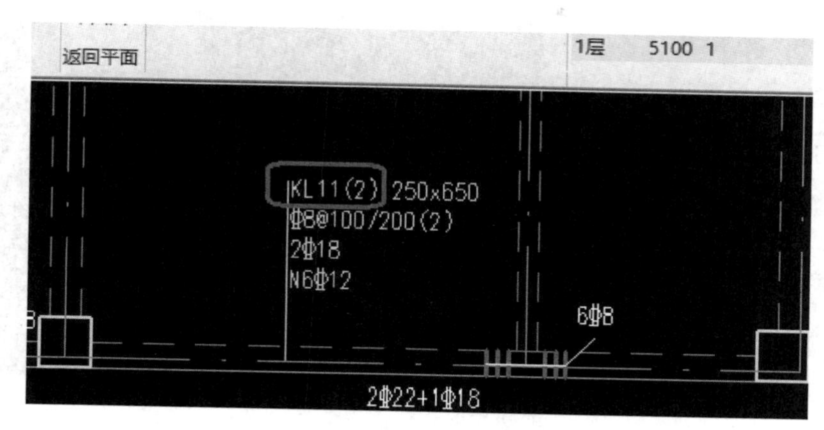

图 7-14　与框架柱相连的梁自动生成 KL 名称

7.7　关于楼板简支边支座负筋长度的确定问题

Q：板施工图软件中，楼板简支边的支座构造负筋长度如何计算？

A：《混凝土结构设计规范》第 9.1.6 条第 2 款规定，按简支边或非受力边设计的现浇混凝土板，当与混凝土梁、墙整体浇筑时，应设置板面构造钢筋，钢筋从混凝土梁边、柱边、墙边伸入板内的长度不宜小于 $L_0/4$，其中计算跨度 L_0 对单向板按受力方向考虑，对双向板按短边方向考虑。

PKPM 楼板施工图软件在绘图参数中，如图 7-15 所示，对现浇板支座负筋长度有“1/4 跨长”等 3 个选项。

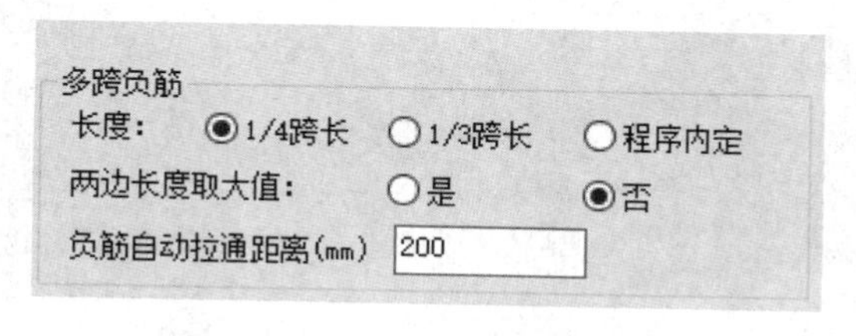

图 7-15　支座负筋长度的确定

下面选择以支座负筋长度取“1/4 跨长”的情况为例，说明一下简支边支座构造负筋的长度计算方法。在板施工图中的边界条件中可以看到，板的边支座是简支边界，如图 7-16 所示。

施工图中，竖直方向的 37 号负筋Φ 8@200，是简支边的构造负筋，其梁边伸出长度 900mm 是按照跨度 3600mm 的 1/4 计算的，与 32 号水平方向负筋从梁边伸出长度

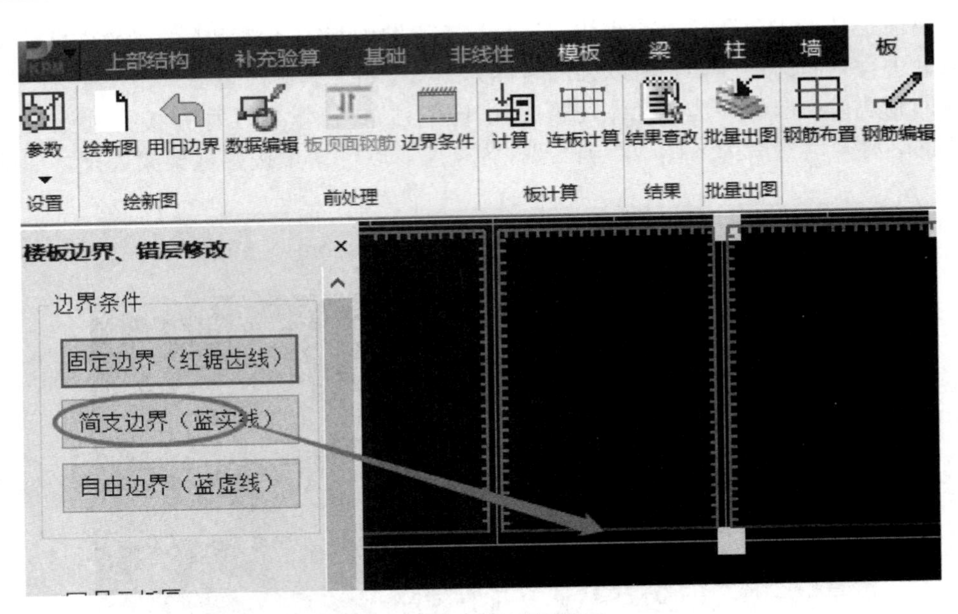

图 7-16　板的边界条件

900mm 相同。计算跨度是 3600mm，如图 7-17 所示。

支座构造负筋的挑出长度＝计算跨度/4＝3600/4＝900mm。计算跨度按照短边支座中心线的距离计算。

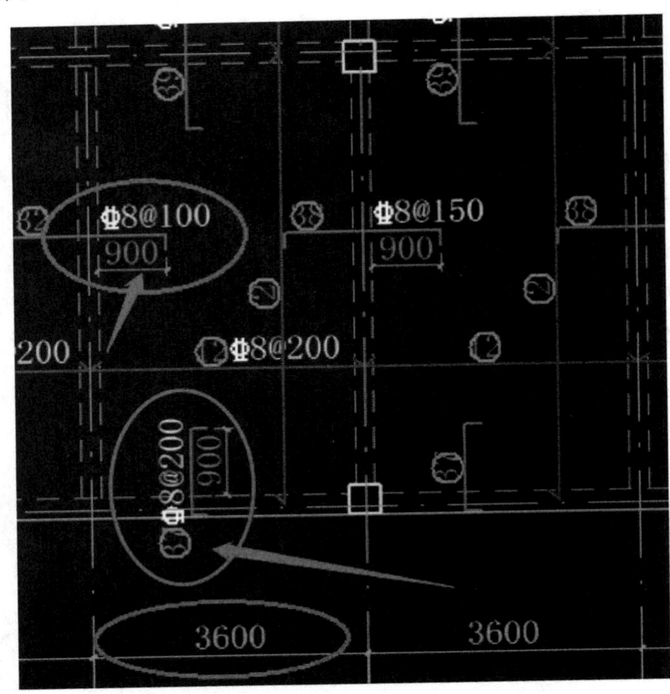

图 7-17　板施工图简支边构造负筋长度

7.8　关于楼板裂缝选筋是否考虑人防与消防车荷载问题

Q：混凝土施工图软件板裂缝选筋计算时是否考虑人防荷载与消防车荷载？

A：人防荷载不参与板的裂缝选筋。

根据《人民防空地下室设计规范》GB 50038—2005 第 4.1.6 条的规定，防空地下室结构在常规武器爆炸动荷载或核武器爆炸动荷载作用下，应验算结构承载力；对结构变形、裂缝开展以及地基承载力与地基变形可不进行验算。

针对动荷载特点，在结构计算中不必再单独进行结构变形和裂缝开展的验算。所以板施工图软件也就没有考虑人防荷载对板裂缝的影响。

消防车荷载也不参与裂缝选筋。

根据《建筑结构荷载规范》GB 50009—2012 第 5.1.1 条的规定，消防车的准永久值系数取值为 0，如图 7-18 所示，所以板施工图软件也不考虑消防车荷载对裂缝的影响。

表5.1.1　民用建筑楼面均布活荷载标准值及其组合值、频遇值和准永久值系数

项次	类别			标准值 (kN/m^2)	组合值系数 ψ_c	频遇值系数 ψ_f	准永久值系数 ψ_q
8	汽车通道及客车停车库	(1) 单向板楼盖 (板跨不小于 2m) 和双向板楼盖 (板跨不小于 3m×3m)	客车	4.0	0.7	0.7	0.6
			消防车	35.0	0.7	0.5	0.0
		(2) 双向板楼盖 (板跨不小于 6m×6m) 和无梁楼盖 (柱网不小于 6m×6m)	客车	2.5	0.7	0.7	0.6
			消防车	20.0	0.7	0.5	0.0

图 7-18　《建筑结构荷载规范》规定裂缝计算不考虑消防车荷载

但需注意的是，实际工程中消防车荷载对板构件裂缝的影响，关键要看荷载的出现概率，对于荷载经常出现的场所，例如主要的消防通道，消防车荷载作为主要的活荷载，这种情况建议考虑消防车荷载对板构件裂缝的影响；但对于民用小区，消防车荷载作为极少出现的活荷载，可以不考虑消防车荷载对板构件裂缝的影响。

如图 7-19 所示，板施工图软件中根据允许裂缝自动选筋的参数选项，是不包括人防荷载和消防车荷载（消防车荷载是结构建模 PM 中定义为消防车工况的荷载）的。

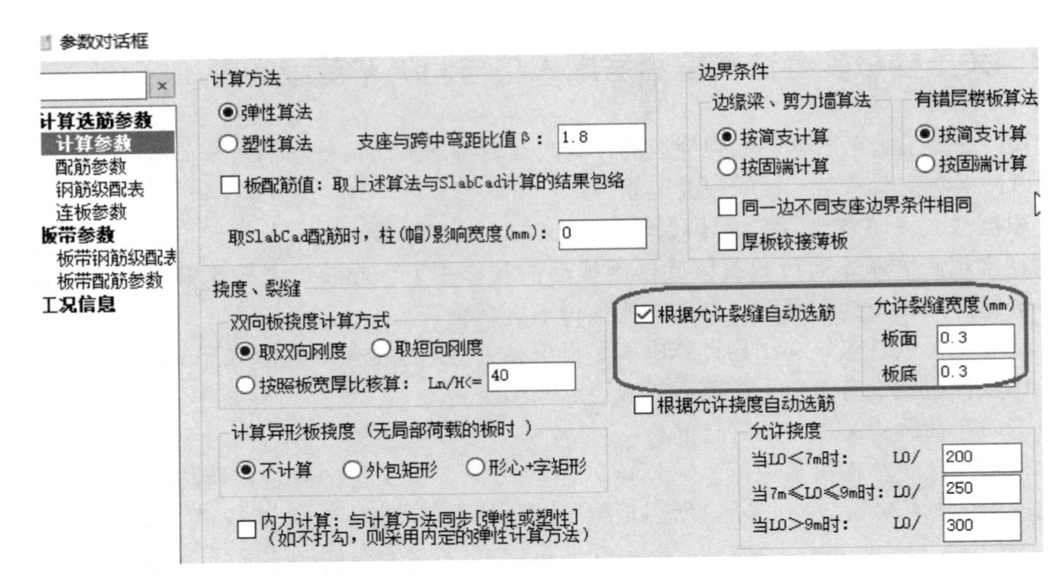

图 7-19 板施工图参数根据允许裂缝选筋

7.9 关于提取构件信息进行承载力校核的问题

Q：如何从"构件信息"提取信息，利用工具箱校核柱构件的配筋结果？

A：程序对柱纵筋配筋计算方法是：总面积减角筋，然后根据 B 边和 H 边边长比例分配，分配完以后再把角筋加上。

图 7-20 所示为某柱构件详细配筋结果输出，使用工具箱进行校核，图 7-20 示例中 $A_{sxb}=2323\text{mm}^2$ 面积计算过程如图 7-20 所示。

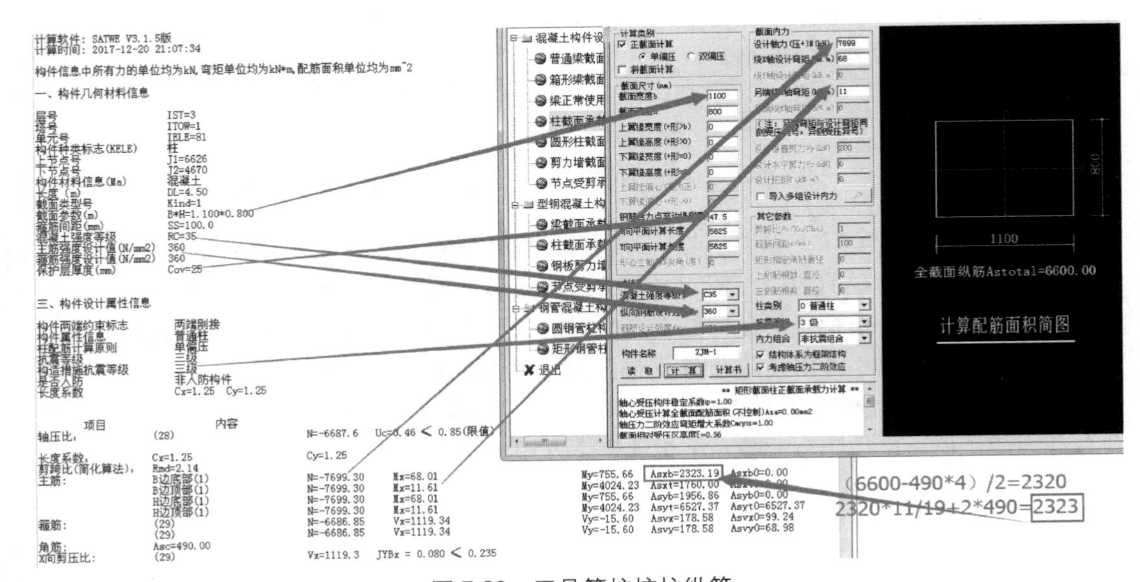

图 7-20 工具箱校核柱纵筋

$A_{sxt}=0.2bh=0.2\times800\times1100=1760\text{mm}^2$，柱该方向为单边构造配筋，构造配筋率为 0.2%。

$A_{syt}=6527.37\text{mm}^2$的面积校核，该方向柱配筋为计算配筋，直接按图 7-21 工具箱输入内力进行结果校核。

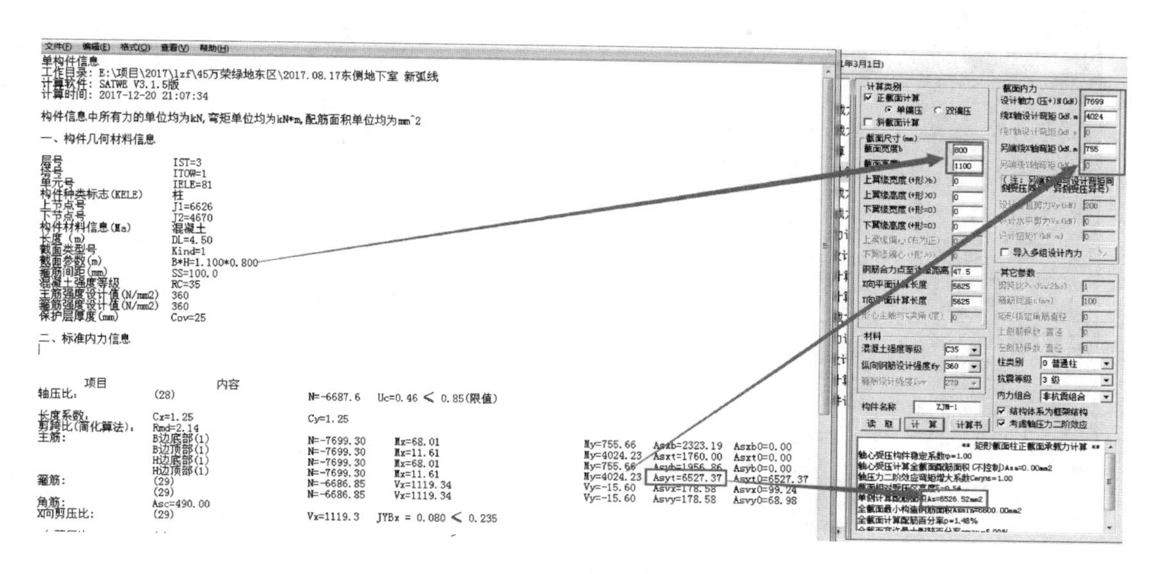

图 7-21　A_{syt}方向计算配筋的校核

7.10　关于施工图中多排钢筋合力作用点的取值问题

Q：请问梁混凝土结构施工图中多排钢筋的合力作用点程序是如何取的?

A：梁施工图程序在 S/R 验算中确定钢筋的合力作用点到混凝土梁边缘距离时，采用钢筋面积加权的方式对多排钢筋进行计算，程序输出的结果如图 7-22 所示。

对多排钢筋的结果进行手工校核，计算过程如下：

$$a_s=(A_1\times d_1+A_2\times d_2+A_3\times d_3)/A_{总}$$

$$=(6\times380\times39+4\times380\times86+4\times380\times133)/14/380=79.28\text{mm}$$

式中　A_1、A_2、A_3——分别为第 1、2、3 排钢筋面积；

$A_{总}$——受拉钢筋总截面面积；

d_1、d_2、d_3——分别为从外往内数第 1、2、3 排钢筋中心点到受拉边缘的距离。

手算结果与施工图程序输出结果一致。

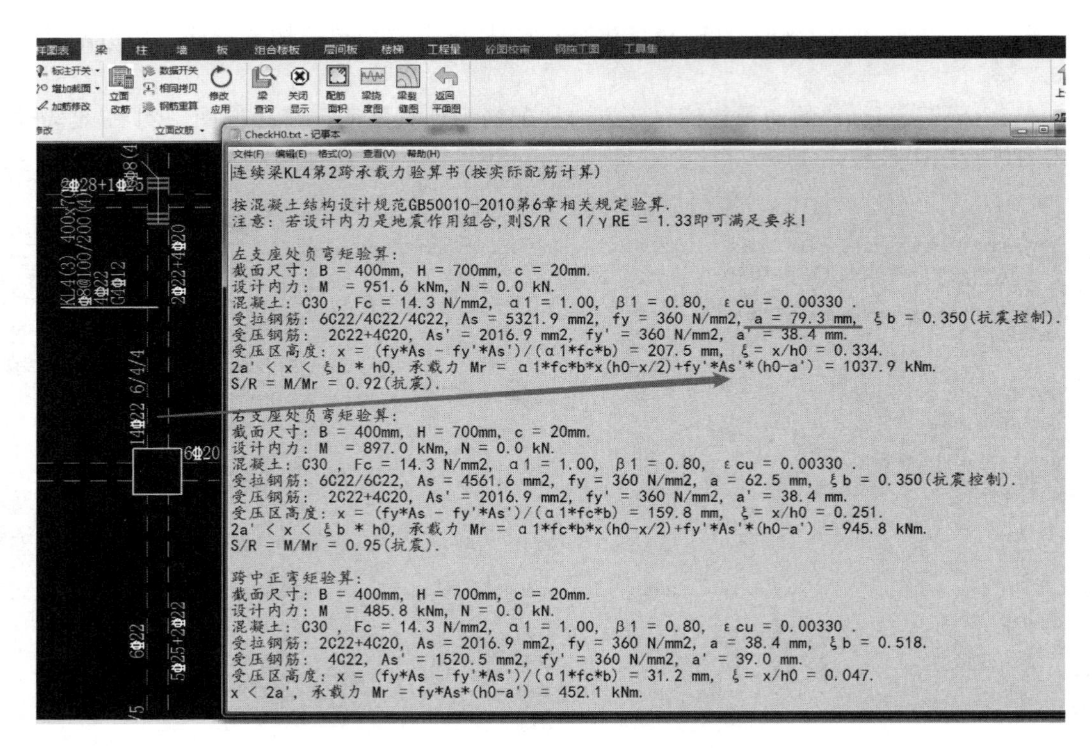

图 7-22　多排钢筋合力点的取值